普通高等教育"十三五"规划教材

Access 数据库技术及应用

朱翠娥 曹彩凤 主编

中国铁道出版社有限公司
CHINA RAILWAY PUBLISHING HOUSE CO., LTD.

内 容 简 介

　　本书系统介绍了数据库的基本概念，以"教学管理系统"实例贯穿全书，介绍了 Access 2013 的主要功能和使用方法，包括数据库及表的操作、数据查询、窗体设计、报表制作、宏、模块与 VBA 编程基础、数据库安全等。在第 9 章中通过一个完整的应用系统开发实例，详细讲解了一个实用的数据库应用系统的开发，为读者自行开发数据库系统提供了一个参考模板。在第 10 章提供了实验，以便于读者进行上机操作练习。

　　本书每章之后都配有习题，并可提供各章习题的参考答案。为便于教师教学及读者自学，还配有一套教学用的电子教案及案例相应的数据库，第 9 章和第 10 章也配有相应的数据库，并配有与第 10 章实验相应的数据库。教师可按指定方式获得这些教学辅助材料。

　　本书内容丰富，叙述由浅入深，理论与实践相结合，注重实用性和可操作性，适合作为普通高等院校各专业学生 Access 数据库应用课程的教材，也可作为全国计算机等级考试二级 Access 的培训教材，还可作为数据库管理系统开发人员及数据库爱好者的学习参考书。

图书在版编目（CIP）数据

Access 数据库技术及应用/朱翠娥，曹彩凤主编. —北京：
中国铁道出版社有限公司，2020.8
普通高等教育"十三五"规划教材
ISBN 978-7-113-27240-1

Ⅰ.①A… Ⅱ.①朱… ②曹… Ⅲ.①关系数据库系统-高等
学校-教材 Ⅳ.①TP311.138

中国版本图书馆 CIP 数据核字(2020)第 167558 号

书　　名：Access 数据库技术及应用
作　　者：朱翠娥　曹彩凤

策　　划：唐　旭　　　　　　　　　　　　　编辑部电话：（010）63549508
责任编辑：唐　旭　徐盼欣
封面设计：刘　颖
责任校对：张玉华
责任印制：樊启鹏

出版发行：中国铁道出版社有限公司（100054，北京市西城区右安门西街 8 号）
网　　址：http://www.tdpress.com/51eds/
印　　刷：国铁印务有限公司
版　　次：2020 年 8 月第 1 版　2020 年 8 月第 1 次印刷
开　　本：787 mm×1 092 mm 1/16　印张：19　字数：484 千
书　　号：ISBN 978-7-113-27240-1
定　　价：49.80 元

前　言

　　Access 是 Microsoft 公司 Office 办公自动化软件的组成部分，是一个功能强大、简单易学、可视化操作的数据库管理系统，是一种前后台结合的数据库软件，具有强大的数据处理功能。掌握了 Access，就可以轻而易举地开发出经济实用的适用于个人应用或小型商务活动的数据库系统。

　　本书针对高等院校计算机基础课程教学的基本要求及非计算机专业学生的特点，并结合全国计算机等级考试二级 Access 数据库程序设计的基本要求，概要介绍数据库系统基本知识，重点在于培养实际操作能力，突出实用性。全书以应用为目的，以案例为引导，通过任务来驱动，力求避免术语的枯燥讲解和操作的简单堆砌，使学生可以参照教材提供的讲解和实验，尽快掌握 Access 的基本功能和操作方法，能够学以致用地完成小型数据库系统的开发。

　　全书共包括 10 章和 1 个附录。第 1 章系统介绍了数据库基本概念，第 2~5 章通过"教学管理系统"实例，介绍了 Access 2013 的主要功能和使用方法。其中，第 1~6 章为重点讲授内容；第 7、8 章讲授时可根据课时多少而酌情取舍。第 9 章通过一个完整的应用系统开发实例，详细介绍了一个实用的数据库应用系统的开发，为读者自行开发数据库系统提供了一个参考模板。如果有时间，可以选讲其中的部分模块或全部内容，对于学生掌握 Access 数据库系统开发方法有着极大的帮助。第 10 章实验部分包括了 4 个实验，学生通过完成这些实验，可以熟悉一个小型图书管理系统开发设计的一般流程。

　　本书由五邑大学计算机学院朱翠娥、曹彩凤主编，李继容、胡丹老师参与编写。具体编写分工如下：朱翠娥编写第 1 章、第 4 章和第 5 章，曹彩凤编写第 2 章和第 3 章，李继容编写第 6 章和第 7 章，胡丹编写第 8 章、第 9 章和第 10 章。朱翠娥负责全书的统稿。

　　本书的编写工作得到五邑大学领导和有关部门的大力支持，智能制造学部的领导以及很多老师提出了宝贵的意见，在此对他们表示诚挚的感谢。

　　为便于教师教学及读者自学，编者还准备了这本书的教学辅助材料，包括一个教师教学用数据库（内含教材中所有例题的操作结果）、一个应用系统开发实例相应的数据库、一个学生上机实验用的与第 10 章相应的数据库（内含所有上机实验题的操作结果）和各章节的电子教案。需要这些辅助材料的教师，可直接与编者联系。此外，还可提供各章习题的参考答案。编者电子邮件地址：zhucuie66@163.com。

　　由于编者水平有限，加之计算机技术发展日新月异，书中难免有不妥和疏漏之处，敬请广大读者批评指正。

编　者
2020 年 6 月

目　录

第 **1** 章

数据库基础知识

数据库是 20 世纪 60 年代后期发展起来的一项管理数据的重要技术，70 年代以来数据库技术得到迅猛发展，成为计算机科学的一个重要分支。今天，信息资源已经成为各个企业和各个部门的重要财富和资源，同时，有效地管理和使用信息资源也成为企业和部门生存和发展的重要条件。数据库技术为建立各个企业和部门的管理信息系统提供了存储和处理信息资源的有效手段。本章介绍数据库系统的基本概念，讲解与关系数据库相关的基本概念。

本章主要内容包括：

- 数据库的基本概念。
- 数据库管理系统及其功能。
- 数据库应用系统。
- 数据库系统及其组成。
- 数据库的保护。
- 数据库系统三级模式结构。
- 数据模型。
- 关系模型及相关概念。
- 关系数据库的完整性。
- 关系代数。
- 数据库设计基础。
- 关系规范化理论的基本概念。

1.1 数据库的基本概念

1.1.1 数据

数据（Data）就是描述信息的符号，是数据库中存储的基本对象。随着计算机技术的发展，数据这一概念在数据处理领域中已经大大拓宽了，其表现形式不仅包括数字和文字，还包括图形、图像、声音等。

数据处理（Data Processing）是将原始数据转换成信息的过程，包括对数据的收集、存储、排序、统计、加工和传播等。

1.1.2 数据库

数据库（DataBase，DB）可以简单地理解为"存放数据的仓库"，这个仓库就是计算机的存储设备。

严格地讲，数据库是长期存储在计算机内的、有组织的、可共享的、大量数据的集合。数据库中的数据按一定的数据模型组织、描述和存储，具有较小的冗余度、较高的数据独立性和易扩展性，并可为各种用户共享。

在实际应用中，人们收集并提取出一个应用所需要的大量数据之后，将其保存起来以供进一步加工处理，进一步提取有用信息。

例如，学校把学生的基本情况（如学号、姓名、性别、出生日期、政治面貌、籍贯、专业、是否住宿、宿舍电话、照片等）存放在表中，把课程信息（如课程代号、课程名称、类别、考核、学分、学时等）存放在表中，把选课及成绩信息（如学号、课程代号、成绩等）存放在表中，这几张表就可以组成一个最简单的数据库。可以根据需要随时在数据库中查询某个学生的基本情况、查询学生选课及成绩的情况、查询某个学生的平均成绩、查询成绩在某个范围内的学生人数，等等。

1.1.3 数据库管理系统及其功能

1．数据库管理系统

数据库管理系统（Database Management System，DBMS）是位于用户与数据库之间的一层数据管理软件。它的主要任务是科学地组织和存储数据，高效地获取和维护数据，并能保证数据的安全性、完整性、多用户对数据的并发使用及发生故障后的系统恢复。

2．数据库管理系统的主要功能

数据库管理系统是位于用户与操作系统之间的一层数据管理软件。它的主要功能包括以下几个方面：

（1）数据定义功能。DBMS 提供了数据定义语言（Data Definition Language，DDL）来支持用户对数据库、数据表、视图、索引、数据之间的联系等进行定义。

（2）数据操纵功能。DBMS 提供了数据操纵语言（Data Manipulation Language，DML）来完成用户对数据库提出的各种操作要求，实现对数据的查询、插入、删除和修改等任务。

（3）数据库的运行管理功能。DBMS 的核心功能是数据库的运行管理，包括数据的完整性控制、安全性控制、多用户环境下的并发控制、发生故障后的系统恢复等。

（4）数据库的维护功能。DBMS 可以对已经建立好的数据库进行维护，比如数据库的性能监视、数据库的备份、介质故障恢复、数据库的重组织等。

（5）数据库通信功能。在分布式数据库或提供网络操作功能的数据库应用中，DBMS 还必须提供通信功能。

通过 DBMS 的支持，用户可以逻辑地、抽象地处理数据，不必关心这些数据在计算机中的存放方式以及计算机处理数据的过程细节，把一切处理数据的具体而繁杂的工作交给 DBMS 去完成。

1.1.4　数据库应用系统

直接使用数据库管理系统管理数据时，需要熟记一系列的操作步骤及命令，这对于一个没有受过专门训练的用户而言是很困难的；哪怕是对那些非常熟悉计算机及数据库的专业用户而言也是很不方便的。为此，人们在数据库管理系统的基础上，利用一定的开发工具，根据实际问题的需要，设计菜单、查询、窗体、报表等，开发出相应的应用程序。有了数据库应用程序，普通用户只要稍加培训就可以方便地管理数据了。数据库应用程序也称数据库应用系统。

1.1.5　数据库系统及其组成

数据库系统（DataBase System，DBS）是指在计算机系统中引入数据库后的系统，一般由数据库、数据库管理系统（及其开发工具）、数据库应用系统、数据库管理员构成。

在不引起混淆的情况下常把数据库系统简称数据库。

数据库系统可以用图 1-1 表示。数据库系统在整个计算机系统中的地位如图 1-2 所示。

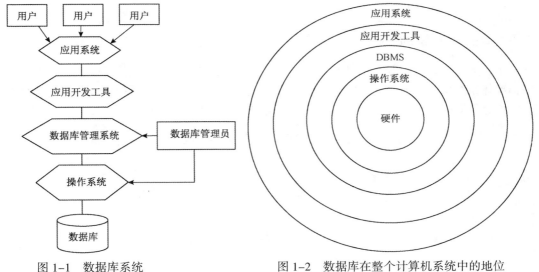

图 1-1　数据库系统　　　　　　　　图 1-2　数据库在整个计算机系统中的地位

1.1.6　数据库的保护

对数据库的保护分为完整性控制、安全性控制、并发控制、数据库恢复 4 个方面。

1. 完整性控制

数据完整性指的是数据的正确性、有效性和相容性。数据的完整性控制是指将数据控制在有效的范围内，防止不合理的数据进入数据库，或保证数据之间满足一定的关系。

数据完整性控制措施主要有：用户在建立数据库时定义完整性约束条件，在使用数据库时由系统检查完整性约束条件，并根据检查情况做出相应的反应。

2．安全性控制

数据安全性控制是使每个用户只能按指定方式使用和处理指定数据，保护数据以防止不合法的使用造成数据的泄露和破坏。

数据安全性控制措施主要有：用户标识与鉴定、存取控制机制等。

3．并发控制

数据库的一个主要特点就是允许多个用户共享数据库，因此 DBMS 必须提供并发控制机制。并发控制是指对多用户的并发操作加以控制和协调，防止相互干扰而产生错误的结果。

数据库的并发控制通常使用封锁机制。常用的方法包括"以独占数据库方式"打开数据库；或者设置数据库的密码，不知道密码的用户无法打开数据库，这如同对数据库加锁，是非常有效的方法。

并发控制机制是衡量一个 DBMS 性能的重要指标。

4．数据库恢复

在数据库运行过程中，故障是不可避免的。常见故障包括计算机硬件故障、系统软件和应用软件的错误、操作员的失误、恶意的破坏等，这些故障都有可能破坏数据库。

数据库恢复是指将数据库从错误状态恢复到某一已知的正确状态。数据库恢复技术是衡量一个 DBMS 优劣的重要指标。

1.1.7　数据库系统的三级模式结构

为了有效地组织管理数据，根据美国国家标准协会的计算机与信息处理委员会提出的数据库的标准体系结构，数据库系统的内部体系结构采用三级模式结构，包括模式、外模式和内模式，它们分别对应三级层次结构的中间层、外层和内层，如图 1-3 所示。

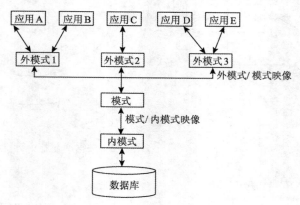

图 1-3　数据库的三级模式

1．模式

模式（也称逻辑模式）是对数据库中全体数据的逻辑结构和特征的描述，是所有用户的公共数据视图，综合了所有用户的需求。定义模式时不仅要定义数据的逻辑结构（例如，数据记录由哪些数据项构成，数据项的名字、类型、取值范围等），而且要定义与数据有关的安全性、完整性要求，定义数据之间的联系等。

模式与数据的物理存储细节和硬件环境无关，也与具体的应用程序、开发工具及高级程序设计语言无关。

一个数据库只有一个模式。

2．外模式

外模式（也称子模式或用户模式）是数据库用户（包括应用程序员和最终用户）使用的局部数据的逻辑结构和特征的描述，是数据库用户的数据视图，是与某一应用有关的数据的逻辑表示。

外模式通常是模式的子集，故又称子模式。它包含模式中允许特定用户使用的那部分数据。由于每个用户只能看见和访问所对应的外模式中的数据，所以外模式是保证数据库安全性的一个有力措施。

由于一个数据库系统可以有多个用户，所以一个数据库可以有多个外模式。

外模式反映了不同用户的应用需求、看待数据的方式、对数据保密的要求等。

3．内模式

内模式（也称存储模式）是数据物理结构和存储方式的描述，是数据在数据库内部的表示方式，是数据记录在存储介质上的保存方式（例如，记录的存储方式是顺序存储还是按照 B 树结构存储，或按 hash 方法存储；索引按什么方式组织；数据是否压缩存储；数据是否加密等）。

一个数据库只有一个内模式。

综上所述，数据库的三级模式之间的关系为：模式是内模式的逻辑表示；内模式是模式的物理实现；外模式则是模式的部分抽取。

三级模式对应数据的三个抽象级别：模式表示概念级数据库；内模式表示物理级数据库；外模式表示用户级数据库。

4．三级模式之间的二级映射

理论上来说，三级模式之间的联系是通过二级映射来实现的，而实际上，这种映射是由数据库管理系统来完成的。

（1）外模式/模式映像。

外模式/模式映像定义了外模式与模式之间的对应关系。每一个外模式都对应一个外模式／模式映像，映像定义通常包含在各自外模式的描述中。

当模式改变时，由数据库管理员对各个外模式／模式映像做相应的改变，可以使外模式保持不变。由于应用程序是依据数据的外模式编写的，从而应用程序不必修改，保证了数据与程序的逻辑独立性，这被称为数据的逻辑独立性。

（2）模式／内模式映像。

模式／内模式映像定义了数据全局逻辑结构与存储结构之间的对应关系。例如，说明逻辑记录和字段在数据库内部是如何表示的。当数据库的存储结构改变时（例如选用另一种更优的存储结构），由数据库管理员对模式／内模式映像做相应的改变，可以使模式保持不变，从而使应用程序不受影响，保证了数据与程序的物理独立性，这被称为数据的物理独立性。

数据库中模式／内模式映像是唯一的。

1.1.8　现实世界、信息世界和数据世界

1．现实世界

现实世界指存在于人们头脑之外的客观世界。现实世界中有大量客观存在的事物，这些事物可以是具体的，也可以是抽象的。各个事物都有自己的若干特征。例如，某个学生就是一个事物，他的学号、姓名、性别、籍贯、身高、专业、班级等都是他的特征。

现实世界存在着大量的事物，而每个事物又具有各个方面的特征，这些特征都可以在计算机内用数据来表达，因此，可以说现实世界是数据处理的源泉。

2．信息世界

人们通过观察事物，从而在大脑中形成抽象概念，这就是信息。所以说，信息世界就是现实世界的事物在人脑中的抽象。例如，对于上面提到的那个学生，知道了他的学号、姓名、性别、籍贯、身高、专业、班级等特征，就是掌握了他的主要信息，从而对他有了基本的了解。所以，现实世界中的事实经过信息世界的抽象就转换成了信息。

应用是面向现实世界的，而数据库系统是面向计算机的，两个世界存在着很大差异，要直接将现实世界中的语义映射到计算机世界是十分困难的，因此引入信息世界作为现实世界通向计算机世界的桥梁。

一方面，信息世界是对现实世界的抽象，从纷繁的现实世界中抽取出能反映现实本质的概念和基本关系；另一方面，信息世界中的概念和关系，要以一定的方式映射到计算机世界中去，在计算机系统上最终实现。信息世界起到了承上启下的作用。

3．数据世界

数据世界（Data World）又称计算机世界（Computer World）。为了用计算机处理信息，人们还需要将信息进一步抽象为计算机能够识别的数据。

数据世界就是信息世界中的信息的数据化。在数据世界里，可以将现实世界事物的特征进行加工、编码，表示成符合一定格式的数据，使其进入计算机世界，成为可供处理的数据对象。

图 1-4 描述了现实世界、信息世界、数据世界及相应数据模型。

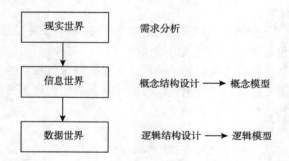

图 1-4　现实世界、信息世界、数据世界及相应数据模型

1.2　数　据　模　型

模型是对现实世界中复杂对象的特征的模拟和抽象，如航空模型、汽车模型、建筑规划设计模型等。在数据库中用数据模型这个工具来对现实世界数据特征进行描述，如描述数据的结构、

数据的性质、数据之间的联系、完整性约束条件等。可以说，数据模型就是对现实世界的模拟。

现有的数据库系统均是基于某种数据模型的。数据模型是数据库系统的核心和基础。

数据模型应满足三个方面的要求：

（1）能比较真实地模拟现实世界。

（2）容易为人们所理解和接受。

（3）便于在计算机上实现。

目前尚难找到一种数据模型可以很好地满足这三方面的要求。如同在建筑设计和施工的不同阶段需要采用不同的图纸一样，在数据库设计的不同阶段针对不同的使用对象和应用目的，需要采用不同的数据模型。

根据模型应用的不同目的，可以将这些模型分为两类或两个层次：第一类是概念模型，第二类是逻辑模型和物理模型。

第一类概念模型也称信息模型，它是按用户的观点来对数据和信息建模，是现实世界到信息世界的抽象。概念模型主要用于数据库设计。

第二类中的逻辑模型是按计算机系统的观点对数据建模，是信息世界到数据世界（计算机世界）的抽象。逻辑模型主要用于 DBMS 的实现。在数据库领域最常用的逻辑模型有层次模型、网状模型、关系模型和面向对象模型等。

第二类中的物理模型是描述数据在系统内部的表示方式和存取方法，是面向计算机系统的，其具体实现是 DBMS 的任务，一般用户不必考虑其细节。

由于计算机不能直接处理现实世界中的具体事物，因此必须将其转换成计算机能够处理的数据。一般方法是，人们首先把现实世界中的事物及联系抽象为一种既不依赖于具体的计算机系统又与具体的 DBMS 无关的概念模型，然后把概念模型转换为计算机上某一 DBMS 支持的数据模型。这一转换经历了从现实世界到信息世界再到数据世界三个不同的阶段。概念模型是现实世界到数据世界的一个中间层次。

下面首先介绍数据模型的共性，即数据模型的组成要素。

1.2.1　数据模型的组成要素

数据模型是实现数据抽象的主要工具。一般来说，数据模型通常是由数据结构、数据操作和数据的约束条件三个要素组成。

1．数据结构

数据结构是对数据库的组成对象以及对象之间联系的描述，具体来说包括两类：一类是对数据对象本身的描述，涉及数据的类型、内容、性质等，例如关系模型中的域、属性、关系等；一类是对数据对象之间联系的描述。

数据结构是对系统静态特性的描述。在数据库系统中一般按数据结构的类型来命名数据模型。

2．数据操作

数据操作是指对数据库中各种对象（型）的实例（值）允许执行的操作的集合，包括操作及有关的操作规则。数据库主要有查询和更新（插入、删除、修改）两大类操作。数据模型必须定义这些操作的确切含义、操作符号、操作规则（如优先级）以及实现操作的语言。数据操作是对系统动态特性的描述。

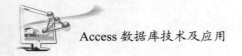

3．数据的约束条件

数据的约束条件是一组完整性规则的集合。完整性规则是给定的数据模型中数据及其联系所具有的制约和依存规则，用以限定符合数据模型的数据库状态以及状态的变化，以保证数据的正确、有效和相容。

数据模型应该反映和规定本数据模型必须遵守的、基本的、通用的完整性约束条件。例如，在关系模型中，任何关系必须满足实体完整性和参照完整性两个约束条件。

此外，数据模型还应该提供定义完整性约束条件的机制，即允许用户定义完整性约束条件，以反映具体应用所涉及的数据必须遵守的特定的语义约束条件。例如，在教学管理系统中，规定成绩字段的取值在 0～100 之间，性别字段的取值为"男""女"。

1.2.2　概念模型

概念模型是现实世界到数据世界的一个中间层次，用于信息世界的建模。它是按用户的观点来对数据和信息建模。这类模型概念简单、清晰、易于被用户理解，是数据库设计人员与用户之间进行交流的语言。概念模型并不依赖于具体的计算机系统，与具体的 DBMS 无关，而只是概念级的模型，只在概念上表示数据库将要处理什么事物（数据对象）及事物（数据对象）之间的联系，而不管数据及联系如何在数据库中表达、存储及处理。最常用的概念模型是"实体联系模型"（E-R 模型）。

1．概念模型中的基本概念

（1）实体（Entity）。

现实世界中客观存在并可相互区别的事件或物体称为实体。实体可以是人，也可以是物；可以是看得见、摸得着的具体的实物，也可以是抽象的概念或联系。例如，某个学生、某门课、某种食品、某次活动、某种思想等都是实体。

（2）属性（Attribute）。

实体所具有的特性或特征称为属性。一个实体可以由若干属性来描述。例如，学生实体有学号、姓名、性别、出生日期、政治面貌、籍贯、专业、是否住宿、手机号码、照片等方面的属性。

属性有"型"与"值"之分，"型"即为属性名，如"学号""姓名""性别""出生日期"是属性的型，"值"即为属性的具体取值，如某个特定的学生，他的学号是"AP0906150"、姓名是"李明"、性别是"男"、出生日期是"1990 年 12 月 20 日"。

（3）主码（Primary Key）。

唯一标识一个实体的属性或属性组称为主码，也称关键字。例如，学生信息表中，学生的"学号"可以作为学生实体的主码，但学生的姓名可能会有重名，不能作为学生实体的主码，性别也不能作为主码。

（4）域。

属性的取值范围称为该属性的域。例如，"学生"这个实体集的"姓名"属性的值域是汉字字符串集合，"性别"的值域是｛男，女｝，"身高"的值域是实数。一般来说，属性是个变量，属性值是变量所取得的值，而域是变量的取值范围。

（5）实体型（Entity Type）。

实体型用来描述同类实体。实体型由实体名及其属性名的集合组成。例如，学生（学号，姓名，性别，出生日期，政治面貌，籍贯，专业，是否住宿，宿舍电话，照片）就是学生实体的实体型，用来描述学生的基本情况。

（6）实体集（Entity Set）。

同一类型的实体的集合称为实体集，即具有相同属性（或特性）的实体的集合。例如，某个学校的所有学生是一个实体集，某个系的所有学生也是一个实体集，某个班级的所有学生也是一个实体集，只不过范围有大有小，区分的特征有多有少而已。

（7）联系（Relationship）。

现实世界中事物内部或事物之间都可能存在一定的联系，这种联系必然要在信息世界中加以反映。一般存在两种类型的联系：一是实体内部的联系；二是实体之间的联系。前者通常是指组成实体的各属性之间的联系，后者通常是指不同实体集之间的联系。

联系是指实体之间相互关系的抽象表示。例如：

① "学生" 属于 "班级"。

② "系" 开设 "课程"。

③ "学生" 选修 "课程"。

④ "工人" 生产 "产品"。

⑤ "产品" 使用 "材料"。

这里的 "属于" "开设" "选修" "生产" "使用" 都表示实体之间的联系。由于联系也是实体，故联系也可以有属性。

2．实体之间的联系

两个实体集之间通常有三种类型的联系：一对一联系、一对多联系、多对多联系。

（1）一对一联系（1:1）。

如果对于实体集 A 中的每一个实体，实体集 B 中至多有一个实体与之联系，反之亦然，则称实体集 A 与实体集 B 具有一对一联系。记为 1:1。

例如，一个班级只有一个班长，一个班长只在一个班级中任职，班级与班长之间存在一对一的联系。此外，国家与首都之间、飞机乘客与座位之间都是一对一联系。

（2）一对多联系（1:n）。

如果对于实体集 A 中的每一个实体，实体集 B 中有 n 个实体与之联系，反之，对于实体集 B 中的每一个实体，实体集 A 中至多只有一个实体与之联系，则称实体集 A 与实体集 B 有一对多联系。记为 1:n。

例如，一个班级中有若干学生，每个学生只在一个班级中学习，班级与学生之间存在一对多联系。此外，母亲与子女之间、城市与道路之间等都是一对多联系。

（3）多对多联系（m:n）。

如果对于实体集 A 中的每一个实体，实体集 B 中有 n 个实体与之联系，反之，对于实体集 B 中的每一个实体，实体集 A 中也有 m 个实体与之联系，则称实体集 A 与实体集 B 具有多对多联系。记为 m:n。

例如，一门课程同时有多个学生选修，一个学生可以同时选修多门课程，课程与学生之间存在多对多联系。此外，商店与商品之间、产品与零件之间都是多对多联系。

同一实体集内部各实体之间也可以存在一对一、一对多或多对多联系。例如，"学生" 实体集内部存在 "领导与被领导" 的联系，即某一学生（班长）"领导" 多名（全班）学生，而一个学生仅被一个学生（班长）领导，这就是实体集内部的一对多联系。

在复杂问题中，两个以上的实体集之间也可能存在一对一、一对多、多对多的联系。

3．概念模型的表示方法

概念模型的表示方法很多，其中最常用的是实体—联系方法（Entity-Relationship Approach，E－R 方法），它用 E－R 图来描述现实世界的概念模型，是建立概念模型的实用工具。

在 E－R 图中，实体、属性、联系的表示方法如下：

（1）实体：用矩形表示，在矩形框内写明实体名。

（2）属性：用椭圆形表示，并用无向边将其与相应的实体连接起来。

（3）联系：用菱形表示，在菱形框内写明联系名，并用无向边分别与有关实体连接起来，同时在无向边旁标上联系的类型（$1:1$、$1:n$ 或 $m:n$）。

此外，联系本身也可以有属性。如果一个联系具有属性，则这些属性也要用无向边与该联系连接起来。

图 1-5 用 E－R 图描述了"学生"实体及其属性。图 1-6 描述了两个实体集之间的三类联系。图 1-7 描述了多个实体集间的联系，图 1-8 描述了同一实体集内部的 $1:n$ 联系。图 1-9 描述了学生与课程之间的 $m:n$ 联系及联系的属性。

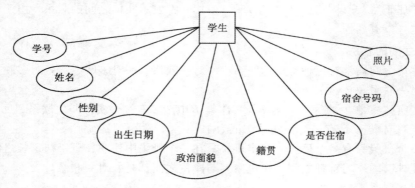

图 1-5 "学生"属性 E-R 图

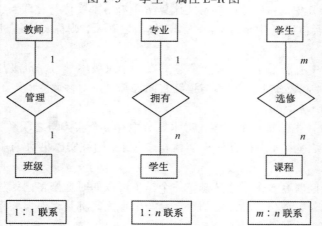

图 1-6 两个实体集之间的三类联系

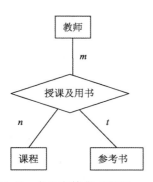

图 1-7　多个实体集之间的
联系

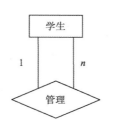

图 1-8　同一实体集内部的
$1:n$ 联系

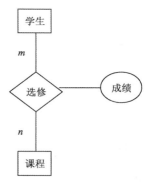

图 1-9　学生与课程之间的 $m:n$
联系及联系的属性

1.2.3　逻辑模型

逻辑模型也称逻辑数据模型，数据库中所说的数据模型主要是指逻辑数据模型，即逻辑模型。在不引起混淆的情况下，有时也不加区分地称逻辑模型为数据模型。

任何一个数据库管理系统（DBMS）都是基于某种数据模型的。数据库领域中常用的逻辑数据模型包括层次模型、网状模型、关系模型和面向对象模型等。按照上述 4 类逻辑数据模型设计和实现的 DBMS 分别称为层次型数据库管理系统、网状型数据库管理系统、关系型数据库管理系统和面向对象型数据库管理系统。

层次模型和网状模型是早期的数据模型，现在已经不常使用；面向对象数据模型目前尚未成熟；关系模型对数据库的理论和实践产生很大的影响，成为当今最流行的逻辑数据模型。本书重点介绍关系模型及关系数据库的基本概念，本书后续章节要介绍的数据库管理系统 Access 是关系型的数据库管理系统。

1.3　关系模型及相关概念

1. 关系模型与二维表

关系模型是数据库系统中最重要的一种数据模型，也是目前主流的数据模型。从用户的角度看，关系模型中数据的逻辑结构就是一张二维表。

本书采用学校教学管理工作中所涉及的相关功能构成一个"教学管理系统"，其相应的数据库名为"教学管理"数据库。下面列出几个主要二维表，即表 1-1 所示的"学生信息表"，表 1-2 所示的"课程信息表"，表 1-3 所示的"教师信息表"，表 1-4 所示的"选课及成绩表"，表 1-5 所示的"教师开课表"，表 1-6 所示的"专业信息表"。（注：由于篇幅所限，表 1-1~表 1-6 中都只包含了数据库中相应表的部分数据）

表 1-1　学生信息表

学　号	姓名	性别	出生日期	政治面貌	籍贯	专业号	是否住宿	手机号码	照片
AP06067201	蔡锐	男	1996-1-12	团员	广东省	101	No	133×××4531	
AP06067202	蔡智明	男	1996-1-13	团员	广东省	101	Yes	133×××4520	
AP06067203	洪观伍	男	1996-1-14	团员	广东省	101	Yes	133×××4520	

续表

学　号	姓名	性别	出生日期	政治面貌	籍贯	专业号	是否住宿	手机号码	照片
AP06067204	洪亮	男	1996-1-15	预备党员	湖南省	101	Yes	133×××4520	
AP06067205	洪权河	男	1996-1-16	群众	福建省	101	No	133×××4520	
AP06067206	洪小武	男	1996-1-17	团员	广东省	101	Yes	133×××4521	

表 1-2　课程信息表

课程代号	课程名称	类别	考核	学分	学时	实践	备注
002C1061	大学英语	必修	考试	3	60	0	
002C1062	大学英语	必修	考试	4	72	0	
002C1063	大学英语	必修	考试	4	72	0	
002C1064	大学英语	必修	考试	4	72	0	
004A3280	自动控制原理	任选	考试	3	54	0	
005A1080	数字电路与逻辑设计	必修	考试	4	72	0	
005A1260	数字信号处理	必修	考试	3	54	0	
005A1430	信号与系统	必修	考试	4	72	0	
005A1510	电路分析基础 I	必修	考试	3	54	0	
005C3090	电子系统 EDA	任选	考试	2	36	0	
005C3100	数字图像处理	任选	考查	2	36	0	
006A1050	计算机组成原理课程设计	必修	考查	2	36	0	1-2 周
006A1060	数据结构	必修	考试	4	72	0	
006A1280	认识实习	必修	考查	1	18	18	假期
006A1290	生产实习	必修	考查	2	36	36	假期

表 1-3　教师信息表

教师编号	姓名	性别	年龄	起始工作时间	学历	职称	手机号码	照片
10	李英	女	27	2018-7-1	硕士	讲师	133×××7811	
11	高华华	女	33	2013-7-1	硕士	讲师	133×××7813	
12	曹静	女	39	2008-7-1	硕士	讲师	133×××7815	
13	郑晓平	女	45	2003-7-1	博士	教授	133×××7817	
14	徐立明	男	51	1998-7-1	博士	教授	133×××7819	
15	白明生	男	57	1993-7-1	博士	教授	133×××7821	
16	黄鹏	男	34	2011-7-1	硕士	副教授	133×××7831	

表 1-4　选课及成绩表

学　号	课程代号	成　绩
AP06067201	006A2500	94
AP06067201	012C1020	77
AP06067202	006A3250	75
AP06067208	006A2140	75
AP06067209	015C1080	65
AP06067211	006A2420	80

表 1-5 教师开课表

课程代号	教师编号	容量	上 课 班 级	上 课 时 间	上 课 地 点
013C1466	10	154	AP06061 AP06062 AP06063	第 2~4 周周四第 5、6 节	北教一楼 504
006A2190	12	77	AP06061 AP06062	第 2~18 周周一第 1、2 节	北教二楼 404
006A2190	13	77	AP06061 AP06062	第 2~11 周周三第 1、2 节	北教二楼 402
006A2290	14	117	AP06061 AP06062 AP06063	第 2~18 周周二第 3、4 节	北教一楼 304

表 1-6 专业信息表

专 业 号	专 业 名 称
101	软件工程
102	网络工程
103	计算机科学与技术
104	电子商务
105	物流管理
106	电子工程
107	机械工程

二维表具有以下特点：

（1）表有表的名字。例如，表 1-1 所示的"学生信息表"。

（2）表由两部分组成，一个表头和若干行数据。

（3）表有若干行，每一行数据代表一个学生的信息。每一行数据又称一个记录。

（4）表有若干列，每列都有列名，如学号、姓名、性别等。每一列又称一个字段，列名又称字段名。

（5）同一列值取自同一个数据域，例如，性别的数据域是｛男，女｝，专业的数据取值范围只能是学校已开设的专业。

2．关系模型、关系及相关术语

关系模型由一组关系组成。每个关系的数据结构就是一张二维表。一个关系由关系名、关系模式、关系实例组成，它们对应二维表的表名、表头和数据。下面以表 1-1 所示的学生信息表为例，介绍关系模型的相关术语。

（1）关系（Relation）。一个关系就是一张二维表。表 1-1 所示的学生信息表就是一个关系。

（2）元组（Tuple）。除了表的第一行（表头）之外，表中的一行称一个元组，通常又称记录，对应概念模型中的一个实体。例如，在学生信息表中，（AP06067201，蔡锐，男，1996-1-12，团员，广东省，101，No，133××××4531，照片）就是一个元组。

（3）属性（Attribute）。表中的一列称为一个属性，通常又称字段，对应概念模型中的一个属性。给每个属性起一个名称，即属性名，通常又称字段名。学生信息表中共有 10 列，对应 10 个属性：学号、姓名、性别、出生日期、政治面貌、籍贯、专业号、是否住宿、宿舍电话、照片。

（4）域（Domain）。属性的取值范围称为该属性的域，对应概念模型中的一个域。

（5）候选码（Candidate Key）。若关系中的某一属性或属性组的值能唯一地标识一个元组，则称该属性或属性组为候选码。

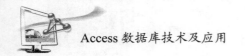

在最简单的情况下，候选码只包含一个属性。在最极端的情况下，关系模式的所有属性组是这个关系模式的候选码，称为全码（All-Key）。

在学生信息表中，学号可以唯一确定一个学生，所以学号是这个关系的候选码。如果没有同名的学生，即姓名属性没有重复值，则姓名属性也是候选码，

（6）主码（Primary Key）。可以唯一确定一个元组的属性或属性组称为主码。若一个关系有多个候选码，则选定其中一个为主码。学生信息表中，学号可以唯一确定一个学生，所以学号是这个关系的主码。

（7）主属性。包含在任意一个候选码中的属性称为主属性，不包含在任何候选码中的属性称为非主属性。在表 1-1 所示的学生信息表中，学号是主属性。如果没有同名的学生，姓名也是主属性。

在表 1-4 所示的成绩表中，学号与课程代号一起作为主码，其中的学号是主属性，课程代号也是主属性。

（8）分量（Element）。元组中的一个属性值称为元组的分量。关系模型要求关系必须是规范化的，即满足一定的规范条件，最基本的规范条件就是关系的每一个分量必须是一个不可再分的数据项，即不允许表中还有表（不允许表中有合并单元格）。

例如，在学生信息表中，AP06067201、"蔡锐"、"男"、1996-1-12、"团员"、"广东省"和101 等都是分量。

（9）关系模式（Relation Schema）。对关系的描述称为关系模式，通常用关系名及其所有属性名集合来表示。关系模式一般表示为：

关系名（属性 1，属性 2，…，属性 n）

例如，学生信息表对应的关系模式为：

学生（学号，姓名，性别，出生日期，政治面貌，籍贯，专业号，是否住宿，宿舍电话，照片）

（10）关系数据库（Relational Database）。如前所述，关系模型由一组关系组成，每个关系是一张二维表。对应于一个关系模型的所有关系的集合称为关系数据库。所以一个关系数据库由一组相关表格组成。

以后在不至于引起混淆的情况下，往往将关系模式和关系统称关系。

3．关系术语间的联系

（1）一个具体的关系模型是若干关系模式的集合。

（2）关系模式是命名的属性集合。

（3）关系是元组的集合。

（4）元组是属性值的集合。

表 1-7 给出了一些术语的对比。

表 1-7　术语对比

现实世界术语	关 系 术 语	数据世界术语
二维表	关系	二维表
表名	关系名	表名
表头	关系模式	表头
行	元组	记录

续表

现实世界术语	关 系 术 语	数据世界术语
列	属性	字段
列名	属性名	字段名
列值	属性值	字段值

4．关系的主要性质

一般来说，关系具有如下 6 条性质：

（1）同一列的数据是同质的。

（2）不同的列可出自同一个域。

（3）列的顺序无关紧要。

（4）行的顺序无关紧要。

（5）任意两个元组不能完全相同。

（6）每个分量都必须是不可再分的数据项。

1.4　关系数据库的完整性

数据库的完整性是指数据的正确性、一致性和相容性。数据库完整性的破坏主要是由于一些无效数据写入了数据库，或不恰当的更新数据造成的。为了解决这个问题，防止不合适的数据进入数据库，DBMS 必须提供完整性约束机制，包括下面三方面的内容：

1．提供完整性约束条件的定义机制

把完整性约束条件作为模式的一部分定义并存入数据字典中。

2．提供完整性的检查机制

检查用户发出的操作（INSERT、UPDATE、DELETE 等）是否违背了完整性约束条件。

3．进行违约处理

如果系统进行完整性检查时，发现用户的操作请求使数据违背了完整性约束条件，则会采取一定的动作，如拒绝用户执行该操作或级联执行其他操作等，来保证数据的完整性。

关系数据库的完整性规则是对关系的某种约束条件。关系数据库的完整性控制机制允许定义三类完整性：实体完整性、参照完整性和用户定义的完整性。其中实体完整性和参照完整性是关系模型必须满足的完整性约束条件，由关系系统自动支持；用户定义的完整性反映应用领域需要遵循的约束条件，是针对某一具体关系数据库的约束条件，由用户根据实际应用所涉及数据情况的需要而设置，用户定义后由系统支持。

1.4.1　实体完整性

实体完整性规则：若属性 A 是基本关系 R 的主属性，则属性 A 不能取空值。

例如，在学生关系中，"学号"属性为主码，则其值不能取空值。

关系模型必须遵守实体完整性规则的原因：

（1）一个基本关系（基本表）通常对应现实世界的一个实体集。例如，学生关系对应学生的集合。

（2）现实世界中的实体都是可区分的，即它们具有某种唯一性标识。例如，每个学生都是不一样的。

（3）关系模型中以主码作为唯一性标识。通常，学号是学生的唯一性标识，所以，在学生关系中，学号是学生的主码。

（4）主码中的属性（即主属性）不能取空值。所谓空值就是"不知道"或"无意义"的值。如果主属性取空值，就说明存在某个不可标识的实体，即存在不可区分的实体，这与现实世界的客观事实相矛盾，因此这个实体一定不是一个完整的实体。

说明：实体完整性规则规定基本关系的所有主属性都不能取空值，而不仅是主码整体不能取空值。例如，在成绩（学号，课程代号，成绩）关系中，"学号+课程代号"为主码，则学号和课程代号两个属性都不能取空值。

1.4.2　参照完整性

1. 关系间的引用

现实世界中的实体之间往往存在某种联系，在关系模型中实体及实体间的联系都是用关系来描述的，因此可能存在着关系与关系间的引用。下面讨论关系间的引用。

（1）讨论"专业""学生"两个关系间的引用。

参见表 1-6 所示的"专业信息表"和表 1-1 所示的"学生信息表"。"专业"关系模式和"学生"关系模式如下：

专业（专业号，专业名称）

学生（学号，姓名，性别，出生日期，政治面貌，籍贯，专业号，是否住宿，宿舍电话，照片）

这两个关系之间存在着属性的引用，"学生"关系引用了"专业"关系中的主码"专业号"。显然，"学生"关系中"专业号"字段的值，必须是"专业"关系中已有的专业号，即必须是确实存在的专业的"专业号"，"专业"关系中有该专业的记录。这就是说，"学生"关系中"专业号"属性的取值需要参照"专业"关系中对应属性"专业号"的取值。

概括地说，"专业"关系与"学生"关系之间是一对多的联系，多方属性的取值需要参照一方属性的取值。

（2）讨论"学生""课程""成绩"三个关系间的引用。

参见表 1-1 所示的"学生信息表"、表 1-2 所示的"课程信息表"和表 1-4 所示的"成绩表"。"学生"关系模式、"课程"关系模式和"成绩"关系模式如下：

学生（学号，姓名，性别，出生日期，政治面貌，籍贯，专业号，是否住宿，宿舍电话，照片）

课程（课程代号，课程名称，类别，考核，学分，学时）

成绩（学号，课程代号，成绩）

这三个关系之间存在着属性的引用，"成绩"关系中"学号"的取值需要参照"学生"关系中学号的取值，"成绩"关系中"课程代号"的取值需要参照"课程"关系中"课程代号"的取值。

概括地说，"学生"关系与"课程"关系之间是多对多的联系（用"成绩"来反映这个联系），联系中属性的取值需要参照多方属性的取值。

2．外码

设 F 是基本关系 R 的一个或一组属性，但不是关系 R 的码。如果 F 与基本关系 S 的主码 K 相对应，则称 F 是基本关系 R 的外码。并称基本关系 R 为参照关系，基本关系 S 为被参照关系或目标关系。

说明：

● 关系 R 和 S 不一定是不同的关系。
● 目标关系 S 的主码 K，和参照关系 R 的外码 F 必须定义在同一个（或一组）域上。

（1）以"专业""学生"两个关系为例。

在"学生"关系中，"专业号"不是主码，但在"专业"关系中，"专业号"是主码。"学生"关系的"专业号"属性与"专业"关系的主码"专业号"相对应，因此"专业号"属性是"学生"关系的外码。

这里，"学生"关系为参照关系，"专业"关系为被参照关系。

（2）以"学生""课程""成绩"三个关系为例。

"学号"属性在"成绩"关系中不是主码，但在"学生"关系中是主码；"课程代号"属性在"成绩"关系中不是主码，但在"课程"关系中是主码。

"成绩"关系中的"学号"属性与"学生"关系的主码"学号"相对应，"课程代号"属性与"课程"关系的主码"课程代号"相对应，因此，"学号"属性是"成绩"关系的外码，"课程代号"属性也是"成绩"关系的外码。

这里，"成绩"关系为参照关系，"学生"关系与"课程"关系均为被参照关系。

参照完整性规则就是定义外码与主码之间的引用规则。

3．参照完整性规则

若属性（或属性组）F 是基本关系 R 的外码，它与基本关系 S 的主码 K 相对应（基本关系 R 和 S 不一定是不同的关系），则对于 R 中每个元组在 F 上的值必须为：

● 或者取空值（F 的每个属性值均为空值）。
● 或者等于 S 中某个元组的主码值。

（1）以"专业""学生"两个关系为例。

"学生"关系中每个元组的"专业号"属性只取下面两类值：

● 空值，表示尚未给该学生分配专业。
● 非空值，这时该值必须是"专业"关系中某个元组的"专业号"的值，表示该学生不可能分配到一个不存在的专业中。

（2）以"学生""课程""成绩"三个关系为例。

"学号"和"课程代号"是"成绩"关系中的主属性，按照实体完整性和参照完整性规则，它们只能取相应被参照关系中已经存在的主码值：

● "成绩"关系中每个元组的"学号"属性的值只能取"学生"关系中某个元组的"学号"的值；
● "成绩"关系中每个元组的"课程代号"属性的值只能取"课程"关系中某个元组的"课程代号"的值。

说明：在"成绩"关系中，"学号"属性和"课程代号"属性二者构成"成绩"关系的主码，按照实体完整性规则，每个元组的"学号"属性和"课程代号"属性均不能取空值。

1.4.3 用户定义的完整性

用户定义的完整性是针对某一具体关系数据库的约束条件，反映某一具体应用所涉及的数据必须满足的实际要求。

例如，学生的学号一定是唯一的；学生的年龄必须是整数，取值范围限定在 14～30 之间的数；性别属性的取值只能是"男"或"女"；学生所选课程必须是学校已开设的课程等。

关系模型应提供定义和检验这类完整性的机制。由用户根据实际应用所涉及数据情况的需要而设置，在用户定义后由系统支持，而不需要由应用程序承担这一功能。

1.5 关 系 代 数

关系代数是一种抽象的查询语言，是关系数据库操纵语言的一种传统表达方式，它是用对关系的运算来表达查询的。

一般来说，运算通常包含下列三个要素：运算对象、运算符、运算结果。关系代数的运算对象是关系，运算结果也是关系。

关系代数的运算可以分为两大类：一种是传统的集合运算；另一种是专门的关系运算。在数据库应用中，一些查询操作通常需要组合几个基本关系运算，并经过若干步骤才能完成。

1.5.1 传统的集合运算

传统的集合运算包括并、交、差、广义笛卡儿积 4 种，都是二目运算。

设关系 R 和关系 S 均是 n 目关系（具有 n 个属性），且两个关系属性的性质相同，则在其上可以定义并、交、差运算，且三种运算的结果仍为 n 目关系（具有 n 个属性）。集合的并、交、差运算如图 1-10 所示。

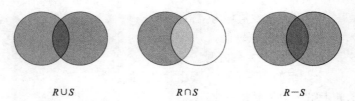

$R \cup S$ $R \cap S$ $R-S$

图 1-10 并、交、差运算示意图

下面以 ST1（见表 1-8）和 ST2（见表 1-9）两个关系为例，说明传统的集合运算：并运算、交运算、差运算。

表 1-8 ST1

学　号	姓　名	性　别	出 生 日 期
AP06067201	蔡锐	男	1996-1-12
AP06067230	姚燕	女	1998-1-23
AP06067212	洪林森	男	1997-2-6
AP06067214	胡伟	男	1997-2-8

表 1-9　ST2

学　号	姓　名	性　别	出 生 日 期
AP06067212	洪林森	男	1997-2-6
AP06067214	胡伟	男	1997-2-8
AP06067213	侯锦兵	男	1997-2-7

1．并运算

关系 R 与关系 S 的并运算记作 $R \cup S$，运算结果是将两个关系的所有元组组成一个新的关系，若存在相同的元组，只留下其中的一个元组。并运算可以表达为

$$R \cup S = \{t \mid t \in R \vee t \in S\}$$

$ST1 \cup ST2$ 的结果如表 1-10 所示。

表 1-10　ST1∪ST2 运算结果

学　号	姓　名	性　别	出 生 日 期
AP06067201	蔡锐	男	1996-1-12
AP06067230	姚燕	女	1998-1-23
AP06067212	洪林森	男	1997-2-6
AP06067214	胡伟	男	1997-2-8
AP06067213	侯锦兵	男	1997-2-7

2．交运算

关系 R 与关系 S 的交运算记作 $R \cap S$，运算结果是将两个关系中的公共元组组成一个新的关系。交运算可以表达为

$$R \cap S = \{t \mid t \in R \wedge t \in S\}$$

$ST1 \cap ST2$ 的结果如表 1-11 所示。

表 1-11　ST1∩ST2 运算结果

学　号	姓　名	性　别	出 生 日 期
AP06067212	洪林森	男	1987-2-6
AP06067214	胡伟	男	1987-2-8

3．差运算

关系 R 与关系 S 的差运算记作 R–S，运算结果是由属于 R 但不属于 S 的元组组成一个新的关系。差运算可以表达为：

$$R - S = \{t \mid t \in R \wedge t \notin S\}$$

ST1–ST2 的结果如表 1-12 所示。

表 1-12　ST1—ST2 运算结果

学　号	姓　名	性　别	出 生 日 期
AP06067201	蔡锐	男	1996-1-12
AP06067230	姚燕	女	1998-1-23

4．广义笛卡儿积运算

设关系 R 是 m 目关系（具有 m 个属性），有 i 个元组，关系 S 是 n 目关系（具有 n 个属性），

有 j 个元组，则广义笛卡儿积 $R \times S$ 是一个 $m+n$ 目的关系（具有 $m+n$ 个属性），有 $i \times j$ 个元组。广义笛卡儿积运算可以表达为

$$R \times S = \{ \widehat{t_r t_s} | t_r \in R \wedge t_s \in S \}$$

下面以 ST3（见表 1-13）和 Course（见表 1-14）两个关系为例，说明广义笛卡儿积运算。

表 1-13 ST3

学　号	姓　名
AP06067208	洪彬
AP06067230	姚燕

表 1-14 Course

课程代号	课程名称	学　分
002C1061	大学英语	4
006A2240	计算机导论	3
006A2290	数据库语言及应用	3

ST3 和 Course 两个关系的广义笛卡儿积运算的结果如表 1-15 所示。

表 1-15 ST3×Course 运算结果

学　号	姓　名	课程代号	课程名称	学　分
AP06067208	洪彬	002C1061	大学英语	4
AP06067208	洪彬	006A2240	计算机导论	3
AP06067208	洪彬	006A2290	数据库语言及应用	3
AP06067230	姚燕	002C1061	大学英语	4
AP06067230	姚燕	006A2240	计算机导论	3
AP06067230	姚燕	006A2290	数据库语言及应用	3

传统的集合运算能实现关系数据库的许多基本操作。如并运算可以实现记录的添加和插入，差运算可以实现记录的删除，而记录的修改则是通过先删除后插入两个步骤来完成的。

1.5.2 专门的关系运算

在关系代数中，有三种常用的专门的关系运算：选择运算、投影运算和连接运算。

1. 选择运算

选择运算是从关系中选出满足给定条件的元组（记录）的运算，其中，条件是以逻辑表达式形式给出的，关系中取值为真的元组将被选取出来形成一个新的关系。选择运算是从水平方向选取满足条件的元组，是从行的角度进行运算。

选择运算可以表达为：

$$\sigma_F(R) = \{ t | t \in R \wedge F(t) = '真' \}$$

其中，σ 是选择运算符，R 是关系名，F 是选择条件，其形式为关系表达式或逻辑表达式。例如，从表 1-8 所示的 ST1 中，选出性别为"男"的学生，可以记作：

$$\sigma_{性别="男"}(ST1)$$

运算结果如表 1-16 所示。

表 1-16　选择运算的结果

学　号	姓　名	性　别	出 生 日 期
AP06067201	蔡锐	男	1996-1-12
AP06067212	洪林森	男	1997-2-6
AP06067214	胡伟	男	1997-2-8

2．投影运算

投影运算是从关系模式中挑选若干属性列（字段）及所有值组成一个新关系的运算。投影运算是从列的角度进行运算，相当于对关系进行垂直分解。

投影运算可以表达为：

$$\Pi_A(R) = \{ \, t[A] \mid t \in R \, \}$$

其中，A 为 R 中的属性列。

例如，从表 1-8 所示的 ST1 中，查询所有学生的学号、姓名，可以记作：

$$\Pi_{\text{学号, 姓名}}(\text{ST1})$$

运算结果如表 1-17 所示。

表 1-17　选择运算的结果

学　号	姓　名
AP06067201	蔡锐
AP06067230	姚燕
AP06067212	洪林森
AP06067214	胡伟

投影运算之后不仅取消了原关系中的某些列，还可能取消某些元组，因为取消了某些列之后，可能出现重复行，必须取消这些重复行。

3．连接运算

连接运算需要两个关系作为运算对象。连接运算是将两个关系模式通过公共的属性名拼接成一个更宽的关系模式的运算，生成的新关系中包含满足连接条件的元组。

连接运算是从两个关系的笛卡儿积中选取属性间满足一定条件的元组。所以，连接运算是一个复合型的运算，包含了笛卡儿积、选择和投影三种运算。连接运算通常记作：$R \bowtie S$。

下面以 ST4（见表 1-18）和 Grade（见表 1-19）两个关系为例，说明连接运算。

表 1-18　ST4

学　号	姓　名	性　别	出 生 日 期
AP06067202	蔡智明	男	1996-1-13
AP06067208	洪彬	男	1997-2-2
AP06067221	梁丽	女	1998-1-15
AP06067230	姚燕	女	1998-1-23

表 1-19　Grade

学　号	课 程 代 号	成　绩
AP06067202	专业英语	75

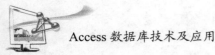

学　号	课程代号	成　绩
AP06067208	数据库课程设计	77
AP06067208	体育	90
AP06067209	操作系统	72
AP06067230	形势与政策	79

（1）等值连接。

等值连接是从被连接的两个关系的广义笛卡儿积中选取公共属性值相等的那些元组，形成一个新的关系，并且不消除重复的属性列。

例如，ST4 和 Grade 两个关系的等值连接运算过程如下：

① 将 ST4 和 Grade 两个关系进行广义笛卡儿积运算，可以得到 20 个元组。

② 根据连接条件：ST4·学号=Grade·学号，从笛卡儿积运算结果中选出符合条件的元组。

③ ST4 与 Grade 的等值连接结果如表 1-20 所示。注意：该表中有重复的属性列"学号"。

表 1-20　ST4 与 Grade 等值连接的结果

学　号	姓名	性别	出生日期	学　号	课程名称	成　绩
AP06067202	蔡智明	男	1996-1-13	AP06067202	专业英语	75
AP06067208	洪彬	男	1997-2-2	AP06067208	数据库课程设计	77
AP06067208	洪彬	男	1997-2-2	AP06067208	体育	90
AP06067230	姚燕	女	1998-1-23	AP06067230	形势与政策	79

（2）自然连接。

自然连接是一种特殊的等值连接，是在等值连接的基础上，再消除重复属性列。自然连接是最常用的一种连接。

一般的连接操作是从行的角度进行运算，而自然连接还需要取消重复列，所以是同时从行和列的角度进行运算。

ST4 与 Grade 的自然连接，结果如表 1-21 所示。注意：该表中消除了重复的属性列。

表 1-21　ST4 与 Grade 自然连接的结果

学　号	姓名	性别	出生日期	课程名称	成　绩
AP06067202	蔡智明	男	1996-1-13	专业英语	75
AP06067208	洪彬	男	1997-2-2	数据库课程设计	77
AP06067208	洪彬	男	1997-2-2	体育	90
AP06067230	姚燕	女	1998-1-23	形势与政策	79

1.6　数据库设计基础

1.6.1　数据库设计概述

在数据库应用系统的开发过程中，数据库的设计是核心问题。一个设计良好的数据库，可以有效提高数据库的存储量，提高数据的完整性和一致性。

1. 数据库设计的内容

数据库设计的内容包括数据库的结构设计和数据库的行为设计两方面的内容。

（1）数据库的结构设计。

数据库的结构设计是指根据给定的应用环境，进行数据库的模式或子模式的设计。它包括数据库的概念设计、逻辑设计和物理设计。

数据库模式是各应用程序共享的结构，是静态的、稳定的，一经形成后通常情况下是不容易改变的，所以结构设计又称静态模型设计。

（2）数据库的行为设计。

数据库的行为设计是指确定数据库用户的行为和动作。而在数据库系统中，用户的行为和动作指用户对数据库的操作，这些要通过应用程序来实现，所以数据库的行为设计就是应用程序的设计。

用户的行为总是使数据库的内容发生变化，所以行为设计是动态的，行为设计又称动态模型设计。

2. 数据库设计的特点

数据库设计既是一项涉及多学科的综合性技术，又是一项庞大的工程项目。其特点之一是：计算机的硬件、软件、技术与管理界面的互相结合；其特点之二是：在整个数据库设计过程中，强调结构（数据）设计和行为（处理）设计的紧密结合。现代数据库设计是一种"反复探寻，逐步求精"的过程。

图 1-11 给出了数据库设计的全过程。

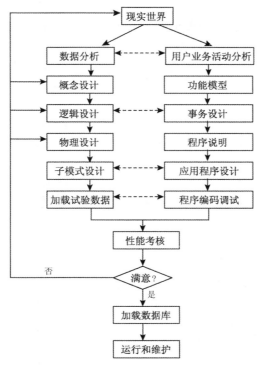

图 1-11　数据库设计的全过程

3. 数据库设计的基本步骤

按照规范设计的方法，考虑数据库及其应用系统开发全过程，将数据库设计分为以下 6 个阶段：

- 需求分析。
- 概念结构设计。
- 逻辑结构设计。
- 物理设计。
- 数据库实施。
- 数据库运行和维护。

数据库设计是分阶段完成的，每完成一个阶段，都要进行设计分析，评价一些重要的设计指标，对设计阶段产生的文档组织评审，与用户进行交流。如果设计的数据库不符合要求则要进行修改，这种分析和修改可能要重复若干次，以求最后实现的数据库能够比较精确地模拟现实世界，能较准确地反映用户的需求。设计一个完善的数据库应用系统不可能一蹴而就，它往往是上述 6 个阶段的不断反复的过程。

数据库设计中，前两个阶段是面向用户的应用需求，面向具体的问题；中间两个阶段是面向数据库管理系统；最后两个阶段是面向具体的实现方法。前 4 个阶段可统称"分析和设计阶段"，后两个阶段称为"实现和运行阶段"。

（1）需求分析。

需求分析是整个数据库设计过程的基础，要收集和分析数据库所有用户的信息需求（用户要从数据库获得的信息内容）和处理需求（完成什么处理功能及采用什么处理方式），这是最费时、最复杂的一步，但也是最重要的一步，相当于待构建的数据库大厦的地基，它决定了以后各步设计的速度与质量。需求分析做得不好，可能会导致整个数据库设计返工重做。需求分析阶段要形成需求分析说明书，用数据字典描述数据需求，用数据流图描述处理需求。

（2）概念结构设计。

概念结构设计是通过对用户需求进行综合、归纳与抽象，把用户的信息要求统一到一个整体逻辑结构中，形成一个独立于具体 DBMS 的概念模型（用 E-R 图表示）。

（3）逻辑结构设计。

逻辑结构设计是将概念模型（E-R 图）转换为某个 DBMS 所支持的数据模型（如关系模型），并对其进行优化，形成数据库的逻辑模式。所谓逻辑模式即数据库的模式。

然后根据用户处理的要求以及安全性等方面的考虑，在基本表的基础上再建立必要的视图，形成数据库的外模式。

（4）物理结构设计。

数据库的物理结构主要指数据库的存储记录格式、存储记录安排和存取方法。数据库物理设计是为逻辑数据模型选取一个最适合应用环境的物理结构（包括存储结构和存取方法）。物理设计的结果是形成数据库的内模式。

评价物理数据库结构优劣的重点是时间效率和空间效率。

（5）数据库实施。

根据逻辑结构设计和物理设计的结果，在计算机系统上建立起实际数据库结构、装入数据、测试和试运行的过程称为数据库的实施阶段。实施阶段主要有三项工作。

①　建立实际数据库结构。当数据库结构建立好后，就可以运用 DBMS 提供的数据语言（如 SQL 语言）及其宿主语言（如 C 语言）编制与调试数据库应用程序。调试应用程序时，由于数据尚未入库，可以先使用试验数据。

②　装入试验数据对应用程序进行调试。试验数据可以是实际数据，也可由手工生成或用随机数发生器生成。应使测验数据尽可能覆盖现实世界的各种情况。

③　当应用程序调试完成之后，再组织一小部分实际数据入库，并进行数据库的试运行。

数据库试运行也称联合调试，其主要工作包括功能测试和性能测试两方面。功能测试就是实际运行应用程序，执行对数据库的各种操作，测试应用程序的各种功能；性能测试就是测试系统的性能指标，分析是否符合设计目标。

如果数据库试运行结果不符合设计目标，则需要返回物理设计阶段，调整物理结构，修改参数；有时甚至需要返回逻辑设计阶段，调整逻辑结构。

对于大型数据库系统，数据入库工作量很大，可以采用分期输入数据的方法。先输入小批量数据供先期联合调试使用，待试运行基本合格后再输入大批量数据。逐步增加数据量，逐步完成运行评价。

（6）数据库运行与维护。

数据库应用系统试运行结果符合设计目标后即可投入正式运行。数据库投入运行标志着开发任务的基本完成和维护工作的开始。这一阶段主要是收集和记录实际系统运行的数据，数据库运行的记录用来评价数据库系统的性能，进一步调整和修改数据库。

对数据库经常性的维护工作一般是由 DBA 完成的，主要包括下列方面的工作：

①　根据用户的实际要求不断修正完整性约束条件，进行数据库的完整性控制。

②　根据用户的实际需要授予不同的操作权限，进行数据库的安全性控制。

③　针对不同的应用要求制订不同的转储计划，有效地处理数据库故障和进行数据库恢复。

④　监督系统运行，利用监测工具获取系统运行过程中一系列性能参数的值，通过仔细分析这些数据，判断当前系统是否处于最佳运行状态，找出改进系统性能的方法。

⑤　当数据库运行一段时间后，为了提高系统性能，可能要对数据库进行重组织和重构造。DBMS 一般都提供了供重组织数据库使用的实用程序，帮助 DBA 重新组织数据库，而且，重组织不会改变原设计的数据逻辑结构和物理结构。数据库重构造的主要工作是根据新的需求调整数据库的模式和内模式。重构造数据库的程度是有限的。若应用需求变化太大，已无法通过重构数据库来满足新的需求，或重构数据库的代价太大，则表明现有数据库应用系统的生命周期已经结束，应该重新设计新的数据库系统了。

可以看出，以上 6 个阶段是从数据库应用系统设计和开发的全过程来考察数据库设计的问题，因此，它既是数据库的设计过程，也是应用系统的设计过程。在设计过程中，努力使数据库设计和系统其他部分的设计紧密结合，把数据和处理的需求收集、分析、抽象、设计和实现在各个阶段同时进行、相互参照、相互补充，以完善两方面的设计。按照这个原则，数据库设计的各个阶段可用图 1-12 描述。

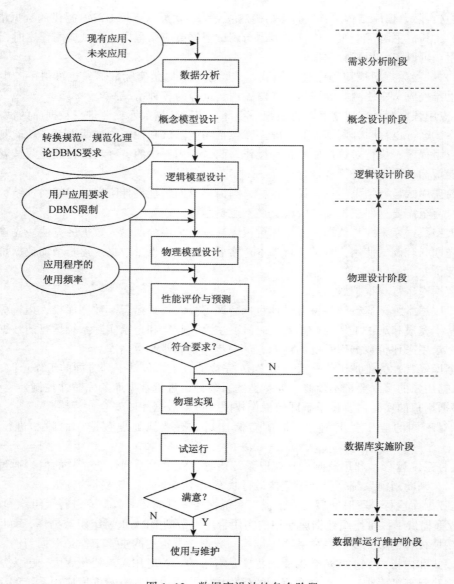

图 1-12　数据库设计的各个阶段

1.6.2　概念结构设计

概念结构设计是整个数据库设计的关键。概念结构设计的任务是在需求分析阶段产生的需求说明书的基础上,按照特定的方法把它们抽象为一个不依赖于任何具体的 DBMS 的数据模型,即概念模型。

概念模型的结构可以反映整个数据库应用问题所需要的整体数据库概念结构,是系统各个用户共同关心的信息结构。

概念模型的特点是:易于理解,易于更改,适合于用户与设计人员进行沟通与交流,当应用环境和应用要求发生变化时,很容易对概念模型进行修改,以反映这些变化。概念模型独立于具体的 DBMS,但易于导出与 DBMS 有关的逻辑模型。

描述概念结构的常用工具是 E–R 图（也称 E–R 模型）。设计概念模型的具体步骤如下：

- 确定实体。
- 确定实体的属性。
- 确定实体的码。
- 确定实体间的联系类型。
- 画出 E–R 图。

下面结合学校教学管理系统，介绍"教学管理"数据库概念模型的设计方法和步骤。

1．确定实体

"教学管理系统"中涉及专业、学生、教师、课程、学生选修课程及教师讲授课程等方面的大量信息，因此教学管理系统中应包括的实体有专业、学生、教师、课程。

2．确定实体的属性

实体及其属性如图 1–13 ~ 图 1–16 所示。

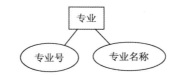

图 1–13　"专业"实体及其属性

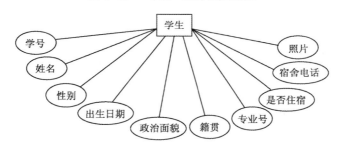

图 1–14　"学生"实体及其属性

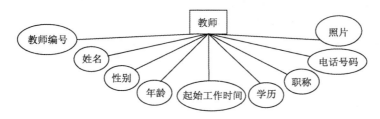

图 1–15　"教师"实体及其属性

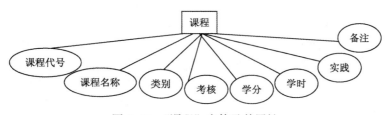

图 1–16　"课程"实体及其属性

3．确定实体的码

"专业"实体的码是"专业号"；"学生"实体的码是"学号"；"教师"实体的码是"教师编号"；"课程"实体的码是"课程代号"。

4．确定实体间的联系类型

（1）实际应用中，每个专业有多名学生，而每个学生只能属于一个专业。专业与学生是一对多的联系。

（2）每个学生可以选修多门课程，而且每门课程可供多个学生所选。学生与课程之间是多对多的联系。在联系"选修"中要反映出学生选修课程的成绩属性。

（3）每个教师可以讲授多门课程，而且每门课程需要多个教师讲授。教师与课程之间是多对多的联系。在联系"讲授"中要反映出教师讲授课程的上课班级、上课时间、上课地点、学生容量等属性。

5．"教学管理"数据库概念模型 E-R 图

根据以上分析，可以得到"教学管理"数据库概念模型总体 E-R 图如图 1-17 所示。

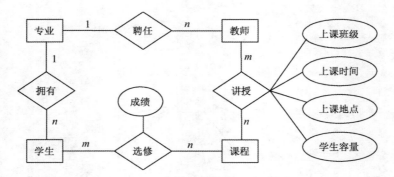

图 1-17 "教学管理"数据库概念模型 E-R 图

1.6.3 逻辑结构设计

逻辑结构设计的任务是，首先将概念结构转换成特定 DBMS 所支持的数据模型，具体来说就是将 E-R 图转换为关系模型，然后对关系模型进行优化。

将 E-R 图转换为关系模型实际上就是要将实体、实体的属性和实体之间的联系转化为关系模式。下面介绍这种转换一般应遵循的规则，并将图 1-17 所示的教学管理系统的 E-R 图转换为相应的关系模型。

1．实体的转换

一个实体转换为一个关系模式。实体的属性就是关系的属性，实体的码就是关系的主码。

例如，在图 1-17 所示的"教学管理"数据库概念模型 E-R 图中，"专业"实体、"学生"实体、"教师"实体、"课程"实体分别转换为一个关系模式：

专业（<u>专业号</u>，专业名称）

学生（<u>学号</u>，姓名，性别，出生日期，政治面貌，籍贯，是否住宿，宿舍电话，照片）

教师（<u>教师编号</u>，姓名，性别，年龄，起始工作时间，学历，职称，电话号码，照片）

课程（<u>课程代号</u>，课程名称，类别，考核，学分，学时，实践，备注）

在上述关系模式中，加下画线的属性为主码。

2．实体间联系的转换

（1）$m:n$ 联系。

一个 $m:n$ 联系转换为一个关系模式。与该联系相连的两个实体的码以及联系本身的属性转换为关系的属性，而关系的主码由两个实体的码组合而成。

例如，在图 1-17 所示的"教学管理"数据库概念模型 E-R 图中，"选修"联系是一个 $m:n$ 联系，可以将它转换为如下关系模式：

成绩（学号，课程代号，成绩）

其中，学号与课程代号一起联合构成关系的主码，而学号是个外码，课程号也是个外码。

同样，"授课"联系也是一个 $m:n$ 联系，可以转换为如下关系模式：

教师开课（教师编号，课程代号，上课班级，上课时间，上课地点，学生容量）

其中，教师编号与课程代号一起联合构成关系的主码，而教师编号是个外码，课程代号也是个外码。

（2）$1:n$ 联系。

一个 $1:n$ 联系可以与 n 端对应的关系模式合并。

例如，在图 1-17 所示的"教学管理"数据库概念模型 E-R 图中，"拥有"联系为 $1:n$ 联系，将其转换为关系模式时，可将其与由"学生"实体得到的"学生"关系模式合并，这时"学生"关系模式变为：

学生（学号，姓名，性别，出生日期，政治面貌，籍贯，专业号，是否住宿，宿舍电话，照片）

其中，"学号"是主码，"专业号"是外码。"专业"与"学生"两个关系通过外码"专业号"建立一对多联系。

注意：原来由"学生"实体得到的"学生"关系模式中是没有"专业号"属性的。

同样，在图 1-17 中，"聘任"联系为 $1:n$ 联系，将其转换为关系模式时，可将其与由"教师"实体得到的"教师"关系模式合并，这时"教师"关系模式变为：

教师（教师编号，姓名，性别，年龄，起始工作时间，学历，职称，专业号，电话号码，照片）

其中，"教师编号"是主码，"专业号"是外码。"专业"与"教师"两个关系通过外码"专业号"建立一对多联系。

注意：原来由"教师"实体得到的"教师"关系模式中是没有"专业号"属性的。

（3）$1:1$ 联系。

一个 $1:1$ 联系可以转换为一个独立的关系模式，也可以与任意一端对应的关系模式合并。如果转换为一个独立的关系模式，则与该联系相连的各实体的码以及联系本身的属性均转换为关系的属性，每个实体的码均是该关系的候选码。如果与某一端对应的关系模式合并，则需要在该关系模式的属性中加入另一个关系模式的码和联系本身的属性。

例如，在图 1-6 中，"教师"实体与"班级"实体的联系"管理"为 $1:1$ 联系，可以将其转换为一个独立的关系模式：

管理（教师编号，班级代号）

其中，"教师编号"是主码，"班级代号"是外码。

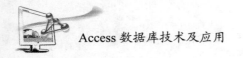

也可以转换为：

管理（<u>班级代号</u>，教师编号）

其中，"班级代号"为主码，"教师编号"是外码。

此外，"管理"联系也可以与"班级"或"教师"关系模式合并。

如果与"教师"关系模式合并，则只需在"教师"关系中加入"班级"关系的码，即"班级代号"：

教师（<u>教师编号</u>，姓名，性别，年龄，起始工作时间，学历，职称，电话号码，班级代号）

其中，"教师编号"是主码，"班级代号"是外码。

同样，如果与"班级"关系模式合并，则只需在"班级"关系中加入"教师"关系的码，即"教师编号"：

班级（<u>班级代号</u>，班级名称，学生人数，教师编号）

其中，"班级代号"为主码，"教师编号"是外码。

（4）多元联系。

三个或三个以上实体间的一个多元联系转换为一个关系模式。与该多元联系相连的各实体的码以及联系本身的属性均转换为关系的属性。而关系的码为各实体码的组合。

例如，在图 1-7 中，多个实体集之间的联系"授课及用书"是个三元联系，可以将它转换为如下关系模式：

授课及用书（教师编号，课程代号，书号）

其中，教师编号、课程代号和书号一起联合构成关系的主码。

3. "教学管理"数据库概念模型 E-R 图转换为关系模式

综上所述，按照 E-R 图转换为关系模型的一般规则，"教学管理"数据库概念模型 E-R 图中的实体和联系可以转换为下列 6 个关系模式：

专业（<u>专业号</u>，专业名称）

学生（<u>学号</u>，姓名，性别，出生日期，政治面貌，籍贯，专业号，是否住宿，宿舍电话，照片）

教师（<u>教师编号</u>，姓名，性别，年龄，起始工作时间，学历，职称，专业号，电话号码，照片）

课程（<u>课程代号</u>，课程名称，类别，考核，学分，学时，实践，备注）

成绩（<u>学号</u>，<u>课程代号</u>，成绩）

教师开课（<u>教师编号</u>，<u>课程代号</u>，上课班级，上课时间，上课地点，学生容量）

其中，加下画线的属性为主码。

"专业"关系中，主码是"专业号"。

"学生"关系中，主码是"学号"，外码是"专业号"。"专业"与"学生"两个关系通过外码"专业号"建立一对多联系。

"教师"关系中，主码是"教师编号"，外码是"专业号"。"专业"与"教师"两个关系通过外码"专业号"建立一对多联系。

"课程"关系中，主码是"课程代号"。

"成绩"关系中，主码由"学号"和"课程代号"组合而成。"学号"是外码，"课程代号"也是外码。"学生"与"成绩"两个关系通过外码"学号"建立联系，"课程"与"成绩"两个关系通过外码"课程代号"建立联系。

"教师开课"关系中，主码由"教师编号"和"课程代号"组合而成。"教师编号"是外码，"课程代号"也是外码。"教师"与"教师开课"两个关系通过外码"教师编号"建立联系，"课程"与"教师开课"两个关系通过外码"课程代号"建立联系。

4．"教学管理"数据库的表间关系

在 Access 中，"教学管理"数据库的表间关系（在 Access 中将数据库表与表之间的联系称为"关系"）如图 1–18 所示。

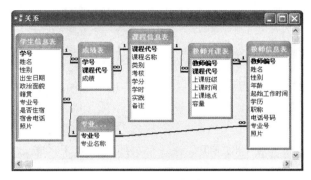

图 1–18　"教学管理"数据库的表间关系

1.7　关系规范化理论的基本概念

建立关系数据库，应该遵循一定的原则，否则会出现各种各样的问题。关系规范化理论就是研究关系数据库设计中应遵循的原则，以使数据库稳定而又灵活，便于使用。

设计一个关系数据库系统，关键是数据库模式的设计。一个好的数据库模式应该包括多少关系模式，而每一个关系模式又应该包括哪些属性，又如何对这些的关系模式建立关联，这是数据库设计的核心问题。

关系规范化，正是针对这个问题进行讨论，对实际设计数据库有极大的指导意义。关系规范化理论是设计数据库过程中的一个非常有用的工具。

关系数据库的规范化理论主要包括以下三个方面的内容：

- 函数依赖。
- 范式（Normal Form，NF）。
- 模式设计。

其中，函数依赖起着核心的作用，是模式分解和模式设计的基础，范式是模式分解的标准。

1.7.1　函数依赖

1．一般函数的概念

设有函数

$$Y=f(X)$$

则变量 X 和变量 Y 之间存在数量上的对应关系。给定一个 X 值，必有一个对应的 Y 值。称 X 函数决定 Y，或 Y 函数依赖于 X。

在关系模型中，关系模式中各属性之间相互依赖、相互制约的关系称为函数依赖。分析函数依赖关系可以改造性能较差的关系模式集合。

例如，分析如下关系模式：

学生（学号，姓名，系名，系主任，课程，成绩）

学号、姓名、系名、系主任、课程、成绩等属性之间都有一种依赖关系。

由于一个学号只对应一个学生，而一个学生只能属于一个系，所以当学号的值确定之后，姓名、系名、系主任的值也随之被唯一确定了。

这类似于变量之间的函数关系。设函数 $Y=F(X)$，自变量 X 的值确定后，相应的函数值 Y 也被确定了。

在这里，"学号"函数决定（姓名，系名，系主任），或者说，（姓名，系名，系主任）函数依赖于"学号"。

类似地，（学号，课程）可以函数决定"成绩"，也可以说，"成绩"函数依赖于（学号，课程）；"系名"可以决定"系主任"，也可以说，"系主任"函数依赖于"系名"。

2. 函数依赖

设在关系 R 中，X 和 Y 是 R 的两个属性子集。如果每个 X 只有一个 Y 值与之对应，则称"X 函数决定 Y"或"Y 函数依赖于 X"，记作 $X \rightarrow Y$。

若 $X \rightarrow Y$，但 Y 不包含于 X，则称 $X \rightarrow Y$ 是非平凡的函数依赖。（此外，还有其他一些类型的函数依赖，本书只介绍非平凡的函数依赖。）

函数依赖是语义范畴的概念，只能根据属性间实际存在的语义来确定它们之间的函数依赖。

3. 完全函数依赖

在关系模式 R 中，X 和 Y 是 R 的两个属性子集。如果 $X \rightarrow Y$，并且对于 X 的任何一个真子集 X'，都有 $X' \rightarrow Y$，则称 Y 完全函数依赖于 X。否则，如果 $X' \nrightarrow Y$（X' 不能函数决定 Y），称 Y 部分函数依赖于 X。

4. 传递函数依赖

在关系模式 R 中，X、Y、Z 是 R 的三个属性子集。如果 $X \rightarrow Y$，$Y \rightarrow Z$，但 $Y \nrightarrow X$（Y 不能函数决定 X），则称 Z 传递函数依赖于 X。

1.7.2 范式

1971 年，IBM 公司的 E.F.Codd 博士提出了关系规范化理论，从而提供了判别关系模式优劣的标准。

关系规范化的基本思想是消除关系模式中的数据冗余，消除数据依赖中不合适的部分，解决数据插入、删除时发生的异常现象。这就要求一个好的关系模式必须满足一定的约束条件。这些约束已经形成了规范。关系数据库规范化过程中为规范化要求而设立的规范模式称为范式。

由于规范化的程度不同，就产生了不同的范式。如果一个关系满足某个范式的要求，则称它为属于某个范式的关系。

满足最基本规范化要求的关系被称为属于第一范式的关系，在此基础上进一步满足了某些条件，达到第二范式标准，则该关系被称为属于第二范式的关系，依此类推，直至第五范式。

目前，在关系数据库规范中建立了一个范式系列，包括了 1NF、2NF、3NF、BCNF、4NF

和 5NF，一级比一级有更严格的要求。其中最重要的是 3NF 和 BCNF。这是进行关系规范化的主要目标。各级范式之间的关系如图 1-19 所示。

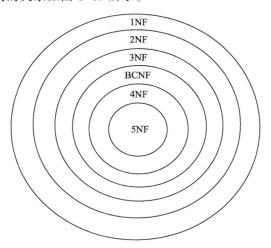

图 1-19　各级范式之间的关系

显然，满足较高范式条件的关系模式必定满足较低范式条件。一个属于低一级范式的关系模式，通过模式分解可以转换为若干属于较高范式的关系模式的集合，这一过程就是关系规范化的过程。

1．第一范式（1NF）

（1）定义。

如果关系模式 R 的每个属性都是不可再分的最小数据项，则称关系 R 属于 1NF。

属于 1NF 的关系称为规范化关系，不属于 1NF 的关系称为非规范化关系。

1NF 的关系条件要求很宽松，只要不出现表中套表，即满足了条件。反之，如果出现表中套表，则该关系不满足 1NF 的条件，是非规范化的。

（2）举例。

例如，在表 1-22 中记录了学生联系方式的信息，其中，"联系方式"不是不可再分的基本数据项，它可以分为"电话"和"手机"两个基本数据项，因此，这个关系是非规范化的关系。

表 1-22 中出现了套表现象，使表处于不规范状态，这种数据结构无法在计算机中存储和进行关系运算。必须对这样的表进行处理，使之规范化，具体做法是：去除表中套表现象。表 1-23 所示的数据信息与原来的表 1-22 所示的数据信息是等价的，但它变成了规范化的关系。

表 1-22　非规范化关系

学　号	姓　名	联系方式	
		电　话	手　机
AP06031201	李明	7851	134×××8826
AP06031202	王文	7852	139×××1235
AP06031201	李明	7853	134×××8826

表 1-23　规范化关系

学　号	姓　名	电　话	手　机
AP06031201	李明	7851	134××××8826
AP06031202	王文	7852	139××××1235
AP06031201	李明	7853	134××××8826

一个关系至少应该满足 1NF 的条件。然而，一个关系仅仅属于 1NF 是不行的，在应用中可能还会存在一些问题。

2. 第二范式（2NF）

（1）定义。

如果关系模式 R 属于 1NF，且它的所有非主属性都完全函数依赖于主属性（任意一个候选码），则称关系 R 属于 2NF。

（2）举例。

例如，建立一个关系数据库来描述学生的一些情况，假设该数据库只包含如下关系模式：

S（学号，姓名，系名，系主任，课程代号，课程名称，成绩）

该关系模式对应的数据如表 1-24 所示。在该表中，主码是（学号，课程代号）。这个关系虽然属于第一范式，但在应用中可能还会存在一些问题。

表 1-24　S 表

学号	姓名	系　名	系主任	课程代号	课程名称	成　绩
AP06031201	蔡锐	软件工程	王平	006A2500	面向对象高级程序设计	94
AP06067208	洪彬	软件工程	王平	006A1310	数据库课程设计	77
AP06067234	袁斌	网络工程	邓明	002C1063	大学英语	77
AP06067222	梁添	网络工程	邓明	002C1063	大学英语	60
AP06067222	梁添	网络工程	邓明	006A3190	人工智能概论	71
AP06067246	肖明明	计算机科学与技术	孙辉	006A2410	接口与通信	78
AP06067248	吴荣	计算机科学与技术	孙辉	006A3190	人工智能概论	88

① 存在的问题。

数据冗余：学生及其所选课程很多，而每个系的系主任只有一个，可是系名及系主任名却重复出现；此外，课程代号与课程名称也重复出现。

更新异常：如果某个系要更换系主任，就必须修改这个系学生所选课程的每个元组，修改其中的系主任信息。若有遗漏，就会造成同一个系却有不同的系主任，造成数据的不一致。

插入异常：如果一个系刚成立尚未招收学生，或者有了学生但学生尚未选课，则主码为空，那么就无法将这个系及系主任的信息插入表中。

删除异常：如果某个系的全部学生都毕业了，则在删除该系学生及其选修课程的同时，把这个系及系主任的信息也删掉了。

② 出现问题的原因。

出现上述问题的原因是，在一个表中混合了多方面的信息，既包含了学生的基本信息，如学号、姓名，也包含了系的信息，如系及系主任的信息，还包含了课程及成绩信息，如课程代号、课程名称、成绩。

从关系模式结构的角度来看，出现问题的原因是把多个实体型用一个关系模式来表示。从数据依赖的角度来看，出现问题的原因是关系模式中的属性之间存在着部分函数依赖。

非主属性"姓名""系名"仅仅依赖于主属性"学号"，也就是说只是部分函数依赖于主码（学号，课程代号），而不是完全函数依赖；此外，"课程名称"仅仅依赖于主属性"课程代号"，也就是说只是部分函数依赖于主码（学号，课程代号），而不是完全函数依赖。因此，关系模式 S（学号，姓名，系名，系主任，课程代号，课程名称，成绩）中存在着部分函数依赖，它不属于 2NF。

③ 解决问题的办法。

解决上述问题的办法是，将 1NF 的关系模式规范化为 2NF 的关系模式，即消除 1NF 关系模式中的非主属性对主属性的部分函数依赖。

具体来说，是用投影运算将关系模式进行分解。分解时遵循的基本原则是"一事一地"，让一个关系只描述一个实体或者实体间的联系。如果多于一个实体或联系，则进行投影分解。

将关系模式：

S（学号，姓名，系名，系主任，课程代号，课程名称，成绩）

分解为下列三个关系模式：

S1（学号，姓名，系名，系主任）

S2（课程代号，课程名称）

S3（学号，课程代号，成绩）

这三个关系模式对应的数据分别如表 1-25~表 1-27 所示。

表 1-25　S1 表

学　号	姓　名	系　名	系 主 任
AP06031201	蔡锐	软件工程	王平
AP06067208	洪彬	软件工程	王平
AP06067234	袁斌	网络工程	邓明
AP06067222	梁添	网络工程	邓明
AP06067222	梁添	网络工程	邓明
AP06067246	肖明明	计算机科学与技术	孙辉
AP06067248	吴荣	计算机科学与技术	孙辉

表 1-26　S2 表

课 程 代 号	课 程 名 称
006A2500	面向对象高级程序设计
006A1310	数据库课程设计
002C1063	大学英语
002C1063	大学英语
006A3190	人工智能概论
006A2410	接口与通信
006A3190	人工智能概论

表 1-27　S3 表

学　号	课程代号	成　绩
AP06031201	006A2500	94
AP06067208	006A1310	77
AP06067234	002C1063	77
AP06067222	002C1063	60
AP06067222	006A3190	71
AP06067246	006A2410	78
AP06067248	006A3190	88

3．第三范式（3NF）

（1）定义。

如果关系模式 R 属于 2NF，且它的所有非主属性都不传递函数依赖于主属性，则称 R 属于 3NF。

2NF 的关系模式解决了 1NF 中存在的部分函数依赖问题，2NF 规范化的程度比 1NF 前进了一步，但 2NF 的关系模式在进行数据操作时，仍然存在数据冗余、插入异常、删除异常、更新异常的问题。

（2）举例。

例如，在 S1 表中更换系主任时，仍需改动较多的学生记录。之所以存在这些问题，是由于在关系模式 S1（学号，姓名，系名，系主任）中存在着非主属性对主码的传递函数依赖。

非主属性"学号"可以决定"系"，反之，"系"不可以决定"学号"，但"系"可以决定"系主任"，所以"系主任"传递函数依赖于主码"学号"。因此，关系模式 S1（学号，姓名，系名，系主任）中存在着传递函数依赖，它还不属于 3NF。

解决上述问题的办法是，将 2NF 的关系模式规范化为 3NF 的关系模式，即消除 2NF 关系模式中的非主属性对主属性的传递函数依赖。

具体来说，就是用投影运算将关系模式进行分解。将关系模式：

S1（学号，姓名，系名，系主任）

分解为下列两个关系模式：

S11（学号，姓名，系名）

S12（系名，系主任名）

这两个关系模式对应的数据分别如表 1-28 和表 1-29 所示。注意：其中取消了重复行。

表 1-28　S11 表

学　号	姓　名	系　名
AP06031201	蔡锐	软件工程
AP06067208	洪彬	软件工程
AP06067234	袁斌	网络工程
AP06067222	梁添	网络工程
AP06067246	肖明明	计算机科学与技术
AP06067248	吴荣	计算机科学与技术

表 1-29　S12 表

系　名	系　主　任
软件工程	王平
网络工程	邓明
计算机科学与技术	孙辉

1.7.3　关系规范化小结

在这一节，我们讨论了函数依赖的概念，其中包括完全函数依赖、部分函数依赖和传递函数依赖，这些概念是关系规范化理论的依据和规范化程度的准则。

一个低一级范式的关系模式，通过模式分解转化为若干高一级范式的关系模式的集合，这种分解过程称为关系模式的规范化。

关系规范化就是对原关系进行投影分解，消除关系中不适当的函数依赖，从而消除存储异常，使关系模式变得合理，使数据冗余尽量小，便于插入、删除和更新。

一个关系只要其分量都是不可再分的数据项，就可称为规范化的关系，也称 1NF。消除 1NF 关系中非主属性对主属性的部分函数依赖，即可得到 2NF。消除 2NF 关系中非主属性对主属性的传递函数依赖，即可得到 3NF。

关系规范化的基本原则就是遵从概念单一化"一事一地"的原则，即一个关系只描述一个实体或者实体间的联系。若多于一个实体，就把它们"分离"开来。因此，所谓关系规范化，实质上是概念的单一化，即一个关系表示一个实体。

关系规范化的基本步骤如图 1-20 所示。

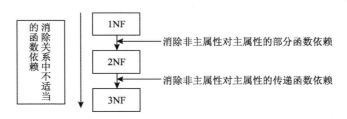

图 1-20　关系规范化的基本步骤

一般情况下，没有异常问题的数据库设计是好的数据库设计，一个不好的关系模式总是可以通过分解转换成好的关系模式的集合。但是在分解时要全面衡量，综合考虑，视实际情况而定。

对于那些只要求查询而不要求插入、删除、修改等操作的系统，几种异常现象的存在并不影响数据库的操作。这时便不宜过度分解，否则当要对整体查询时，需要更多的多表连接操作，这有可能得不偿失。

在实际应用中，最有价值的是 3NF 和 BCNF，在进行关系模式的设计时，通常分解到 3NF 就足够了。

1.7.4　关系规范化理论的应用

对于"教学管理"数据库概念模型 E-R 图，按照 E-R 图转换为关系模型的一般规则，转换得到的 6 个关系模式，还应按照关系规范化理论对其进行检验及优化。经过分析验证，可以肯定上述 6 个关系模式符合关系规范化设计的原则。

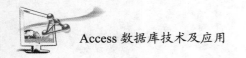

小　结

　　本章主要介绍了数据库的基本概念，包括数据库管理系统及其功能、数据库应用系统、数据库系统及其组成，数据库的安全性和完整性、并发控制与数据库恢复、数据库系统三级模式结构。

　　本章还介绍了数据模型、关系模型与关系数据库的相关概念、关系数据库的三类完整性、关系代数、数据库设计基础、关系规范化理论的基本概念。

　　本章对本书后续章节要用到的"教学管理系统"作了初步介绍，并对 Access 2003 数据库系统作了概要叙述。

习　题

一、选择题

1. （　　）是关系数据库中的最基本结构。

　　A. 表　　　　　　　　B. 记录　　　　　　　C. 字段　　　　　　　D. 窗体

2. 下列关于数据库的说法中不正确的是（　　）。

　　A. 数据库中的数据是按一定的数据模型组织和存储的

　　B. 数据库是长期存储在计算机中、有组织、可共享的数据集合

　　C. 数据库中的数据没有冗余

　　D. 数据库中的数据可同时被多个用户共享

3. "商品"与"顾客"两个实体集之间的联系一般是（　　）。

　　A. 一对一　　　　　　B. 一对多　　　　　　C. 多对一　　　　　　D. 多对多

4. Access 数据库属于（　　）。

　　A. 层次型数据库　　　　　　　　　　　　　B. 网状型数据库

　　C. 关系型数据库　　　　　　　　　　　　　D. 面向对象型数据库

5. Access 中表和数据库的关系是（　　）。

　　A. 一个数据库可以包含多个表　　　　　　B. 一个表只能包含两个数据库

　　C. 一个表可以包含多个数据库　　　　　　D. 数据库就是数据表

6. 关系数据库的任何查询操作都是由三种基本运算组合而成的，这三种基本运算不包括（　　）。

　　A. 连接　　　　　　　B. 关系　　　　　　　C. 选择　　　　　　　D. 投影

7. 关系数据库是以（　　）为基本结构而形成的数据集合。

　　A. 关系模型　　　　　B. 数据表　　　　　　C. 数据模型　　　　　D. 关系代数

8. 如果一张数据表中含有照片，那么"照片"这一字段的数据类型通常为（　　）。

　　A. 备注　　　　　　　B. 超链接　　　　　　C. OLE 对象　　　　　D. 文本

9. 数据库（DB）、数据库系统（DBS）、数据库管理系统（DBMS）三者之间的关系是（　　）。

　　A. DBS 包含 DB、DBMS　　　　　　　　B. DB 包含 DBS、DBMS

　　C. DBMS 包含 DB、DBS　　　　　　　　D. 三者互不包含

10. 数据库中为了合理组织数据，应遵从的设计原则是（　　　）。

　　A. "一事一地"原则，即一个表描述一个实体或实体间的一种联系

　　B. 表中的字段必须是原始数据和基本数据元素，并避免在之间出现重复字段

　　C. 用外码保证有关联的表之间的联系

　　D. 以上各条原则都包括

11. 下列说法中正确的是（　　　）。

　　A. 两个实体之间只能是一对一联系

　　B. 两个实体之间只能是一对多联系

　　C. 两个实体之间只能是多对多联系

　　D. 两个实体之间可以是一对一联系、一对多联系或多对多联系

12. 以下软件中，（　　　）属于大型数据库管理系统。

　　A. FoxPro　　　　　B. Excel　　　　　C. SQL Server　　　　D. Access

13. 以下软件中，（　　　）属于小型数据库管理系统。

　　A. Oracle　　　　　B. Access　　　　　C. SQL Server　　　　D. Word

14. 以下说法中，不正确的是（　　　）。

　　A. 数据库中存放的数据不仅仅是数值型数据

　　B. 数据库管理系统的功能不仅仅是建立数据库

　　C. 目前在数据库产品中关系模型的数据库系统占了主导地位

　　D. 关系模型中数据的物理布局和存取路径向用户公开

15. 在 Access 数据库中，表就是（　　　）。

　　A. 关系　　　　　B. 记录　　　　　C. 索引　　　　　D. 数据库

16. 在数据库中能够唯一地标识一个元组的属性或属性的组合称为（　　　）。

　　A. 记录　　　　　B. 字段　　　　　C. 域　　　　　D. 主码

17. 数据库表的外码是另一个表的（　　　）。

　　A. 本表的主码　　　　　　　　　B. 另一个表的主码

　　C. 与本表没关系的部分　　　　　D. 以上都不对

18. 数据库系统中的三级模式结构是指（　　　）。

　　A. 概念模式、模式、子模式　　　　B. 存储模式、模式、内模式

　　C. 子模式、模式、内模式　　　　　D. 外模式、模式、子模式

19. 数据库三级模式体系结构的划分，有利于保持数据库的（　　　）。

　　A. 数据库安全性　　　　　　　　B. 数据库完整性

　　C. 结构规范化　　　　　　　　　D. 数据独立性

20. 数据库概念结构设计的 E-R 方法中，用属性描述实体的特征。属性在 E-R 图中用

（　　　）表示。

　　A. 矩形　　　　　B. 菱形　　　　　C. 四边形　　　　　D. 椭圆形

二、填空题

1. DBMS 的含义是_____。

2. Access 数据库的文件扩展名是_____。

3. 二维表中的每一行称为一个_____，每一列称为一个字段。

4. 在关系数据库中，表间的关系有_____、_____和_____。

5. 用二维表的形式来表示实体之间联系的数据模型称为_____。

6. 在关系数据库的基本操作中，从表中取出满足条件的元组的操作称为_____；把两个关系中相应属性值的元组连接到一起形成新的二维表的操作称为_____；从表中抽取属性值满足条件列的操作称为_____。

7. 在关系数据库中，将数据表示为二维表的形式，每个二维表称为一个_____。

8. 实体"学生"与实体"课程"之间的联系一般是_____。

9. 表中唯一标识元组的某个属性或属性组称为该关系的_____。

10. 数据库系统通常由_____、硬件、数据库管理系统和用户 4 个部分组成。

三、简答题

1. 什么是数据库、数据库管理系统、数据库系统？三者有什么区别？

2. 试述实体、属性、码的概念。

3. 试述数据库设计的步骤。

4. 关系模型的完整性规则有哪几类？简述每一类的主要内容。

5. 表示概念模型的最常用的方法是什么？

6. E-R 图的作用是什么？请画出学生、课程、选课及成绩、教师、授课之间的 E-R 图。

7. 简述数据库设计的步骤。

8. 简述 E-R 图向关系模型转换的原则。

9. 简述关系模式规范化的步骤。

第 **2** 章

数据库和表

Access 数据库包含表、报表、查询等多个对象，但在创建具体的对象前，必须先建立数据库框架。表是存放基本数据的地方，是建立报表、查询、窗体等对象的基础。本章将重点讲解如何创建数据库和表，并以"教学管理"数据库为例详细介绍设计过程。

本章主要内容包括：

- 数据库的创建和维护。
- 数据表的建立。
- 表结构的完善。
- 表间关系的建立。
- 数据的输入。

2.1　创建与维护数据库

Access 提供两种建立数据库的方法：一是先建立一个空数据库，然后向其中添加数据表、查询、窗体和报表等对象，这是创建数据库最灵活的方法；二是使用"数据库向导"，运用系统模板创建数据库及其对象，然后进行必要的修改。创建数据库的结果是在磁盘上生成一个扩展名为.accdb 的数据库文件，这个文件将包含数据表、查询、窗体等内容。

在创建数据库之前，确定数据库的用途，计划好数据库文件的名称和存放位置。

2.1.1　新建一个空数据库

新建一个空数据库的操作步骤如下：

（1）在硬盘上建立一个存放数据库文件的文件夹，如以学生自己的学号为名称在 D 盘上建立文件夹 D:\AP100810。

（2）运行 Access，单击"桌面空白数据库"图标，如图 2-1 所示。

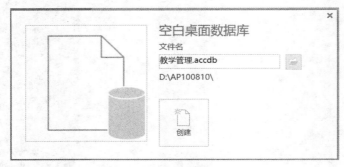

图 2-1　创建数据库窗口

（3）单击文件夹选项图标 ，打开"文件新建数据库"对话框，如图 2-2 所示。

图 2-2　"文件新建数据库"对话框

（4）选择数据库文件保存的位置，如 D:\AP100810。在"文件名"文本框中输入数据库主文件名，如"教学管理"，在"保存类型"下拉列表框中选择"Microsoft Access 2007–2013 数据库"选项，系统自动加上数据库文件扩展名.accdb。单击"确定"按钮，返回创建数据库窗口。

（5）单击"创建"按钮，就完成了数据库架构的建立。可以在 D:\AP100810 文件夹中查看到数据库文件"教学管理.accdb"。打开"教学管理"数据库窗口，此时数据库容器中还不存在任何其他数据库对象，可以根据需要在该数据库容器中创建表、窗体、报表等对象。

注：可以选择"文件"菜单→"新建"命令，单击"空白桌面数据库"图标，创建数据库。

2.1.2　利用模板建立数据库

Access 2013 提供多种常用的数据库模板，如项目、教职员、个人联系人管理器和销售渠道等。还可以利用"搜索联机模板"，在更多的模板中进行选择。选定模板后，系统会自动创建一组表、查询、窗体和报表。但表中不含任何数据。

利用模板可以建立一个比较完整的数据库系统，能够节省用户的时间，但往往需要做一些修改才能满足用户信息管理的需要。当内置模板中的某个模板非常符合用户的要求时，它才是创建数据库最简单的方法。

使用模板创建数据库的操作步骤如下：

（1）运行 Access，如图 2-3 所示，可见模板列表及联机搜索模板。

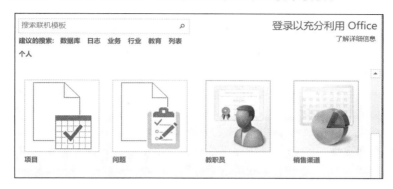

图 2-3 数据库模板

（2）单击选定的模板数据库图标，例如"项目"，如图 2-4 所示。

图 2-4 选择"项目"数据库模板

（3）在"文件新建数据库"对话框中，输入数据库的名称"项目管理"，位置仍然选 D:\AP100810 文件夹，然后单击"创建"按钮。

（4）进入"项目管理"数据库编辑窗口，如图 2-5 所示，可以修改已生成的表、查询、窗体等。

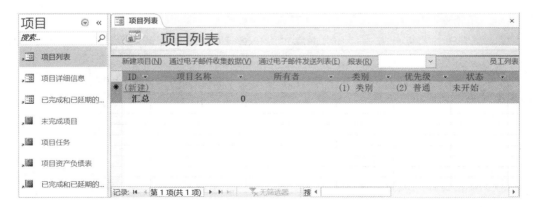

图 2-5 项目管理数据库编辑窗口

2.1.3 打开已有的数据库

建立数据库后，常常需要打开数据库，进行修改和扩充。常用的方法有 4 种，并可以以"共享""只读"等不同方式打开数据库。

（1）在"数据库"窗口，选择"文件"→"打开"命令，打开"打开"对话框，选定文件夹，单击目标数据库文件。

（2）在"数据库"窗口，单击工具栏中的"打开"按钮，打开"打开"对话框，选定文件夹，双击目标数据库文件。

（3）在某文件夹下双击 Access 数据库文件。

（4）在"数据库"窗口，选择"文件"菜单，单击最近打开的数据库文件。

数据库打开方式有 4 种，如图 2-6 所示。

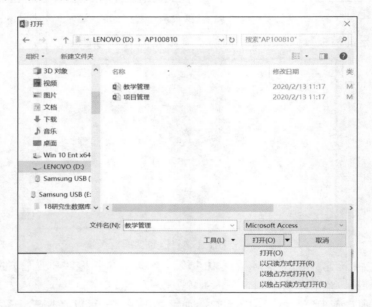

图 2-6 "打开"对话框及打开方式

"打开"方式，为系统默认方式。在该方式下，多个用户可以并发读写数据库。在"打开"对话框中，单击数据库文件，再单击"打开"按钮即可。

"只读"方式，若以此方式打开数据库，用户能查看但不能修改对象。单击数据库文件，然后单击"打开"按钮旁边的箭头，再单击"以只读方式打开"即可。

"独占"方式，当以独占方式打开数据库时，也就禁止了网络上其他人打开该数据库。单击数据库文件，然后单击"打开"按钮旁边的箭头，再单击"以独占方式打开"即可。

"独占只读"方式。如果要以只读访问方式打开数据库，并且防止其他用户打开，可单击数据库文件，然后单击"打开"按钮旁的箭头，并单击"以独占只读方式打开"。

注意：可以通过双击不同的 Access 数据库，同时打开多个数据库。

对数据库的操作完成后，需要关闭数据库。可以使用以下方法关闭数据库。

（1）选择"文件"→"关闭"命令。

（2）单击"数据库窗口"中的"关闭"按钮。

2.1.4　数据库管理

数据库应用过程中，需要对数据库进行转储或备份。对于不同的应用环境，需要进行不同版本的数据库转换。数据库的长期应用可能导致性能下降，需要对数据库进行压缩和修复。

1．转换数据库

低版本 Access 数据库可以在 Access 2013 中直接打开，然后另存为 Access 2013 数据库，以便于在不同环境中使用和共享数据库。为防止意外，在数据库转换之前，先备份将要转换的 Microsoft Access 文件。具体操作步骤如下：

（1）启动 Access 2013，打开需要转换的 Access 数据库文件，如"教学管理 2003.mdb"。

（2）选择"文件"→"另存为"→"数据库另存为"→"Access 数据库"命令，即转换为 Access 2013 数据库，如图 2-7 所示。

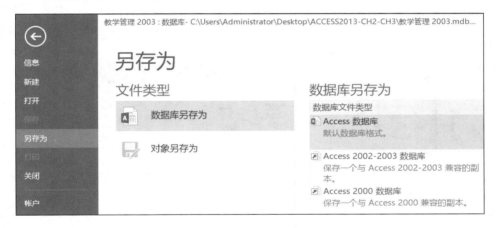

图 2-7　转换数据库文件类型

（3）单击"另存为"按钮，输入存入的文件夹及数据库文件名。

2．压缩数据库

数据库的不断增删改操作会导致磁盘空间利用率的下降。为确保实现数据库的最佳性能，应该定期压缩和修复 Access 数据库文件。

打开 Access 数据库，单击"文件"菜单，如图 2-8 所示，单击"压缩和修复数据库"按钮，即可完成数据库压缩。

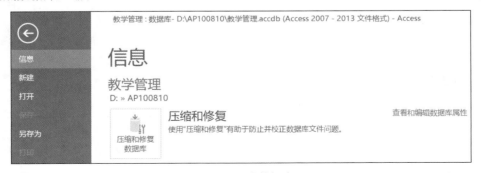

图 2-8　压缩数据库

3. 修复数据库

由于系统故障或其他原因可能会造成数据损坏。如果在用户使用 Access 文件过程中发生了严重问题，并且 Access 试图恢复时，用户会收到消息，告知应该修复文件。数据库修复步骤与数据库压缩相同。

2.2 建 立 表

表是数据库中组织和存储数据的对象，是建立报表、查询、窗体等对象的基础。建立数据库框架后，首要任务是建立表。表的建立分两步进行：第一步是设计表结构；第二步是向表中输入数据。表具有设计视图和数据表视图。

Access 以二维表的形式来组织数据，如图 2–9 所示。图 2–9 中每一列列出的是同类数据，如第一列，在列标题“学号”下全部是学生学号数据。每一行数据描述了某一个学生的信息。所有列标题组成标题行，整个表称为“学生信息表”，将二者统称为表的头部。表的头部确定后，才可以输入有关数据。

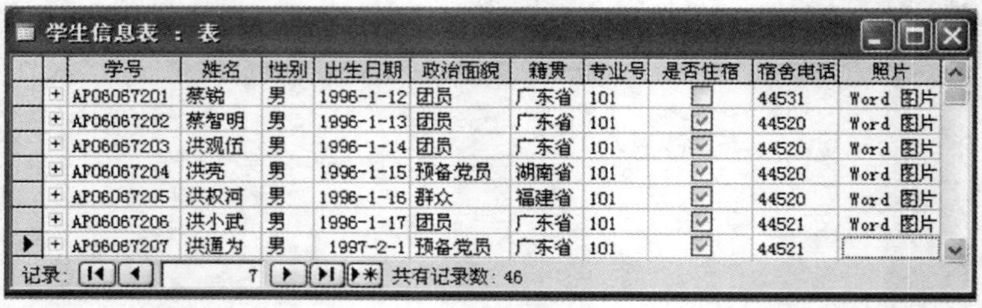
学生信息表 : 表

学号	姓名	性别	出生日期	政治面貌	籍贯	专业号	是否住宿	宿舍电话	照片
AP06067201	蔡锐	男	1996-1-12	团员	广东省	101	☐	44531	Word 图片
AP06067202	蔡智明	男	1996-1-13	团员	广东省	101	☑	44520	Word 图片
AP06067203	洪观伍	男	1996-1-14	团员	广东省	101	☑	44520	Word 图片
AP06067204	洪亮	男	1996-1-15	预备党员	湖南省	101	☑	44520	Word 图片
AP06067205	洪权河	男	1996-1-16	群众	福建省	101	☑	44520	Word 图片
AP06067206	洪小武	男	1996-1-17	团员	广东省	101	☑	44521	Word 图片
AP06067207	洪通为	男	1997-2-1	预备党员	广东省	101	☑	44521	

记录: 7 共有记录数: 46

图 2–9　学生信息表

表将数据组织成列和行的形式。列称为字段，列标题称为字段名称，行称为记录。表结构的设计实际上就是表头部的设计，它涉及表的名称、字段名称、字段的数据类型和宽度等。表结构的设计至关重要，它的好坏直接影响着表的使用效果。因此，在表结构设计之前，用户必须进行细致分析和规划。以下是建立表之前常常要考虑的问题：

（1）表是与特定主题（如学生、课程）有关的数据的集合。数据库中应该包含哪些表，每个表的用途是什么？

（2）表的名字是什么？表的名字应与所描述的主题相符，尽量做到望名知意，如存储学生信息的表命名为“学生信息表”，存储课程信息的表命名为“课程信息表”。

（3）表中需要哪些字段？字段名称是什么？如“学生信息表”中有学号、姓名、性别、出生日期等字段，“课程信息表”中有课程代号、课程名称、类别、学分、课时等字段。

（4）每个字段的数据类型是什么？每一字段只能包含单一数据类型的数据。Access 中有文本、数字、日期/时间、备注、OLE 对象等多种数据类型，以满足不同数据表达的需要。表 2–1 列出了所有数据类型及含义。

表 2–1　Access 中的数据类型

数据类型	说　　明	宽　　度
短文本	（默认值）文本或文本和数字的组合，以及不需要计算的数字，例如姓名、电话号码	最多为 255 个字符，未使用的部分不保留空间
长文本	长文本或文本和数字的组合	最多为 63 999 个字符

续表

数据类型	说　　明	宽　度
数字	用于数学计算的数值数据。如"学分"字段、"成绩"字段	可以是字节型、整型、长整型、单精度、双精度等
日期/时间	可以表示 100~9999 年之间的日期和时间数据	8 个字节
货币	精确到小数点左边 15 位和小数点右边 4 位的货币值或数值数据	8 个字节
自动编号	每当向表中添加一条新记录时，由 Access 指定的一个唯一的顺序号（每次递增 1）或随机数。自动编号字段不能更新	4 个字节
是/否	取"是"或"否"值，以及只包含两者之一的字段（Yes/No、True/False 或 On/Off）	1 位
OLE 对象	Access 表中链接或嵌入的对象（例如 Excel 电子表格、Word 文档、图形、声音或其他二进制数据）	最多为 1 GB（受可用磁盘空间限制）
超链接	文本或文本和数字的组合，以文本形式存储并用作超链接地址。超链接地址最多可包含 4 个部分	超链接数据类型的每一部分最多可包含 2048 个字符
附件	附加一个或多个不同类型的文件。可以将图像、电子表格文件、文档、图表和其他类型的受支持文件附加到数据库中的记录，这与将文件附加到电子邮件非常类似	单个文件的大小不能超过 256 MB，最多可以附加 2 GB 的数据
计算	可通过表达式计算字段的值	8 个字节
查阅向导	可以使用列表框或组合框从另一个表或值列表中选择一个值	

"数字"类型字段的进一步说明如表 2-2 所示。

表 2-2　"数字"型字段的说明

字段大小	取　值　范　围	标识	小数位	存储空间
字节型	0 ~ 255	Byte	无	1 字节
整型	−32 768 ~ 32 767	Integer2	无	2 字节
长整型	−2 147 483 648 ~ 2 147 483 647	Integer4	无	4 字节
单精度型	$−3.4 \times 10^{308} ~ 3.4 \times 10^{308}$	Float4	7	4 字节
双精度型	$−1.797 \times 10^{308} ~ 1.797 \times 10^{308}$	Float8	15	8 字节

说明："附件"字段和"OLE 对象"字段相比，有着更大的灵活性，而且可以更高效地使用存储空间，这是因为"附件"字段不用创建原始文件的位图图像。

图 2-10 所示为"学生信息表"及"课程信息表"的字段名称及数据类型。

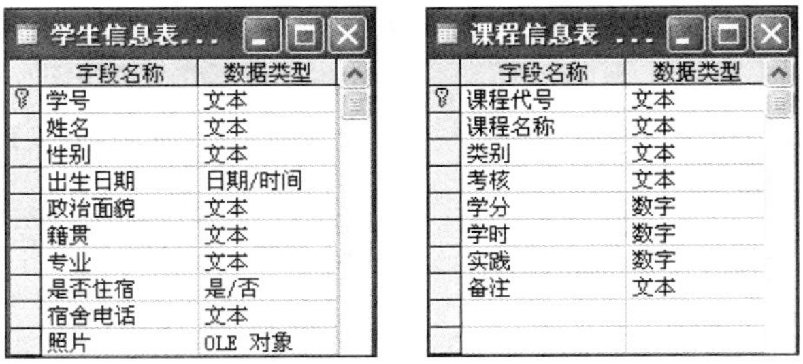

图 2-10　"学生信息表"及"课程信息表"的设计

（5）每个字段的宽度是多少？如学生学号包含 10 个字符，则"学生信息表"中"学号"字段宽度设置为 10。若姓名最多包含 5 个汉字，则"姓名"字段宽度设置为 5。有些数据类型的宽度是固定的，不需要设置，如日期型、是/否型。

（6）表的主键是什么？主键是唯一标识表中每一条记录的字段集合。如"学生信息表"中的"学号"字段，"课程信息表"中的"课程代号"字段。也可能是多个字段的组合。规划好表之后，用户可以采用多种方法创建表，以下分别加以介绍。

注：图 2-10 所示"学生信息表"及"课程信息表"中数据类型为文本型的在 Access 2013 中取短文本类型。

2.2.1 使用设计器创建表

"表设计器"是一种可视化工具，其界面分为两部分。上半部分显示网格，每行网格描述一个字段，包括字段名称、数据类型等，下半部分显示上半部分中当前字段的其他特征，包括字段长度、是否允许空值等。

【例2-1】在"教学管理"数据库中，使用设计器创建"学生信息表"。

设计学生信息表首先要依据应用需求，确定字段及数据类型。可以作为学生信息表的字段包括学号、姓名、性别、出生日期、照片、籍贯、手机号码、QQ 号、班级、宿舍等。

除了文本、数字和日期基本数据类型外，还可以设计其他字段，如："个人网址"字段，超链接数据类型，存放网址；"资源资料"字段，附件数据类型，可以存储不同格式的文件资料。

操作步骤如下：

（1）打开"教学管理"数据库，在导航窗格中选择表对象。

（2）单击功能区中的"创建"选项卡。出现"表格"组，如图 2-11 所示。

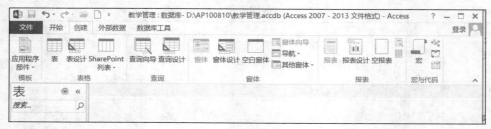

图 2-11　使用设计器创建表

（3）单击"表格"组中的"表设计"按钮，打开表的设计视图，如图 2-12 所示。

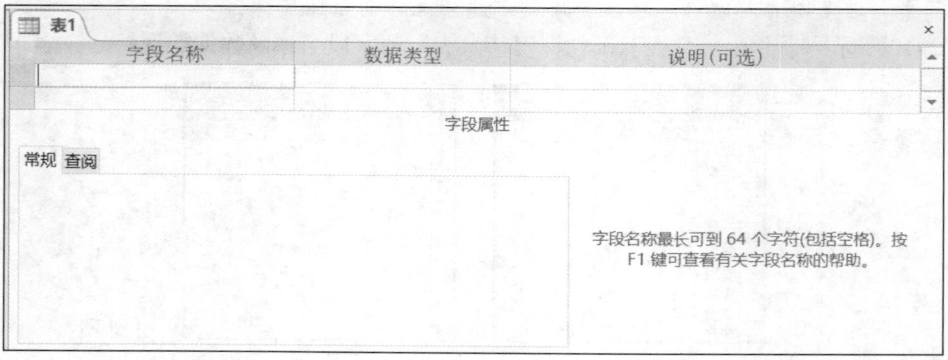

图 2-12　表的设计视图

（4）在设计视图的第 1 行中输入第 1 个字段：字段名称为"学号"，数据类型为"短文本"，在字段属性区域中的"常规"列表中，将"字段大小"属性设置为 10，如图 2-13 所示。

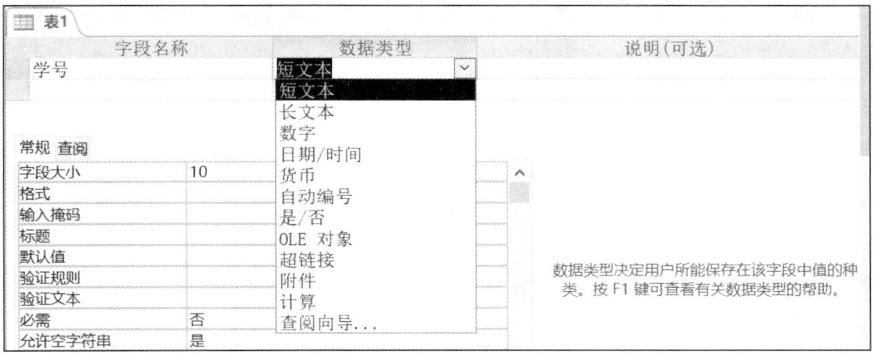

图 2-13　字段设计

（5）按上述方法，依次定义"姓名""性别""班级""出生日期""政治面貌""籍贯"等字段。

（6）设置主键。选择"学号"字段，单击"工具"组中的"主键"按钮，设置"学号"字段为主键。该字段的最左边出现钥匙符号，即表示该字段已成为表的主键。若表的主键由多个字段构成，选定多个字段时，只需按住 Ctrl 键，然后对每个所需字段单击其行选择器，再单击"工具"组中的"主键"按钮即可。

（7）保存表。开始建立表时，系统自动给出一个默认的表名，如"表 1"。单击工具栏中的"保存"按钮，第一次保存表时，系统打开"另存为"对话框，为表输入一个唯一的名称，如"学生信息表"，如图 2-14 所示。

图 2-14　"另存为"对话框

依照上述步骤建立"学生信息表"，"学生信息表"结构如图 2-15 所示。

图 2-15　"学生信息表"结构

图 2-15 中，最左边的黑色三角形符号称为行选择器，单击它可以选中不同的行。在"字段名称"列中单击，然后为该字段输入唯一的名称。在"数据类型"列中，保留默认值（短文本）；或单击"数据类型"列并单击箭头，然后选择所需的数据类型，如图 2-13 所示。在"说明"列中输入有关此字段的说明，"说明"项是可选的。若添加了说明，则在此字段中添加数据时，此说明将显示在屏幕底部的状态栏上。

2.2.2　使用数据表视图创建表

【例2-2】在"教学管理"数据库中，使用数据表视图创建"学生信息1"表。

操作步骤如下：

（1）打开"教学管理"数据库，在导航窗格中选择表对象。

（2）单击"创建"选项卡，出现"表格"组，如图 2-11 所示。

（3）单击"表格"组中的"表"按钮，打开表的数据表视图，如图 2-16 所示。

（4）单击表格中第二列"单击以添加"右边的下拉按钮，选择字段类型，如图 2-17 所示。

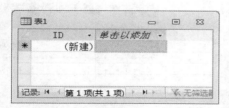

图 2-16　表的数据表视图

图 2-17　选择字段类型

（5）选择"文本"类型。此时第二列字段名称为改写状态。直接输入字段名称即可。这里输入"学号"。

（6）在字段名称"学号"下一行输入学号值。

（7）重复以上步骤，分别添加字段"姓名""性别""出生日期""班级""出生日期""政治面貌"等。

（8）单击快速访问工具栏中的"保存"按钮，在打开的"另存为"对话框中输入"学生信息1"，单击"确定"按钮，保存"学生信息1"表。

表结构设计完成后，通常需要进入表设计视图，进一步确定字段的数据类型、字段宽度和主键是否符合要求。

2.2.3　使用模板创建表

【例2-3】使用模板创建一个"联系人"表。

操作步骤如下：

（1）在"教学管理"数据库中，单击功能区"创建"选项卡"模板"组中的"应用程序部件"按钮，打开系统模板。

（2）单击"快速入门"列表中的"联系人"按钮，打开"创建关系"对话框。这一步要确定"联系人"与数据库中已有的表之间是否存在关联关系，如果存在关系，需要确定关联字段。单击"创建"按钮。

说明：使用模板创建的表，因为样本本身是由系统提供的，所以限制了用户的设计思想，得到的表与实际问题未必完全相符，因此使用这种方式建立的表，也需要进入表的设计视图，对表中字段的数据类型、字段宽度和主键做适当的调整。

2.2.4　修改表结构

对于初学者来说，表设计很难一步到位，常常需要进行修改。在实际应用当中，随着应用需求的变化，往往需要修改表结构。表结构的修改包括插入字段、删除字段、修改字段、增加字段、改变字段顺序等操作。

修改表之前，首先需要进入表的设计视图。在数据表窗口，右击并在弹出的快捷菜单中选择"设计视图"命令，如图 2-18 所示。

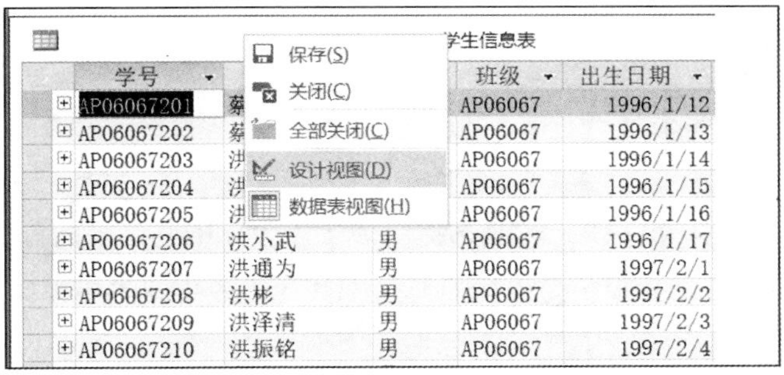

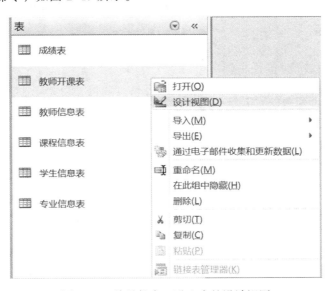

图 2-18　从数据表视图进入表的设计视图

也可以在导航窗口，单击选定表，再单击需要修改的数据表，右击并在弹出的快捷菜单中选择"设计视图"命令，如图 2-19 所示。

图 2-19　从导航窗口进入表的设计视图

1．插入字段

若要将字段插入到表中，单击上方要添加字段的行，然后右击并在弹出的快捷菜单中选择"插入行"命令，出现新的一行，在新的一行中输入字段名、数据类型和字段宽度，如图 2-20 所示。

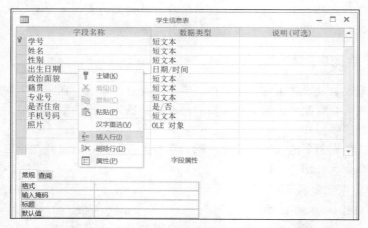

图 2-20　插入删除字段

2．删除字段

选择要删除的一个或多个字段。若要选择一个字段，单击此字段的行选择器；若要选择一组连续字段，按住 Shift 键并单击字段。然后右击并在弹出的快捷菜单中选择"删除行"命令，如图 2-20 所示。不连续字段只能分别选定，分别删除。

3．修改字段

单击字段所在的行，输入修改内容。

4．增加字段

单击已有字段后的第一个空行，输入字段名、数据类型和字段宽度。

5．改变字段顺序

单击字段名，按住鼠标左键拖动到相应的位置。

表结构修改完成后保存并关闭表。

值得一提的是：修改表结构的方法有多种。如可以通过"设计"选项卡中的"插入""删除"按钮实现表结构的修改，如图 2-21 所示。

图 2-21　修改表结构方法

2.2.5 在表中输入数据

表结构建立起来后，可以进入数据表视图，输入和编辑数据。数据表视图如图 2-22 所示。此时可以输入小批量的数据，掌握数据输入方法，体验表的基本设计过程。等待表进一步完善设计之后，再进行大量数据的录入。

图 2-22　数据表视图

在图 2-22 中，最左边的一列称为"行选定栏"。"行选定栏"上第一个小方框是"表数据选定器"，单击它可选中全表数据。以下每个小方框是"记录选定器"，单击它，可选定一条记录。星号表示末端空白行，等待输入新记录；最下面一行左侧是"导航按钮"，显示当前记录号。

可以有多种途径进入表的数据表视图。如果用户正处在数据库窗口，则双击导航栏中某个表，或右击在弹出的快捷菜单中选择"打开"命令，打开表进入数据表视图。若用户处在某表的设计视图，则右击标题行，在弹出的快捷菜单中选择"数据表视图"命令，进入该表的数据表视图。以下操作均是在表的数据表视图中进行。

1．添加记录

添加记录是在原有记录的后面追加数据。点击末端空白行，在该行每个单元格中输入数据。

（1）字符型、数字型和日期型数据直接键入。

（2）OLE 类型数据的输入需要通过一定的步骤完成，可以有多种方式。以下通过"学生信息表"中的"照片"字段进行说明。

① 单击"照片"字段下的单元格，右击并在弹出的快捷菜单中选择"插入对象"命令，或选择"插入"→"对象"命令，打开 Microsoft Office Access 对话框，如图 2-23 所示。

图 2-23　插入 OLE 对象

② 选择"新建"单选按钮，在"对象类型"列表框中选择"Microsoft Word 图片"选项，然后单击"确定"按钮，打开 Microsoft Word 窗口。

③ 在 Microsoft Word 窗口，选择"插入"→"图片"命令，选定图片文件，完成图片插入。可以在 Word 中编辑图片，并关闭 Word，实现照片字段的输入。

（3）"超链接"数据类型字段直接在单元格中输入超链接文本，或者右击输入单元格，从弹出的快捷菜单中选择"超链接"下的"编辑超链接"命令，打开"插入超链接"对话框，输入地址和需要显示的文字。

（4）"附件"数据类型字段可以将图像、电子表格文件、图表和其他类型的支持文件附加到记录中，一个"附件"型字段中可以附加多个文件。

① 附件的添加。双击要添加附件的附件单元格，打开"附件"对话框，单击"添加"按钮，可以添加一个或多个附件，添加完毕后单击"确定"按钮，关闭对话框。在数据表视图中可以看到，添加了一个附件后，附件单元格会显示@(2)，表示添加了两个附件。

② 附件的查看。若要查看附件的内容，可以双击附件单元格，打开"附件"对话框，选择一个附件，单击"打开"按钮，即可显示附件内容。

（5）"计算"数据类型的值由系统根据设定的计算表达式自动产生，不能更改。例如，班级编号字段的数据类型是"计算"，取自"学号"字段的第 3 位和第 4 位组成，则在该字段的表达式属性行中输入 Mid([学号],3,2)。

注：数据必须逐行输入，不要一列一列地输入，否则可能导致错误。

2．修改记录

单击需要修改的记录的单元格，进行编辑。

3．删除记录

单击"记录选定器"，选中要删除的记录，右击并在弹出的快捷菜单中选择"删除记录"命令，或直接按 Del 键。若连续删除多条记录，可按住 Shift 键选中多条记录，执行删除操作。删除的记录不能够再恢复，因此，在删除时会有警告性提示，避免误删数据。

注：从数据表视图可以很方便地切换到设计视图，进行表结构的修改。右击标题行，在弹出的快捷菜单中选择"设计视图"命令，进入该表的设计视图。

2.3　表的进一步完善设计

上一节介绍了表的基本设计，一个表具备表名、字段名、字段类型、字段宽度和主键。但是，仅有这些还不能够满足实际应用的需要，必须对字段属性、表的属性和表之间的关系做进一步设计，才能设计出理想的表和高质量的数据库，进而满足不同的应用需求。

2.3.1　设置字段属性

字段属性是一组特性，通过这些特性可以进一步控制数据在字段中的存储、输入或显示方式。可用的属性取决于字段的数据类型。设置字段属性的目的在于方便用户输入数据，提高数据录入速度和数据的准确性。字段属性包括字段大小、格式、输入掩码、标题、默认值、验证规则、验证文本、必填字段、索引等。字段属性的设置在表的设计视图完成，参见图 2-15 下半部分"字段属性"。

1．字段大小

对于字符数据，Access 提供"短文本"和"长文本"两种字段数据类型来保存。使用文本数据类型保存诸如名称、地址及任何无须做计算的数字数据，如电话号码、部件编号或邮编。一个"短文本"字段最多能保存 255 个字符，其默认值是 255 个字符，可以在 "字段大小"属性框中直接输入修改，其设置值一般为"短文本"字段中允许输入的最大字符数。如果需要保存多于 255 个字符的数据，则使用"长文本"数据类型。"长文本"字段最多可以保存 63 999 个字符。如果要保存带格式的文本或长文档，则应创建一个 OLE 对象字段。"短文本"和"长文本"数据类型只是保存输入到字段中的字符，并不保存字段中没有用到的空字符。

对于数值数据，Access 提供"数字"和"货币"两种字段数据类型来保存。使用"数字"字段来保存用于数学计算的数字数据，但有关涉及货币的计算，采用"货币"类型。"数字"型字段通过"字段大小"属性下拉列表框，可以选择数字类型，例如，"字节"型、整型、单精度型等，其整数部分宽度见表 2-2 说明，小数部分宽度可在"小数位数"属性中设置。"货币"型字段通过"格式"属性下拉框，可以选择货币数值类型，在"小数位数"属性中选定小数位数。"货币"字段的计算可精确到小数点前 15 位及小数点后 4 位。

日期型字段固定长度 8 位，逻辑型字段固定长度 1 位，自动编号类型默认为长整型。

2. 格式

格式属性定义数字、日期、时间和文本的显示方式和打印方式。可以使用预定义的格式，或者使用格式符号创建自定义格式。不同的数据类型格式属性不尽相同。

（1）"短文本"和"长文本"类型字段可以使用表 2-3 所示符号创建自定义格式。

表 2-3　自定义文本格式符号

符　　号	说　　明
@	要求文本字符（字符或空格）
&	不要求文本字符
<	所有字符以小写格式显示
>	所有字符以大写格式显示
−	强制向右对齐
!	强制向左对齐

预定义的格式在建立字段时，系统自动设定。表 2-4 给出自定义格式的几个例子。

表 2-4　自定义文本格式例子

格 式 设 置	输 入 数 据	数 据 显 示
(@@@@)@@@@@@@	07503299661	（0750）3299661
@@@@-@@@@@@@	07503299661	0750-3299661
>	Student	STUDENT
<	Student	student
@;"AP06069"	不输入字符	AP06069
@;"AP06069"	输入文本	显示输入的文本

注意：@ 和 & 在输入文本不满位，存在差异，但不限制输入长度。例如，使用 @@@，则输入"jo"的结果为"jo"，前方加一空格；使用 &&&，则输入"jo"时，显示"jo"，不加空格。

（2）"数字"和"货币"类型字段格式相同，可以采用预定义的格式和自定义格式。在格式属性下拉列表中给出了 7 种预定义格式和数据显示例子，如图 2-24 所示，用户可在其中选择。

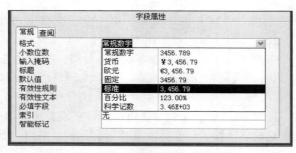

图 2-24　预定义数字格式

用户也可以使用表 2-5 所示的符号创建自定义格式。

表 2-5　自定义数字格式符号

符　　号	说　　明
0	数字占位符，显示一个数字或 0
#	数字占位符，显示一个数字或不显示
$	显示原义字符"$"
%	百分比，数字将乘以 100，并附加一个百分比符号
E− 或 e−	科学记数法，仅当指数为负时 E 或 e 后面加上符号 (−)，该符号必须与其他符号一起使用
E+ 或 e+	科学记数法，当指数为负时 E 或 e 后面加上符号 (−)，在指数为正时 E 或 e 后面加上符号（+），该符号必须与其他符号一起使用
.（英文句号）	小数分隔符
,（英文逗号）	千位分隔符

（3）日期/时间型。

日期/时间型有预定义格式和自定义格式。在格式属性下拉列表中给出了 7 种预定义格式和数据显示例子，如图 2-25 所示，用户可在其中选择一种。

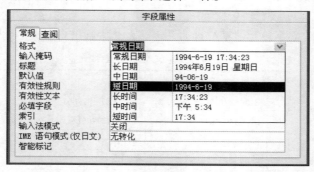

图 2-25　日期/时间型预定义格式及例子

日期/时间型也可以采用自定义格式，自定义格式符号如表 2-6 所示。

表 2-6　日期/时间型自定义格式符号

符　　号	说　　明
:（冒号）	时间分隔符
/	日期分隔符
c	与"常规日期"的预定义格式相同

续表

符　号	说　　明
d	一个月中的日期，根据需要以一位或两位数显示（1~31）
dd	一个月中的日期，用两位数字显示（01~31）
ddd	星期名称的前三个字母（Sun~Sat）
dddd	星期名称的全称（Sunday~Saturday）
ddddd	与"短日期"的预定义格式相同
dddddd	与"长日期"的预定义格式相同
w	一周中的日期（1~7）
ww	一年中的周（1~53）
m	一年中的月份，根据需要以一位或两位数显示（1~12）
mm	一年中的月份，以两位数显示（01~12）
mmm	月份名称的前三个字母（Jan~Dec）
mmmm	月份的全称（January~December）
q	以一年中的季度来显示日期（1~4）
y	一年中的日期数（1~366）
yy	年的最后两个数字（01~99）
yyyy	完整的年（0100~9999）
h	小时，根据需要以一位或两位数显示（0~23）
hh	小时，以两位数显示（00~23）
n	分钟，根据需要以一位或两位数显示（0~59）
nn	分钟，以两位数显示（00~59）
s	秒，根据需要以一位或两位数显示（0~59）
ss	秒，以两位数显示（00~59）
ttttt	与"长时间"的预定义格式相同
AM/PM	以大写字母 AM 或 PM 相应显示的 12 小时时钟
am/pm	以小写字母 am 或 pm 相应显示的 12 小时时钟
A/P	以大写字母 A 或 P 相应显示的 12 小时时钟
a/p	以小写字母 a 或 p 相应显示的 12 小时时钟
AMPM	以适当的上午/下午指示器显示 24 小时时钟

（4）是/否型。

对于"是/否"数据类型，可以在格式属性下拉列表框中选择"是/否"、True/False 或 On/Off 预定义格式。"是"、True 以及 On 是等效的，"否"、False 以及 Off 也是等效的。如果指定了某个预定义的格式并输入了一个等效值，则按等效值的预定义格式显示。例如，如果在一个格式属性设为"是/否"的字段中输入了 True 或 On，数值将自动转换为"是"。是/否型也可以采用自定义格式。

3．输入掩码

使用输入掩码属性可以使数据输入更容易，帮助用户按照规定的格式输入数据。例如，有的字段只能输入数字，有的字段要求数据长度一致，同一列数据中相同的部分自动输入，这些都可以通过输入掩码来实现。输入掩码的设置可以采用向导完成，也可以采用自定义方式。

输入掩码符号定义如表 2-7 所示。

表 2-7　输入掩码字符定义

字　符	说　明
0	数字（0~9，必选输入，不允许加号 [+] 与减号 [-]）
9	数字或空格（可选输入，不允许加号和减号）
#	数字或空格（可选输入，在"编辑"模式下空格显示为空白，但是在保存数据时空白将删除；允许加号和减号）
L	字母（A 到 Z，必选输入）
?	字母（A 到 Z，可选输入）
A	字母或数字（必选输入）
a	字母或数字（可选输入）
&	任一字符或空格（必选输入）
C	任一字符或空格（可选输入）
. , : ; - /	小数点占位符及千位、日期与时间的分隔符。（实际的字符将根据 Windows "控制面板"中"区域设置属性"对话框中的设置而定）
<	将所有字符转换为小写
>	将所有字符转换为大写
!	使输入掩码从右到左显示，而不是从左到右显示。输入掩码中的字符始终都是从左到右填入。可以在输入掩码中的任何地方包括感叹号
\	使接下来的字符以字面字符显示（例如，\A 只显示为 A）

输入掩码属性最多可包含三个用分号（；）分隔的节，其含义如表 2-8 所示。

表 2-8　输入掩码的组成

节	说　明
第一节	指定数据输入格式，例如，!(999) 999-9999
第二节	指定数据保存方式。如果在该节使用 0，所有显示的字符（例如，电话号码输入掩码中的括号）全部保存；如果使用 1 或未在该节中输入任何数据，则只保存数值。该节为可选项
第三节	为空格指定显示字符，对于该节，可以使用任何字符，如果要显示空字符串，则需要将空格用双引号（" "）括起。该节为可选项

使用输入掩码向导时，单击输入框右侧的按钮，打开"输入掩码向导"对话框，如图 2-26 所示，最后生成输入掩码。

采用自定义方式时，利用附录 B 中的符号写出各节。例如，为"电话号码"字段设置输入掩码：(0009) 999-9999；0；_ 。为学号字段设置输入掩码：AAAAAAAAAA；；_ 。

注意：如果为某字段定义了输入掩码，同时又设置了它的格式属性，格式属性将在数据显示时优先于输入掩码的设置。

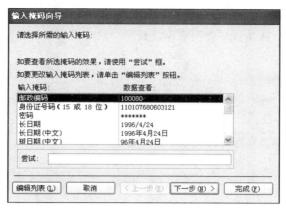

图 2-26 "输入掩码向导"对话框

4．标题

字段标题用于指定该字段的别名，并作为"数据表"视图、窗体和报表中的显示名称。 标题用于显示，并不改变原来的字段名称。可以设计简单的字段名，而赋予意义清晰的别名。如"教师"表中的字段"编号"，设置标题为"教师编号"。

5．默认值

使用默认值属性可以指定一个经常要输入的值，该值在新建记录时会自动输入到字段中。例如，在"学生"表中可以将"是否住宿"字段的默认值设为"是"；"政治面貌"字段的默认值设为"团员"。因为大部分同学都住宿，都是团员，这样可以减少数据录入工作量。当用户在表中添加记录时，既可以接受该默认值，也可以输入其他值。

6．验证规则和验证文本

"验证规则"用以指定输入数据必须满足的条件。"验证文本"用以指定输入数据不满足条件时的提示信息。设置验证规则和验证文本，可以保证数据输入的正确性。例如，"成绩表"表中数字型"成绩"字段，其验证规则表达式为">=0 and <=100"；其验证文本可设置为"成绩必须在 0 分和 100 分之间"。

7．必选

必选字段属性指定字段中是否必须有值。如果该属性设为"是"，则在记录中输入数据时，必须在该字段中输入非空数值，例如，姓名、性别等字段。如果允许在字段中出现空值，将该属性设为"否"。不论该属性设置与否，主键和索引字段都不允许取空值。

8．索引

索引可加速对索引字段的查询，还能加速排序及分组操作。使用索引属性可以建立单一字段的索引。索引属性有三个选项："无"，为默认值无索引；"有（有重复）"，该索引允许重复值；"有（无重复）"，该索引不允许重复值。

如果建立表的多字段索引，进入表的设计视图，单击"设计"选项卡中的"索引"按钮，则可以在"索引"窗口中设置多个字段的索引。在使用多字段索引时，Access 系统首先对第一字段进行排序，如果第一字段的值相同，则按第二字段排序，最多可以达到 10 个字段。但不能对附件和 OLE 对象类型的字段建立索引。

索引在保存表时创建，并且在更改或添加记录时，索引可以自动更新。可以随时在表设计视图中或"索引"窗口添加和删除索引。系统对主键字段自动建立索引。建立索引需要付出空间和时间的代价，因此，通常是在数据量比较大时，对频繁查询或排序的字段建立索引。

9．输入法模式

输入法模式有多个选项，Access 系统根据字段类型自动设置，如文本型字段可设置为"开启"，便于汉字的输入和转换，日期型可设置为"关闭"。

10．文本对齐

文本对齐属性设置字段中数据对齐的方式。

字段的属性设置具有一定的灵活性和复杂性，不同的字段类型其字段属性也有差异。以下通过综合例题说明属性设置方法和实现的功能，用户应多尝试多体验。

【例2-4】在"教学管理"数据库中，完善"学生信息表"的设计，设置字段属性。主要字段属性设置方案如表 2-9 所示。

表 2-9 "学生信息表"部分字段属性设计

属性	学 号	姓名	性别	出生日期	政治面貌	专业号	是否住宿
数据类型	短文本	短文本	短文本	日期/时间	短文本	短文本	是/否
字段大小	10	10	2		10	3	
格式				短日期			是/否
输入掩码	AAAAAAAAAA；；_						
默认值	"AP06067"		"男"		"团员"		
验证规则			"男" or "女"			Like"###"	
验证文本			输入有错			必须是 3 个数字字符	
必需	是	是	是	是	否	否	是
索引	有（无重复）						

在表的设计视图中打开"学生信息表"，分别选中各字段，按照表 2-7，在相应的属性项输入设置值。在数据表视图，体现如下功能："学号"字段已有值 AP06067，其后跟着三个下画线，用户只需继续在其后输入三个字符或作少量修改后输入，且必须输入字母或数字；"性别"字段已有值"男"，只需修改部分记录的值，如输入有错，向用户发出提示信息；"政治面貌"已有值"团员"，只需修改部分记录的值；"专业号"字段必须输入三个数字字符，否则向用户发出提示信息。

2.3.2 查阅向导型字段的设置

查阅向导是一种特殊的字段类型，是利用列表框或组合框，从另一个表或值列表中选择字段值。从而加快了数据的输入速度，并提高了输入数据的正确性。以下通过例子说明查阅向导型字段的建立步骤。

【例2-5】在"教学管理"数据库中，已经存在"专业信息表"，现将"学生信息表"中"专业号"字段改为查阅向导类型。

操作步骤如下：

（1）在表设计视图中打开"学生信息表"。

（2）选择"专业号"字段，在字段的"数据类型"下拉列表中选择"查阅向导"，打开"查阅向导"对话框，如图 2-27 所示。

（3）选中"使用查阅列查阅表或查询中的值"单选按钮，本题中数据来源于其他表，单击"下一步"按钮。

（4）如图 2-28 所示，在新的"查阅向导"对话框中，选择"专业信息表"，单击"下一步"按钮。

图 2-27　"查阅向导"对话框

图 2-28　为查阅列选择提供数据的表

（5）如图 2-29 所示，在新的"查阅向导"对话框中，选择为查阅列提供数据的字段，在此选择"专业信息表"中的"专业号"字段，单击"下一步"按钮。

（6）在新的"查阅向导"对话框中，选择"专业号"作为排序字段。在图 2-30 中指定查阅列的宽度，单击"下一步"按钮，在新的"查阅向导"对话框中，为查阅列指定标签，单击"完成"按钮。

图 2-29　选择为查阅列提供数据的字段

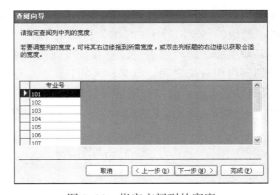

图 2-30　指定查阅列的宽度

（7）最后提示保存该表，说明在建立"查阅向导"型字段的同时也建立了两个表之间的关系，查阅字段建立完毕。此时"专业号"字段类型仍然显示为文本型，但其实质已发生了变化，可以通过字段属性的"查阅"选项卡观察其与普通文本型的差别。

（8）进入表的数据视图，输入记录时，单击"专业号"字段的下三角按钮 ▼，在下拉列表框中选择所需的值。

【例2-6】在"教学管理"数据库中，将"学生信息表"中"性别"字段改为查阅向导类型。

操作步骤如下：

（1）在表设计视图中打开"学生信息表"。

（2）选择"性别"字段，在字段的"数据类型"下拉列表中选择"查阅向导"，打开"查阅向导"对话框,如图 2-27 所示。

(3)选中"自行键入所需的值"单选按钮,本题中数据来源于用户输入的值,单击"下一步"按钮。

(4)在图 2-31 中确定数据列,输入性别数据选项的值,调整列宽,单击"下一步"按钮,完成操作。

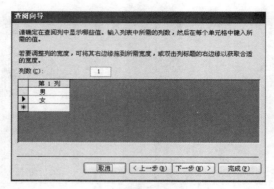

图 2-31 输入性别数据选项的值

(5)进入表的数据视图,输入记录时,单击"性别"字段的下拉按钮 ,在下拉列表框中选择所需的值。

2.3.3 表的属性设置

"表属性"用以设定整个表的验证规则、验证文本、子数据表等属性。表的验证规则可以定义同一记录不同字段间的约束关系。例如,在某学生情况表中,通过验证规则设置同一记录的"班级"字段值等于"学号"值的前 7 位,如果班级输入有错,显示验证文本中设置的消息;在某职员表中,可以通过设置验证规则来要求职员的"开始工作日期"字段值处于公司的成立日期到当前日期之间,如果输入的日期不在这个范围内,显示验证文本属性设置的消息。完成"表属性"设置,只需在表的设计视图中单击"设计"选项卡上的"属性表"按钮,打开"表属性"对话框,如图 2-32 所示,输入各属性的值。

属性表	✕
所选内容的类型: 表属性	
常规	
子数据表展开	是
子数据表高度	0cm
方向	从左到右
说明	
默认视图	数据表
验证规则	[班级]=Left([学号],7)
验证文本	输入有错
筛选	
排序依据	
子数据表名称	表选课及成绩表
链接子字段	学号
链接主字段	学号
加载时的筛选器	否
加载时的排序方式	是
启动排序	0

图 2-32 "表属性"的设置

2.4　表之间的关系

Access 数据库中不同的表代表着不同的主题，但它们之间存在着一定的联系。建立表之间的关系就是刻画它们的联系。这样一方面可以将这些表中的信息组合到一起，创建的查询、窗体及报表，可以同时显示来自多个表中的数据；另一方面保证了关系数据库完整性约束规范。

表之间的关系通过匹配字段来建立，匹配字段存在于两个表之中，它们具有相同的数据类型和大小，字段名可以相同也可以不相同，但代表的含义一定相同。在大多数情况下，两个匹配的字段中一个是所在表的主键，而另一个是所在表的外键。例如，"学生信息表"中的学号是该表的主键，而学号是"成绩表"的外键，两表之间可以通过"学号"字段建立关系。

表之间的关系有三种类型：一对一关系、一对多关系和多对多关系。在一对一关系中，A 表中的每一记录仅能匹配 B 表中的一个记录，并且 B 表中的每一记录仅能在 A 表中有一个匹配记录。此关系类型并不常用，因为大多数以此方式相关的信息都在一个表中。一对多关系是关系中最常用的类型。在一对多关系中，A 表中的一个记录能与 B 表中的许多记录匹配，但是在 B 表中的一个记录仅能与 A 表中的一个记录匹配。在多对多关系中，A 表中的记录能与 B 表中的多条记录匹配，并且 B 表中的记录也能与 A 表中的多条记录匹配。多对多的关系仅能通过定义第三个表（称为联结表）来表达，联结表的主键包含两个字段，它们分别是 A 和 B 表的主键，是联结表的外键。多对多的关系实际上是转化为和第三个表的两个一对多关系。例如，"学生信息表"和"课程信息表"是一个多对多的关系，它是通过建立与"成绩表"的两个一对多关系来实现的。

2.4.1　建立表间关系

建立表间关系的操作包括选择表，两两之间连接匹配字段，编辑关系和确定连接属性等。以下结合具体例子说明操作步骤。

【例】2-7　在"教学管理"数据库中建立各表之间的关系。

操作步骤如下：

（1）关闭所有打开的表。不能在已打开的表之间创建或修改关系。

（2）单击"数据库工具"选项卡，单击"关系"按钮，打开"关系"窗口。此时工具栏中出现"显示表""显示直接关系"等按钮。

（3）如果数据库中尚未定义任何关系，则会自动显示"显示表"对话框。如果需要添加要关联的表，而"显示表"对话框未显示，单击工具栏中的"显示表"按钮，打开"显示表"对话框，如图 2-33 所示。

（4）双击各相关表的名称，这些表被添加到"关系"窗口。若要在表及其本身之间建立关系，则需添加表两次。然后关闭"显示表"对话框。添加到"关系"窗口中的表如图 2-34 所示。

（5）从某个表中将匹配字段拖到相关表中的匹配字段。若要拖动多个字段，可按住 Ctrl 键并单击每一字段，然后拖动这些字段。多数情况下是将表中的主键字段（以粗体文本显示）拖到其他表中名为外键的相似字段（经常具有相同的名称）。

（6）系统将显示"编辑关系"对话框。检查显示在两个列中的字段名称以确保正确性。

根据需要设置关系选项。选择"实施参照完整性"复选框，则要求"成绩表"中学号字段的值必须是"学生信息表"学号字段的某个值，否则出错；选择"级联更新相关字段"和"级联删除相关字段"复选框，则"学生信息表"中某学号的值改变或删除时，它在"成绩表"中对应的学号值跟着改变或删除，如图 2-35 所示。

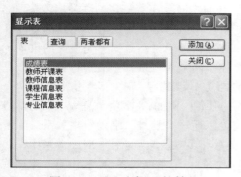

图 2-33 "显示表"对话框

图 2-34 添加到"关系"窗口中的表

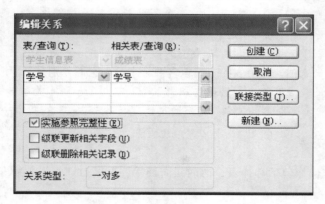

图 2-35 "编辑关系"对话框

（7）单击"创建"按钮创建关系。

（8）对要进行关联的每对表都重复第（5）步到第（7）步。最后结果如图 2-36 所示。

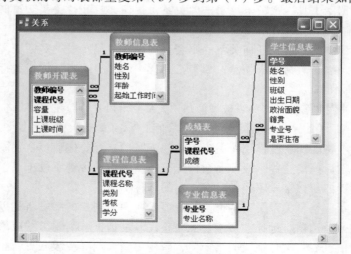

图 2-36 "教学管理"数据库关系

2.4.2　改变表间关系

　　表间关系建立起来后，可以进行修改和删除。但这些操作最好在输入数据之前完成，输入数据后再修改关系可能会引起一些麻烦，如导致数据的不一致性等。

　　改变表间关系在"关系"窗口完成。单击某关系连线，右击并在弹出的快捷菜单中选择"删除"命令，则表间关系被删除；选择"编辑关系"命令，则打开"编辑关系"对话框，实现修改操作。可以在"关系"窗口添加表，新建表之间的关系，也可以右击某表的标题部位，在弹出的快捷菜单中选择"隐藏表"命令，去除没有关系的表。

2.4.3　主表与子表

　　建立表之间的关系后，在"一对多"关系中（包括"一对一"关系），"一"方的表称为主表，"多"方的表称为子表。主表的每一记录都带着子表的相关记录，如图 2-37 所示。

　　在图 2-37 中，"学生信息表"是主表，其子表为"成绩表"。在数据表视图中打开"学生信息表"，每条记录前有一个"+"号，单击"+"号，"+"号变为"-"号，展开子表；再单击"-"号，便折叠子表。也可以通过"格式"菜单中的"子数据表"项"全部展开""全部折叠""删除"所有子表。删除的子表又可以通过"插入"菜单中的"子数据表"命令插入到主表中。

	学号	姓名	性别	班级
☰ 学生信息表：表				
-	AP06067201	蔡锐	男	AP06067
	课程代号	成绩		
	006A2500	94		
	012C1020	77		
＊				
+	AP06067202	蔡智明	男	AP06067
+	AP06067203	洪观伍	男	AP06067
+	AP06067204	洪亮	男	AP06067
+	AP06067205	洪权河	男	AP06067
+	AP06067206	洪小武	男	AP06067
+	AP06067207	洪通为	男	AP06067
+	AP06067208	洪彤	男	AP06067
+	AP06067209	洪泽清	男	AP06067
+	AP06067210	洪振铭	男	AP06067
+	AP06067211	高清华	男	AP06067
+	AP06067212	洪林森	男	AP06067
+	AP06067213	侯锦兵	男	AP06067
+	AP06067214	胡伟	男	AP06067

图 2-37　主表与子表

2.5　管　理　表

　　数据库中的表往往需要进一步梳理，常用的功能包括表的复制、删除、数据的导入与导出等。

2.5.1　复制表

1. 在同一个数据库中复制表

　　在同一个数据库中复制表，有三种不同类型：只复制表结构、复制表结构和数据、把一张表的记录追加到另一张表中。用户可以根据不同的应用需要选择复制类型。

　　复制表的操作步骤如下：

　　（1）在"数据库"窗口右侧的导航窗格内表对象列表中，单击要复制的表，再单击"开始"

选项卡上的"复制"按钮，或右击并在弹出的快捷菜单中选择"复制"命令。

（2）单击"开始"选项卡中的"粘贴"按钮，或在导航窗格内右击并在弹出的快捷菜单中选择"粘贴"命令，打开"粘贴表方式"对话框，如图 2-38 所示。

（3）执行下列操作之一：若要复制表的结构，"粘贴选项"下的"只粘贴结构"单选按钮，在"表名称"文本框中输入新表名称；若需要整表复制，选择"粘贴选项"下的"结构和数据"单选按钮，在"表名称"文本框中输入新表名称；若要追加数据，在"表名称"文本框中，输入正为其追加数据的表的名称，然后选择"将数据追加到已有的表"单选按钮。

图 2-38　表的复制方式

（4）单击"确定"按钮，完成复制操作。

2．不同数据库之间表的复制

若需要从一个数据库中复制表到另一个数据库制造中，操作如下：

（1）在"数据库"窗口右侧的导航窗格内表对象列表中，单击要复制的表，再单击"开始"选项卡中的"复制"按钮，或右击并在弹出的快捷菜单中选择"复制"命令。

（2）打开要复制到的另一 Access 数据库。

（3）在目标数据库中单击"开始"选项卡中的"粘贴"按钮，或在导航窗格内右击并在弹出的快捷菜单中选择"粘贴"命令，打开"粘贴表方式"对话框，以下操作与 1 中（3）、（4）完全相同。

2.5.2　删除表

删除表之前，首先要删除该表的所有关系，并关闭要删除的表，在多用户环境下，确保所有用户都已关闭了该表，然后执行下列操作：在"数据库"窗口右侧的表对象列表中，单击要删除的表，再单击"开始"选项卡中的"删除"按钮或按 Del 键。

上述操作所删除的表不能再恢复，因此要谨慎对待。

2.5.3　重命名表

在重命名表之前，首先关闭需要重命名的表。然后执行下列操作：在"数据库"窗口右击需要重命名的表，在弹出的快捷菜单中选择"重命名"命令，输入新名称，然后按 Enter 键。

重命名的表失去了原表的所有关系，也会影响到已使用该表的其他对象，因此不要轻易修改表的名称。

2.5.4　数据的导入与导出

为了使不同的数据库系统或其他应用系统之间能够共享数据，Access 为使用外部数据源提供了两种方式，即导入和链接，同时为其他系统使用 Access 数据库提供了数据导出功能。

1．数据的导入和链接

数据导入就是将其他系统中的数据从不同格式转换并复制到 Access 表中。导入后的数据与原数据无关。数据的链接是一种连接到其他数据库或应用系统中的数据，但不将数据导入的方法，这样在原系统和 Access 数据库中都可以查看并编辑这些数据。可以导入或链接的数据源如表 2-10 所示。

表 2-10　Access 可以导入的数据源

数据源系统	数据源说明
Microsoft Access	其他 Access 数据库
Microsoft Excel	Excel 电子表格
ODBC 数据库	支持 ODBC 协议的数据库
文本文件	文本文件
XML 文件	XML 文件
HTML 文档	HTML 网页文件
Outlook 文件夹	Outlook 文件夹

【例2-8】导入和链接电子表格中的数据。数据源是 Excel 文件"教务信息.xls"中的"成绩"工作表和"课程计划"工作表，如图 2-39 和图 2-40 所示。将"成绩"工作表导入"教学管理"数据库，将"课程计划"工作表作为链接数据源。

	A	B	C
1	学号	课程代号	成绩
2	AP06067201	012C1020	77
3	AP06067202	013C1460	68
4	AP06067203	015C1070	70
5	AP06067204	002C1061	88
6	AP06067205	006A2240	92
7	AP06067206	008C1010	77
8	AP06067207	010C1281	88
9	AP06067208	012C1011	90
10	AP06067209	013C1440	81

图 2-39　"成绩"工作表

	A	B	C	D	E	F	G
1	课程代号	课程名称	类别	考核	学分	学时	备注
2	012C1020	体育达标	必修	考查	1	18	
3	013C1460	形势与政策	必修	考查	2	92	92课外
4	015C1070	军事训练	必修	考查	1	18	
5	002C1061	大学英语	必修	考试	3	60	
6	006A2240	计算机导论	限选	考试	2	40	18课外
7	008C1010	工程制图	必修	考试	3	54	
8	006A1440	C++语言	必修	考试	4	72	
9	010C1281	高等数学	必修	考试	5	90	一
10	012C1011	体育	必修	考查	2	30	

图 2-40　"课程计划"工作表

导入操作步骤如下：

（1）打开"教学管理"数据库，单击"外部数据"选项卡"导入并链接"组中的 Excel 按钮，打开"获取外部数据"对话框，如图 2-41 所示。

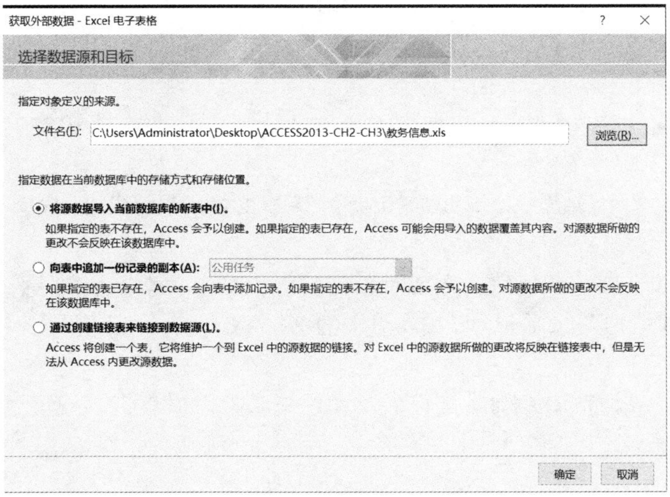

图 2-41　"获取外部数据"对话框

（2）在"获取外部数据"对话框中，选定电子表格文件"教务信息.xls"，选择存储方式和存储位置。单击"确定"按钮，打开"导入数据表向导"对话框，如图 2-42 所示。

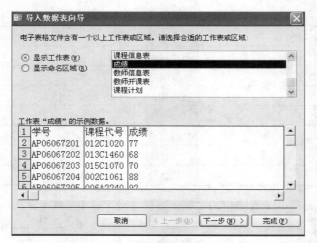

图 2-42 "导入数据表向导"对话框

（3）按照"导入数据表向导"对话框的提示选定"成绩"工作表，单击"下一步"按钮。

（4）在新的"导入数据表向导"对话框中，按照提示确定表的列标题、主键、名称等，单击"完成"按钮，完成导入操作，导入的表与创建的表图标相同。

链接操作步骤如下：

（1）打开"教学管理"数据库，单击"外部数据"选项卡 "导入并链接"组中的 Excel 按钮，打开"获取外部数据"对话框，如图 2-41 所示。选定电子表格文件"教务信息.xls"。在选择存储方式和存储位置时，选择"通过创建链接表来链接到数据库"。

（2）打开"导入数据表向导"对话框。以下操作与导入操作完全相同，不再赘述。在表对象列表中产生的链接表的图标为 Excel 标志➜🗷。

值得注意的是，在导入和链接处理之前，要确保电子表格中的数据必须以适当的表格形式排列，并且电子表格每一字段（列）中都具有相同的数据类型、每一行中具有相同的字段。链接表的操作速度比导入表慢。

2．数据的导出

Access 数据库可以导出到其他数据库、电子表格 Excel 文件、文本文件、HTML 网页文件等。

【例2-9】将 Access 数据库"教学管理"中的"学生信息表"导出到 Excel 文件"学生表.xls"。

操作步骤如下：

（1）打开"教学管理"数据库，在表对象列表中，单击"学生信息表"，选中该表。

（2）单击"外部数据"选项卡"导出"组中的 Excel 按钮，打开"导出"对话框，如图 2-43 所示。

（3）在"导出"对话框中，确定文件名及文件格式，然后单击"确定"按钮，完成操作。

图 2-43　导出数据表向导

2.5.5　格式化数据表

Access 系统以一种默认格式显示数据表，用户可以通过"开始"选项卡中的"文本格式"组自定义数据表显示方式。自定义特性包括字体、单元格显示效果、背景颜色等。主要操作如下：

（1）在数据表视图下打开欲设置格式的表，单击"开始"选项卡，通过"文本格式"组中的命令设置字体、大小、颜色等。

（2）单击"文本格式"组右下角的对话框启动按钮 🔲，打开"设置数据表格式"对话框，如图 2-44 所示。设置单元格显示效果、网格线显示方式、背景颜色、网格线和边框的样式等。

图 2-44　设置数据表格式

（3）单击表左上角表选择器 🔲，右击并在弹出的快捷菜单中选择"行高"命令设置行高。单击列选择器，选中某列，右击并在弹出的快捷菜单中选择"隐藏字段"命令，可以将暂时不用的列隐藏起来，不再显示。当字段比较多屏幕显示不下，而又需要显示某些列时，选择"冻结字段"命令，可以将某些需要显示的列"冻结"在屏幕上。这两种操作都有逆操作。

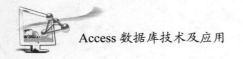

2.6 使 用 表

数据表设计完成后，用户可以利用 Access 提供的基本应用功能使用表中的数据，这些基本功能包括查找与替换数据、排序记录、筛选记录等。

2.6.1 查找与替换数据

当对某个表执行查找或替换时，首先进入该表的数据表视图，然后进行下列操作：

（1）依据某字段查找，则单击该字段单元，再单击"开始"选项卡"查找"组中的"查找"按钮，打开"查找和替换"对话框。

（2）在"查找内容"文本框中，输入要查找的内容，可以使用通配符来指定要查找的内容，实现模糊查询，选定"查找范围""匹配"方式等选项，单击"查找下一个"按钮，记录指针指向查找到的记录，继续单击"查找下一个"按钮，直到查找完毕。

（3）如果要替换找到的数据，单击"开始"选项卡"查找"组中的"替换"按钮，在"查找内容"文本框中输入要查找的内容，然后在"替换为"文本框中输入要替换成的内容。单击"替换"或"全部替换"按钮。

注意：

（1）若要查找未设置格式的空字段，则在"查找内容"文本框中输入 Null 或 Is Null，并确保未选中"按格式搜索字段"复选框。

（2）查找和替换内容是文本时，不需要用引号。

另外，可以通过数据表底部的记录编号框查找记录，在记录编号框中输入记录数，按 Enter 键即可。

2.6.2 排序记录

排序记录是数据库开发环境的一个基本功能。排序就是按照某个字段的内容值重新排列数据记录。在默认情况下，Access 会按主键的次序显示记录，如果表中没有主键，则以输入的次序来显示记录。排序规则如下：文本数据—默认情况按汉语拼音排序；日期数据—先比年，再比月，最后比日；数字数据—按数字大小排序；长文本字段—按前 255 个字符排序；OLE 对象数据不能排序。

1. 简单排序

简单排序就是通过一个字段或多个相邻字段来排列记录。

（1）基于一个字段的简单排序。

在表的数据表视图，单击用于排序字段的单元格，选中该字段，单击"开始"选项卡"排序和筛选"组中的"升序"或"降序"按钮，完成操作。

（2）基于多个相邻字段的简单排序。

在表的数据表视图，单击用于排序的第一字段单元格，选中该字段；按住 Shift 键，单击相邻的第二排序字段单元格，选中第二字段；再单击"升序"或"降序"按钮。

2．高级排序

高级排序可以对多个不相邻的字段采用不同的方式（升序或降序）进行排序。

【例2-10】将数据库"教学管理"中的"学生信息表"按"班级"升序、"出生日期"降序排列记录。

操作步骤如下：

（1）在数据表视图打开"学生信息表"，单击"开始"选项卡"排序和筛选"组中的"高级"按钮，打开"高级筛选选项"菜单，选择"高级筛选/排序"命令，打开"筛选"窗口，如图 2-45 所示。

图 2-45　记录的高级排序

（2）在"字段"框中分别选中"班级"和"出生日期"，在"排序"框中分别选中"升序"和"降序"，如图 2-45 所示。

（3）选择"高级筛选选项"菜单中的"应用筛选/排序"命令，Access 系统将按照设定完成记录的排序。

3．取消排序

在表的数据表视图中，单击"排序和筛选"组中的"取消筛排序"按钮，取消排序次序。

2.6.3　筛选记录

通过使用筛选，可以暂时分开和查看一组要处理的特定记录。Access 提供 4 种记录筛选方法，下面分别加以介绍。

1．按选定内容筛选

在表的数据表视图中，选择字段中某个值的全部或部分，以此作为筛选条件。单击"开始"选项卡"排序和筛选"组中的"按钮"按钮，打开"选择"菜单，选择执行"等于""不等于""包含""不包含"命令中的第一项或第三项，完成数据筛选。单击"排序和筛选"组中的"切换筛选"按钮，返回原表。

2．内容排除筛选

内容排除筛选与按选定内容筛选相反，筛选出不满足条件的记录。操作步骤与"按选定内容筛选"类似，首先选择字段中某个值的全部或部分，以此作为筛选条件。选择执行"等于""不等于""包含""不包含"命令中的第二项或第四项，显示不满足条件的记录。单击"排序和筛选"组中的"切换筛选"按钮，返回原表。

3. 按窗体筛选

按窗体筛选可以实现多条件筛选，这些条件是逻辑"与"或逻辑"或"的关系。

【例】2-11】在"学生信息表"中筛选 AP06067 班团员和 AP06068 班女生。

操作步骤如下：

（1）在数据表视图打开"学生信息表"，在数据表视图打开"学生信息表"，单击"开始"选项卡"排序和筛选"组中的"高级"按钮，打开"高级筛选选项"菜单，选择"按窗体筛选"命令，进入"按窗体筛选"窗口，如图 2-46 所示。

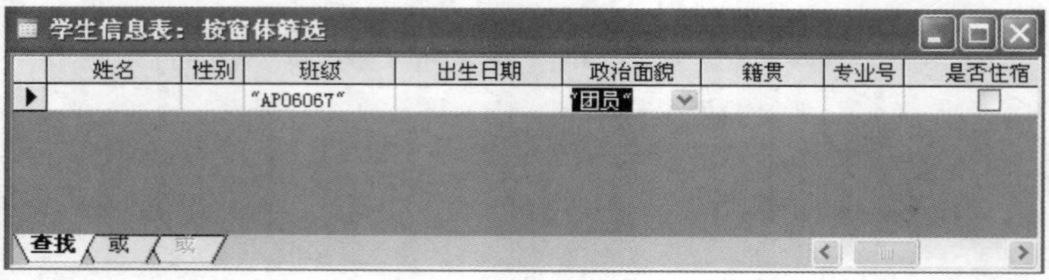

图 2-46　按窗体筛选

（2）根据题意，AP06067 班和团员两个条件是"与"关系，形成第一组条件；AP06068 班和女生两个条件也是"与"关系，形成第二组条件；第一组条件和第二组条件之间是"或"关系。在"按窗体筛选"窗口中，同一行条件表示"与"关系，不同行条件表示"或"关系。因此，在"查找"选项卡中，给"班级"和"政治面貌"字段分别输入值"AP06067"和"团员"。再单击"或"选项卡，出现类似界面，给"班级"和"性别"字段分别输入值"AP06068"和"女"。

（3）选择"高级筛选选项"菜单中的"应用筛选/排序"命令，显示满足条件的记录。单击"排序和筛选"组中的"切换筛选"按钮，返回原表。。

注意：输入条件时可以从字段列表中选择值也可以直接输入所需的值，切换"查找""或"选项卡来查看和修改条件。

4. 高级筛选/排序

"高级筛选/排序"不仅可以实现复杂条件的筛选，还可以对筛选结果进行排序。

【例】2-12】在"学生信息表"中筛选 AP06067 班 1997 年出生的学生，并按出生日期升序排列。

操作步骤如下：

（1）在数据表视图打开"学生信息表"，单击"开始"选项卡"排序和筛选"组中的"高级"按钮，打开"高级筛选选项"菜单，选择"高级筛选/排序"命令，打开"筛选"窗口，如图 2-47 所示。

（2）在"字段"框中选中"出生日期"字段，在"排序"框中选中"升序"，在"条件"框中输入条件">=#1997-1-1# And <=#1997-12-31#"，如图 2-47 所示。

（3）在"字段"框中选中"班级"字段，在"条件"框中输入条件""AP06067""，如图 2-43 所示。同一行条件表示"与"关系，不同行条件表示"或"关系。

（4）选择"筛选"菜单中的"应用筛选/排序"命令或单击工具栏中的"应用筛选"按钮，Access 系统将按照设定完成记录的筛选和排序。单击工具栏中的"取消筛选"按钮，返回原表。

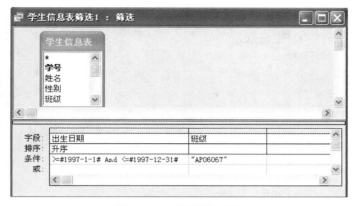

图 2-47　高级筛选/排序

小　　结

建立数据库和表是最基本也是最重要的两个操作。表是设计其他对象的基础，表的设计直接影响着整个数据库系统功能的实现。本章介绍了两种建立数据库的方法，三种建立表的方式。通过表的进一步完善设计和建立表之间关系可以设计出高质量的表。通过 Access 系统可以有效地管理表和使用表。

本章难点在于表结构的抽象和设计，表之间关系的含义和关系的建立。需要通过多个实例的分析和设计，才能很好地掌握。

习　　题

一、选择题

1. 以下的（　　　）不属于 Access 中的数据类型。

　　A．文本型　　　　　　B．图表型　　　　　　C．数字型　　　　　　D．自动编号型

2. 二维表的每一行称作（　　　）。

　　A．记录　　　　　　　B．字段　　　　　　　C．单元　　　　　　　D．模块

3. 表的创建方法包括（　　　）。

　　A．表的向导　　　　　B．表的设计器　　　　C．通过输入数据　　　D．以上都可以

4. 表将数据组织成列和行的形式。列称为（　　　），行称为记录。

　　A．字段　　　　　　　B．字段名　　　　　　C．标题　　　　　　　D．数据

5. 字段属性的设置在表的（　　　）完成。

　　A．数据视图　　　　　B．"字段"对话框　　C．设计视图　　　　　D．设计窗口

6. 表示数字值的数据类型，长度为 1、2、4、8 个字节，可以是字节型、整型、长整型、单精度和双精度等，这是被称为（　　　）的数据类型。

　　A．文本型　　　　　　B．图表型　　　　　　C．数字型　　　　　　D．自动编号型

7. 以下的数据类型中能填写或插入的数据长度最大的是（　　　）。

　　A．文本型　　　　　　B．OLE　　　　　　　C．数字型　　　　　　D．自动编号型

8. 必须输入 0~9 的数字的输入掩码是（　　　）。

    A. 0 　　　　　　　B. & 　　　　　　　C. A 　　　　　　　D. #

9. 修改表结构不包括（　　　）。

    A. 增加字段 　　　　B. 添加记录 　　　　C. 插入字段 　　　　D. 改变字段顺序

10. 表之间的关系包括（　　　）。

    A. 一对一 　　　　　B. 一对多 　　　　　C. 多对多 　　　　　D. 以上三种

11. 两个表中如果仅有一个相关字段是主键或具有唯一索引，则创建（　　　）。

    A. 一对一关系 　　　B. 一对多关系 　　　C. 多对多关系 　　　D. 平衡关系

12. 维护表中记录不包括（　　　）。

    A. 修改记录 　　　　B. 添加记录 　　　　C. 删除字段 　　　　D. 删除记录

13. 以下说法错误的是（　　　）。

    A. 筛选可以暂时分开和查看一组要处理的特定记录

    B. 按窗体筛选可以实现多条件筛选

    C. 筛选不可以保存

    D. 实施筛选就是把表中不符合条件的记录删除掉

二、填空题

1. 创建数据库的结果是在磁盘上生成一个扩展名为＿＿＿＿＿＿＿＿＿的数据库文件，这个文件将包含数据表、查询、窗体等内容。

2. 数据库的长期应用可能导致性能下降，需要对数据库进行＿＿＿＿＿＿＿＿＿和修复。

3. ＿＿＿＿＿＿＿＿＿是数据库中组织和存储数据的对象，是建立报表、查询、窗体等对象的基础。

4. Access 以＿＿＿＿＿＿＿＿＿的形式来组织数据。

5. 若表的主键由多个字段构成，选定多个字段时，只需按住键盘上＿＿＿＿＿＿＿＿＿键，然后对每个所需字段单击其行选择器，再单击工具栏中的"主键"按钮。

6. 表结构的修改包括＿＿＿＿＿＿＿＿＿、删除字段、修改字段、增加字段、改变字段顺序等操作。

7. 查阅向导是一种特殊的字段类型，是利用列表框或组合框，从另一个＿＿＿＿＿＿＿＿＿中选择字段值。

8. 在表属性设置中，表的有效性规则可以定义同一记录＿＿＿＿＿＿＿＿＿的约束关系。

9. 两个表建立关系后，选择＿＿＿＿＿＿＿＿＿选项，可以约束关系字段的取值。

10. 高级排序可以对＿＿＿＿＿＿＿＿＿字段采用不同的方式进行排序。

三、简答题

1. Access 提供了几种方法建立数据库？

2. 如何修改数据库的格式？

3. 数据库打开方式有几种？

4. 可以使用几种方法关闭数据库？

5. 在 Access 中如何修复损坏的数据库？

6. 表的建立分几步进行？

7. 建立表之前常常要考虑那些问题？

8. "表设计器"由哪几部分组成？每个部分的作用是什么？

9. 设置字段属性的目的是什么？

10. 字段属性包括那些项？

11. 表之间的关系有几种类型？分别是什么？

12. 主表和子表是如何形成的？具有什么特征？

13. 什么是数据的导入与导出？

第**3**章

查 询

查询是 Access 数据库的重要对象，是用户组织和使用数据的有效工具。本章将重点讲解如何创建查询，并以"教务管理"数据库为例详细介绍实现过程。

本章主要内容包括：

- 查询的类型和作用。
- 如何创建查询。
- 参数查询。
- 操作查询。
- SQL 查询。

3.1 查 询 概 述

3.1.1 查询的作用和类型

查询就是依据一定的条件在数据源中筛选或操作数据。使用查询可以按照不同的方式查看、更改、分析和统计数据。也可以用查询作为窗体、报表和数据访问页的记录源。在 Access 中有下列多种查询。

1．选择查询

选择查询是最常见的查询类型，它从一个或多个表中检索数据。也可以使用选择查询来对记录进行分组，并且对记录作总计、计数、平均值以及其他类型的总和计算。

2．参数查询

参数查询可以在执行时显示对话框以提示用户输入检索条件信息。例如，可以设计它来提示输入两个日期，然后 Access 检索在这两个日期之间的所有记录。

3．交叉表查询

使用交叉表查询可以计算并重新组织数据的结构，这样可以更加方便地分析数据。交叉表查询能够实现数据的总计、平均值、计数或其他类型的计算。

4．操作查询

操作查询是这样一种查询，使用这种查询只需进行一次操作就可对许多记录进行更改和移动。有 4 种操作查询：

删除查询：这种查询可以从一个或多个表中删除一组记录。

更新查询：使用更新查询，可以更改已有表中的数据。

追加查询：追加查询将一个或多个表中的一组记录添加到一个或多个表的末尾。

生成表查询：这种查询可以根据一个或多个表中的全部或部分数据生成新表。

5．SQL 查询

SQL 查询是用户使用 SQL 语句创建的查询。可以用结构化查询语言（SQL）来查询、更新和管理 Access 的关系数据库。

在利用向导和设计视图创建查询时，Access 将在后台构造等效的 SQL 语句。随着数据库中的数据变化，查询的结果也会发生变化。也就是说即使是相同的查询条件，不同时间的查询结果也可能不同。

3.1.2　查询的创建方法

创建查询的方法可以归纳为三种。其一是利用查询向导一步步完成查询对象的建立。其二是利用设计视图建立比较复杂的查询。其三是直接使用 SQL 语言编写查询命令建立查询。其实，利用查询向导和设计视图创建的查询是由系统根据用户的定义自动生成 SQL 命令。

3.2　使用查询向导创建查询

本节将介绍使用查询向导创建简单查询、交叉表查询、重复项查询和不匹配项查询。所有例题的数据源取自于第 2 章创建的"教学管理"数据库。

3.2.1　创建简单查询

简单查询的结果可以来自一个或多个数据表。在对多个数据表创建查询前，需要建立表之间的关系。

【例3-1】使用查询向导创建"学生信息查询"，查询内容包括：学号、姓名、性别、出生日期、籍贯和班级。

操作步骤如下：

（1）打开"教学管理"数据库，在数据库窗口单击"创建"选项卡"查询"组中的"查询向导"按钮，打开"新建查询"对话框，如图 3-1 所示。在列表中选择"简单查询向导"选项，并单击"确定"按钮，打开"简单查询向导"对话框。

（2）在"简单查询向导"对话框中，首先在"表/查询"下拉列表框中选择"学生信息表"选项，则"可用字段"列表框中列出该表的全部字段。选中所需要的字段，单击中间的字段移动按钮，该字段进入"选定的字段"列表框，如图 3-2 中的"学号""姓名"字段。继续选定字段，当所需要的字段都选定后，单击"下一步"按钮，打开新的对话框。

（3）在新打开的对话框中，依照提示输入新建查询的名称"学生信息查询"，单击"完成"

按钮，系统自动保存新建的查询。在导航窗格的查询对象中会出现"学生信息查询"项，双击该查询或单击"打开"按钮运行查询，得到查询结果，如图 3-3 所示。

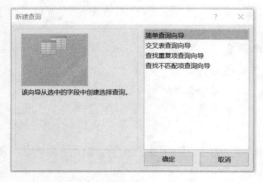

图 3-1 "新建查询"对话框

图 3-2 查询字段的选定

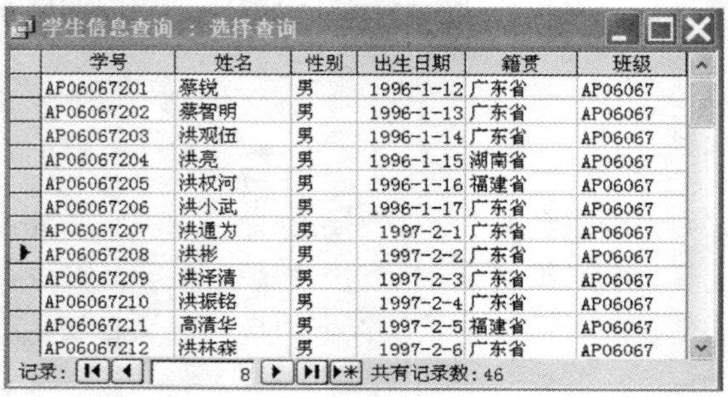

图 3-3 "学生信息查询"运行的结果

查询运行的结果也称查询的数据表视图。在查询的数据表视图中，可以移动列，隐藏和冻结列，改变行高和列宽；可以进行排序和筛选；可以增加行，但不能插入或删除列。上述操作方法与数据表类似。

【例3-2】使用查询向导创建"教师开课查询"，查询内容包括：教师姓名、课程名称、上课班级、上课时间和地点。

根据题目要求，"教师开课查询"需要"教师信息表"中的"姓名"字段，"课程信息表"中的"课程名称"字段，以及"教师开课表"中的"上课班级""上课时间""上课地点"字段。三个表之间必须先建立关系。其操作步骤与例 3-1 基本相同，只是在步骤（2）中，依次选择各表和所需的字段。运行结果如图 3-4 所示。

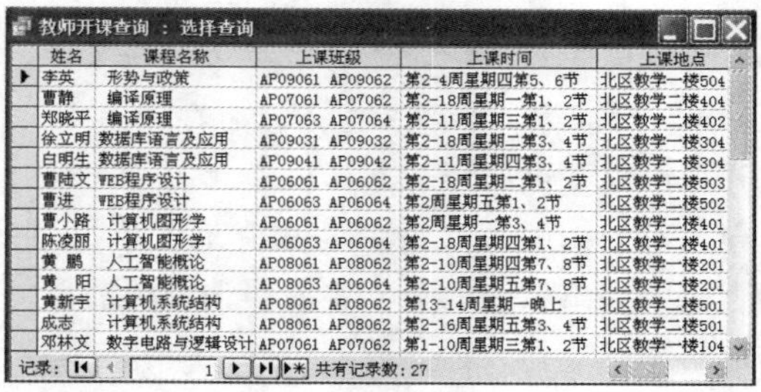

图 3-4 "教师开课查询"运行的结果

3.2.2　创建交叉表查询

交叉表查询可以实现按多个字段分组汇总和统计数据。它至少涉及三个字段，其中两个字段的值分别作为行列标题，另一个字段作为计算字段。

【例3-3】利用"交叉表查询向导"创建查询，统计"学生信息表"中各籍贯男女学生人数。

查询运行结果如图3-5所示。

图 3-5　各籍贯男女学生人数统计表

操作步骤如下：

（1）打开"教学管理"数据库，在数据库窗口单击"创建"选项卡"查询"组中的"查询向导"按钮，打开"新建查询"对话框，如图3-1所示。在列表中选择"交叉表查询向导"选项，并单击"确定"按钮，打开"交叉表查询向导"对话框。

（2）在"交叉表查询向导"对话框，首先选择数据源"学生信息表"，如图 3-6 所示。如果交叉表数据来自多个表，则需要先建立包含这些数据的查询，然后以此查询作为数据源。选定数据源后，单击"下一步"按钮。

（3）选择"性别"字段，以此字段的值作为交叉表的行标题，如图 3-7 所示。单击"下一步"按钮。

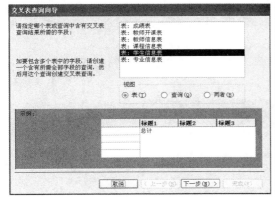

图 3-6　选择数据源"学生信息表"

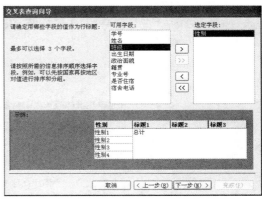

图 3-7　选择交叉表的行标题

（4）选择"籍贯"字段，以此字段的值作为交叉表的列标题，如图 3-8 所示。单击"下一步"按钮。

（5）选择"学号"作为交叉点的计算字段，计算函数选择"计数"。其含义是按籍贯和性别分组，统计每组的学号个数，即学生人数，如图3-9所示。单击"下一步"按钮。

（6）指定新建的交叉表查询名称，如"学生信息表_交叉表"。运行该查询，结果如图3-5所示。

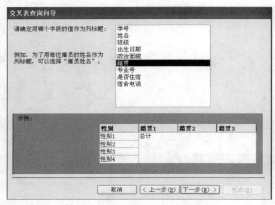
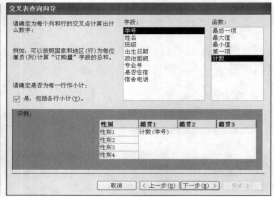

图 3-8　选择交叉表的列标题　　　　　　　图 3-9　选择交叉表的计算字段

3.2.3　创建重复项查询

利用重复项查询可以快速找到表中某字段的重复值及其所在记录，协助用户处理这些记录。

【例3-4】利用"查找重复项查询向导"创建查询，查找"教师信息表"中同名的教师情况。

操作步骤如下：

（1）打开"教学管理"数据库，在数据库窗口单击"创建"选项卡"查询"组中的"查询向导"按钮，打开"新建查询"对话框，如图 3-1 所示。在列表中选择"查找重复项查询向导"选项，并单击"确定"按钮，打开"查找重复项查询向导"对话框。

（2）在"查找重复项查询向导"对话框，首先选择数据源"教师信息表"。数据源可以是表也可以是查询。选定数据源后，单击"下一步"按钮。

（3）依题意选择"姓名"字段，查找其重复值，单击"下一步"按钮。接下来选择其他需要显示的字段，如"教师编号""年龄""职称"等字段，以了解更多的信息。单击"下一步"按钮。

（4）输入新建查询的名称，如"查找同名教师信息"，单击"完成"按钮。运行该查询，结果如图 3-10 所示。

姓名	教师编号	性别	年龄	学历	职称	电话号码
何明	31	男	56	硕士研究生	副教授	778468
何明	30	男	54	硕士研究生	副教授	778464
黄阳	25	男	44	硕士研究生	副教授	778444
黄阳	21	男	36	硕士研究生	副教授	667833

图 3-10　同名教师信息查询

3.2.4　创建不匹配项查询

不匹配项查询可以快速找到两个表中同值字段而取值不相同的记录。例如，"成绩表"中的学号字段的值一定与"学生信息表"中学号字段的某个值相同，否则数据有错；反过来，如果"学生信息表"中学号字段的值在"成绩表"中找不到匹配值，则说明该学生没有选课。因此，利用不匹配项查询可以协助用户找出遗漏或错误操作。

【例3-5】利用"查找不匹配项查询向导"创建查询，查找没有开课的教师情况。

本题应对“教师信息表”与“教师开课表”中的教师编号字段进行不匹配查询。操作步骤如下：

（1）打开“教学管理”数据库，在数据库窗口单击“创建”选项卡“查询”组中的“查询向导”按钮，打开“新建查询”对话框，如图 3–1 所示。在列表中选择“查找不匹配项查询向导”选项，并单击“确定”按钮，打开“查找不匹配项查询向导”对话框。

（2）在“查找不匹配项查询向导”对话框，首先选择数据源“教师信息表”，单击“下一步”按钮。再选择数据源“教师开课表”，单击“下一步”按钮。

（3）确定需要匹配的字段。依题意选择“教师编号”字段，如图 3–11 所示。单击“下一步”按钮。

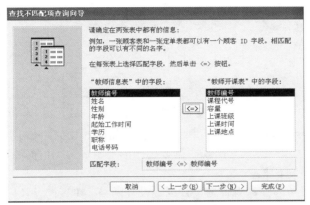

图 3–11　选定需要匹配的字段

（4）选择查询结果中需要的其他字段，输入新建查询的名称，如“没有开课的教师信息”，单击“完成”按钮。运行该查询，结果如图 3–12 所示。

没有开课的教师信息 ：选择查询

教师编号	姓名	性别	年龄	职称	电话号码
11	高华华	女	33	讲师	667813
38	黄峰高	男	49	教授	888241
39	金春江	男	52	教授	888245

记录：1 共有记录数：3

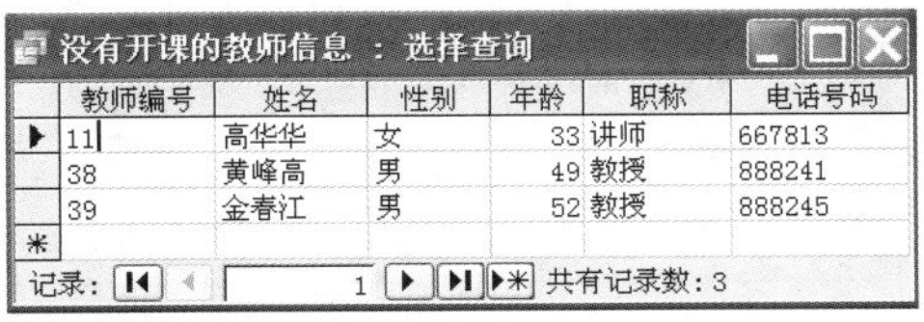

图 3–12　没有开课的教师信息

3.3　使用设计视图创建查询

使用查询向导创建查询，操作简单但不够灵活，难以实现复杂的查询功能。本节将介绍使用设计视图创建查询，使大家掌握设计高级复杂查询的方法。

3.3.1　使用设计视图创建查询

以下通过举例说明设计视图及使用方法。

【例 3–6】使用设计视图创建查询“广东籍学生”，查询结果按学号升序排列。

操作步骤如下：

（1）打开“教学管理”数据库，在数据库窗口单击“创建”选项卡“查询”组中的“查询设计”按钮，打开查询的设计视图（默认为选择查询），同时打开“显示表”对话框，如图 3–13 所示。

图 3-13 设计视图和"显示表"对话框

（2）在"显示表"对话框中，选择并添加查询所需要的数据源。本题中选"学生信息表"，单击"添加"按钮，"学生信息表"出现在设计视图的上半部分（数据源显示区）。单击"关闭"按钮，关闭"显示表"对话框。

（3）设计视图的下半部分称为查询设计区或设计网格。在查询设计区，确定数据表或查询、需要的字段、排序方式、是否显示和查询条件。本题设计如图 3-14 所示。

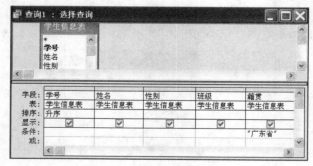

图 3-14 例 3-6 设计视图

至此，完成了查询的设计，但没有保存查询。

3.3.2 保存查询

保存查询是保存查询的设计，而不是查询结果。保存查询的方法有三种：单击工具栏中的"保存"按钮；选择"文件"菜单中的"保存"命令；单击设计视图右上角的"关闭"按钮。根据打开的对话框，输入查询名称，如例 3-6 中的查询名称为"广东籍学生"，然后单击"确定"按钮完成查询的保存。

3.3.3 运行查询

查询的运行可以在保存了查询设计之后进行，也可以在设计视图中进行。以下对两种情况分别介绍。

对于已保存在数据库中的查询，可以直接在导航窗格中双击查询名称运行它；也可以单击查询名称，右击在弹出的快捷菜单中选择"打开"命令运行它。

对于在设计视图中正在设计的查询，可以一边设计一边运行，便于查看设计效果和修正设计。具体操作是单击"设计"选项卡中的"运行"按钮，查看运行结果。然后单击"视图"按钮，选择"设计视图"返回查询的设计视图。

3.3.4 查询的视图

进入查询的设计视图后，单击"设计"选项卡中的"视图"按钮，打开图 3-15 所示的菜单项。如图 3-15 所示，每个查询具有三种视图。其中设计视图如前所述，完成查询的创建和修改。数据表视图用于运行和显示查询的结果。设计视图和数据表视图常通过"视图"按钮或菜单功能进行切换。SQL 视图用来查看、编写或修改 SQL 语句。

图 3-15　查询的视图

各设计视图可以通过"视图"菜单进行切换，也可以在设计视图中右击查询标题行，在打开的菜单中选择功能项实现转换。

3.3.5 创建查询的有关操作

1．添加或删除数据源

在设计查询时，免不了要改动数据源。在设计视图中，单击"查询设置"组中"显示表"按钮，或在查询设计的数据源显示区右击，在弹出的快捷菜单中选择"显示表"命令，就可以打开"显示表"对话框，实现数据源的添加。删除数据源时，在设计视图的数据源显示区单击某数据源，按 Del 键删除。

2．在设计区域添加、删除字段

向设计区域添加字段时，可以在设计网格的字段行，从下拉列表中选择要添加的字段，也可以直接拖动数据源中的字段到指定的列。在设计区域中删除字段时，单击字段上面的列选择器（字段上面的窄长条）选中该列，或选中字段名，按 Del 键删除。

3．设计区域中列的操作

（1）选定列：单击列选择器可以选中一列，同时按住 Shift 键可以选定多列。

（2）移动列：选定列后按鼠标左键拖动到特定的位置。

（3）改变列宽：在列选择器上单击列之间的分隔线，按鼠标左键拖动可以改变分隔线左边列的宽度。

（4）在"设计"选项卡的"查询设置"组中，单击"插入列"和"删除列"按钮，可以实现插入和删除列操作。

4. 给查询的字段重命名

若希望查询结果中有更合适的名称代替字段名，可以进行下列操作：将光标移动到该字段名的左侧，输入新的名称后再输入英文状态下的冒号。这时查询结果中原字段名变为新名称，而数据源中字段名不变。

3.3.6 设置查询条件

正确的设置查询条件是查询设计的重点和难点。需要将题干或应用中的自然条件语言转化为 Access 查询条件表达式。而一旦查询条件设置有误，查询结果会面目全非，或者查询根本不能执行。

1. 条件表达式中常量的写法

数字型常量：直接输入的数值，如 21、223、122.45 等

文本型常量：直接输入的文本，如"数据库"、"广东省"。文本型常量以英文状态下的双引号括起，输入时如不加双引号，系统会自动添加。

日期型常量：直接输入的日期数据，如#2003-10-1#。日期型常量以英文状态下的"#"括起，输入时如不加"#"，系统会自动添加。

是/否型常量：表达形式为 yes、no、true、false。

2. 条件表达式中的运算符

算术运算符：包括 +、–、*、/，也就是常用的四则运算符。

关系运算符：包括 >、<、>=、<=、<>，其结果是逻辑值 true 或者 false。

逻辑运算符：包括 and、or、not。

连接运算符：&，如"ab1" & "cd2"，结果是"ab1cd2"。

Between A and B：用于指定 A 到 B 之间范围，包括 A 和 B。A 和 B 可以是数字型、日期型和文本型而且类型相同。

例如，要查找 1990 年出生的学生，则条件为 [出生日期] Between #1990-1-1# and #1990-12-31#

In：指定某一系列值的列表。例如， [城市名称] In ("北京","南京","西安")

Like：指定某类字符串，配合使用通配符。通配符"?"表示任何单一字符；通配符"*"表示零个或多个字符；通配符"#"表示任何一个数字。

例如：要查找姓名为两个字并姓"王"的学生，则条件为 [姓名] Like "王?"；

要查找含有"实验"的课程名称，则条件为 [课程名称] Like "*实验*"；

Like "图 #"，则字符串"图 1"、 "图 2"满足这个条件，而"图 A" 不满足条件 。

3. 在设计网格中设置查询条件

写在条件栏同一行不同列的条件是"与"的关系，不同行的条件是"或"。如果行与列同时存在，行比列优先。

【例3-7】使用设计视图创建查询"1990 年及以后出生的广东和重庆的学生"，查询结果包括学号、姓名、籍贯、出生日期。

依题意，查询条件可以表达为：

([籍贯]= "广东省"And[出生日期])>= #1990-1-1#) Or (([籍贯]= "重庆市"And [出生日期])>=
#1990-1-1#)

或者

([籍贯]= "广东省"Or [籍贯]= "重庆市")And（[出生日期]>= #1990-1-1#)

第一种查询条件在设计网格中用图 3-16 所示的方式表示。

字段:	学号	姓名	性别	籍贯	出生日期
表:	学生信息表	学生信息表	学生信息表	学生信息表	学生信息表
排序:					
显示:	☑	☑		☑	☑
条件:				"广东省"	>=#1990-1-1#
或:				"重庆市"	>=#1990-1-1#

图 3-16　例 3-7 第一种设计网格

第二种查询条件在设计网格中用图 3-17 所示的方式表示。

字段:	学号	姓名	性别	籍贯	出生日期
表:	学生信息表	学生信息表	学生信息表	学生信息表	学生信息表
排序:					
显示:	☑	☑	☑	☑	☑
条件:				"广东省" Or "重庆市"	>=#1990-1-1#
或:					

图 3-17　例 3-7 第二种设计网格

【例3-8】使用设计视图创建查询"实验课不及格的学生"，所有实验课其课程名称都包含
"实验"二字，查询结果包括学号、姓名、课程名称、成绩。设计网格如图 3-18 所示。

字段:	学号	姓名	课程名称	成绩
表:	学生信息表	学生信息表	课程信息表	成绩表
排序:				
显示:	☑	☑		
条件:			Like "*实验*"	<60
或:				

图 3-18　例 3-8 设计网格

4．"表达式生成器"的使用

"表达式生成器"提供了数据库中所有表和查询的字段名称、函数、常量及通用表达式。单
击相关选项就可以生成查询条件表达式，非常方便。在设计视图中，在"设计"选项卡的"查
询设置"组中，单击"生成器"按钮；或将光标置于条件行，右击并在弹出的快捷菜单中选择
"生成器"命令，打开"表达式生成器"对话框，编辑查询条件表达式。

【例3-9】使用设计视图创建查询"小于 21 岁的非广东籍学生"，查询结果包括学号、姓名、
籍贯、出生日期。

"学生信息表"中包含"出生日期"字段，学生年龄应为当前年份减去学生出生年份。条
件表达式应为：year(date( )) – year([出生日期])，其中 date( )函数返回系统当前日期（假设系统日
期是准确的），year(日期参数) 函数返回日期参数中的年份。

在设计网格中，单击"出生日期"字段条件单元格，打开"表达式生成器"对话框，如图 3-19
所示。

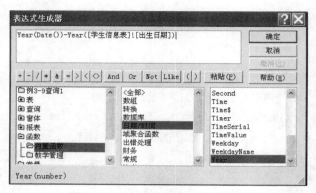

图 3-19　"表达式生成器"对话框

在图 3-19 中，双击"函数"，单击"内置函数"，单击"日期/时间"，双击 Year 函数，则"表达式生成器"的上部窗格中出现 Year 函数的一般形式。同样选出 Date 函数。

双击"表"可以选择"学生信息表"及其"出生日期"字段。将表达式补充完整，然后单击"确定"按钮。

本例设计网格如图 3-20 所示。

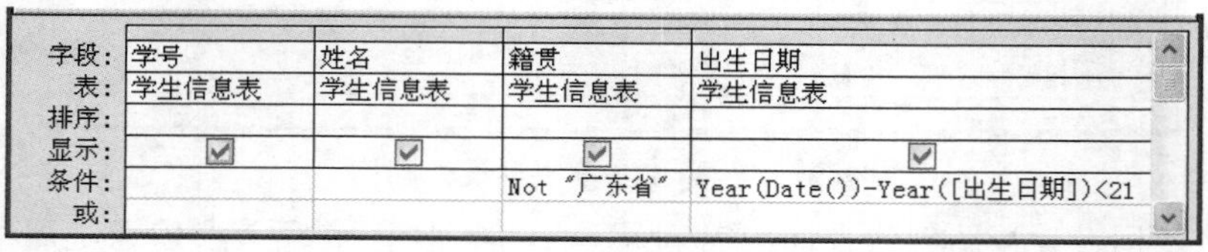

字段:	学号	姓名	籍贯	出生日期	
表:	学生信息表	学生信息表	学生信息表	学生信息表	
排序:					
显示:	☑	☑	☑	☑	
条件:			Not "广东省"	Year(Date())-Year([出生日期])<21	
或:					

图 3-20　例 3-9 设计网格

3.3.7　设置查询属性

在创建查询时，系统对查询的各属性都设置了默认值，用户可根据各自的需求重新设置。

1．整体属性的设置

在设计视图中打开查询，在"设计"选项卡的"显示/隐藏"组中单击"属性表"按钮，打开图 3-21 所示的对话框。单击每个属性的设置域，按 F1 键，系统会展示该属性项的详细帮助信息。以下对常用属性项加以说明。

（1）输出所有字段：默认值为"否"，只显示那些在查询设计网格中选择了"显示"的字段；"是"则显示查询数据源中的所有字段。

（2）上限值：返回指定数目的记录。默认值为 ALL，输出全部查询记录；可设置为数字或百分比，按数字或百分比输出记录数。

（3）唯一值：默认值为"否"，显示所有查询记录；"是"则显示所包含字段值的组合是唯一的那些记录。其唯一性仅基于查询中出现的那些字段。

（4）唯一的记录：与"唯一值"属性类似，其唯一性基于查询数据源中的全部字段。

（5）记录集类型：默认值为"动态集"，可以通过查询结果编辑数据源中的数据，数据源中的数据更新也可以即时反映到查询结果中；第二个值为"动态集（不一致的更新）"，查询结果与数据源按一定的时间间隔交换数据；第三个值为"快照"，运行查询后，查询结果不再与数据源有关系，不能通过查询修改数据源。

2．单一字段属性的设置

在查询设计网格中，将插入点放在要更改的字段所在的列中，在"设计"选项卡的"显示/隐藏"组中单击"属性表"按钮，打开该字段的属性表。不同类型的字段，字段属性表有所差异。如数值型字段设置小数位数，只需在"常规"选项卡中单击"小数位数"属性框旁的箭头，然后单击所需的小数位数，如图 3-22 所示。

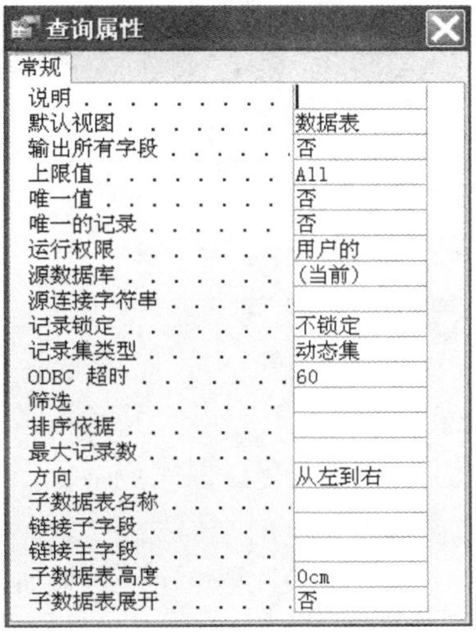

图 3-21　查询属性设置　　　　　　　　　　图 3-22　字段属性设置

3.3.8　设置排序方式

排序分为升序和降序。在设计网格的"排序"行，可以选择按多个字段对查询结果进行排序，按所选字段的排列顺序，依次作为第一关键字、第二关键字等实现数据的排序。

【例3-10】创建查询"排序的学生信息"，查询结果包括学号、姓名、籍贯、出生日期和班级字段，要求先按"班级"升序，再按"学号"升序。

在"学生信息表"中，"学号"字段排在"班级"字段的前面。根据题意，在设计网格中，需要将"班级"字段移动到"学号"字段的前面，这样先按"班级"排序记录，班级相同的再按学号排序。本例设计网格如图 3-23 所示。

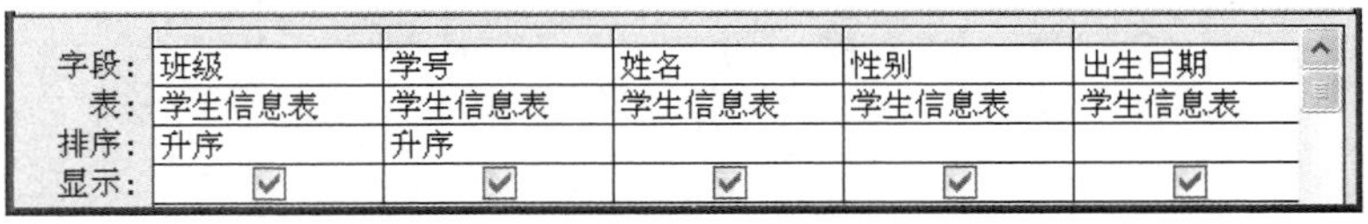

字段：	班级	学号	姓名	性别	出生日期
表：	学生信息表	学生信息表	学生信息表	学生信息表	学生信息表
排序：	升序	升序			
显示：	☑	☑	☑	☑	☑

图 3-23　例 3-10 设计网格

3.3.9　多表连接查询

在实际应用中，很多查询的数据源涉及多个表，多个表之间必须建立关系。连接就是表之间通过相同性质的字段建立的关系。连接分为内连接和外连接，外连接又分为左外连接和右外连接。不同的连接类型所产生的记录集不同。

1. 内连接

内连接是系统默认的连接类型，连接结果只包含连接字段值相等的那些行。例如，"学生信息表"和"成绩表"通过学号建立了关系。假定表中数据如图 3-24 的上部所示，将两个表中学号值相等的记录两两连接，形成结果集，如图 3-24 下部所示。

学生信息表：表	
学号	姓名
AP06067201	蔡锐
AP06067202	蔡智明
AP06067203	洪观伍
AP06067204	洪亮
AP06067205	洪权河

成绩表：表		
学号	课程代号	成绩
AP06067201	006A2500	94
AP06067201	012C1020	77
AP06067202	006A3250	75
AP06067208	013C1460	68
AP06067209	010C3050	88

学生信息表与成绩表内连接

学生信息表.学号	姓名	成绩表.学号	课程代号	成绩
AP06067201	蔡锐	AP06067201	006A2500	94
AP06067201	蔡锐	AP06067201	012C1020	77
AP06067202	蔡智明	AP06067202	006A3250	75

图 3-24　内连接结果

2. 外连接

外连接分为左外连接和右外连接。左外连接的结果是保持左边表的全部记录，在右边表的连接字段中没有匹配值部分取空值。上例中"学生信息表"和"成绩表"左外连接结果如图 3-25 所示。

学生信息表.学号	姓名	成绩表.学号	课程代号	成绩
AP06067201	蔡锐	AP06067201	006A2500	94
AP06067201	蔡锐	AP06067201	012C1020	77
AP06067202	蔡智明	AP06067202	006A3250	75
AP06067203	洪观伍			
AP06067204	洪亮			
AP06067205	洪权河			

图 3-25　左外连接结果

右外连接的结果是保持右边表的全部记录，在左边表的连接字段中没有匹配值部分取空值。上例中"学生信息表"和"成绩表"建立关系时不选择"实施参照完整性"，则右外连接结果如图 3-26 所示，当然这种情况是不符合实际应用的。

学生信息表.学号	姓名	成绩表.学号	课程代号	成绩
AP06067201	蔡锐	AP06067201	006A2500	94
AP06067201	蔡锐	AP06067201	012C1020	77
AP06067202	蔡智明	AP06067202	006A3250	75
		AP06067208	006A2140	15
		AP06067209	015C1080	65

图 3-26　右外连接结果

3. 连接类型的设定

打开数据库，在"数据库工具"选项卡中单击"关系"按钮，以打开"关系"窗口，双击两个表之间连接线的中间部分，打开"关系"对话框，单击"连接类型"按钮，打开"连接属性"对话框，如图 3-27 所示，"1""2""3"分别代表内连接、左外连接和右外连接，单击所需的连接类型。

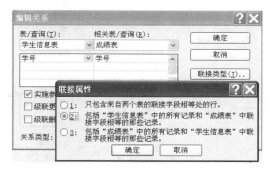

图 3-27　连接类型的设定

不同的连接类型产生不同的记录集，因此建立在其上的查询结果也必然不同。请读者按三种不同的连接类型，建立"学生成绩查询"，观察运行结果。

3.4　在查询中进行计算

通过数据库的查询功能，可以从表对象中选取特定的内容。不过这些仅仅是表中原有的数据，实际应用的时候，经常需要对查询所得的内容进行一些必要的统计分析。例如，从一张学生成绩表中，可以通过查询选取出某个班级某一个学期的学生成绩，作为用户的教师并不满足于这种数据，他们可能会希望查询结果能统计总分、平均分、汇总不及格与优秀人数等。

Access 数据库中的查询能进行各种统计计算，这些计算可分为预定义计算和自定义计算两类。

3.4.1　预定义计算

预定义计算又称"总计"计算。Access 数据库提供了非常丰富的汇总选项来帮助用户进行各种数值的汇总和计算工作。这些功能都是预先设置好的，使用的时候通过"汇总"按钮就能方便地调用。

1．预定义计算的总计选项

使用预定义计算时，需要在查询的设计视图状态下单击"设计"选项卡"显示/隐藏"组中的"汇总"按钮 Σ，否则设计网格中不会出现总计行和总计选项。用户在这个总计行的下拉菜单中，选定自己需要的函数，系统就会在运行时根据用户的设置返回计算的结果。

Access 2013 的总计选项共有 12 种，其中"合计""平均值""最小值""最大值""标准差""方差""第一条记录""最后一条记录"为常用的聚合函数。所谓的聚合函数，即对一组值进行计算并返回一个确定值的函数。需要注意的是，根据用户安装的 Access 版本不同，这些总计选项的名称有可能是中文，也可能是英文，本节的阐述和例子以中文版为基础，如果需要进行对照，或者想查阅选项的具体功能，可参考表 3-1。

表 3-1　总计选项

中 文 名	英 文 名	功　　能
分组	Group By	将字段分组以进行汇总
合计	Sum	计算字段中每一组的总和
平均值	Avg	计算字段中每一组的平均值
最小值	Min	返回字段中每一组的最小值

续表

中 文 名	英 文 名	功 能
最大值	Max	返回字段中每一组的最大值
计数	Count	统计字段中每一组的个数
标准差	StDev	计算字段中每一组的标准差
方差	Var	计算字段中每一组的方差
第一条记录	First	查询组中第一条记录指定的值
最后一条记录	Last	查询组中最后一条记录指定的值
表达式	Expression	建立计算字段的表达式
条件	Where	定义统计的条件

2．统计查询

统计查询，又称全部记录汇总或所有记录上的计算。这种查询使用总计选项中的聚合函数，对查询中的记录进行各种计算。创建统计查询不必对数据做任何的预处理，用户只需根据系统提示选定恰当的总计选项，查询的结果通常都只有一条记录。

【例】3-11】创建查询"全体教师年龄信息统计"，运行该查询可以查看教师人数、教师平均年龄、最大年龄和最小年龄。

该查询的操作步骤如下：

（1）使用设计视图新建查询，并选取"教师信息表"作为数据源。

（2）单击"设计"选项卡"显示/隐藏"组中的"汇总" **Σ** 按钮，这是在查询中进行计算必不可少的操作。

（3）在设计网格的"字段"行分别选定"教师编号"及"年龄"字段，如图 3-28 所示。

（4）在各字段名前分别输入"全校教师人数""平均年龄""最大年龄""最小年龄"，并以英文状态下的冒号"："分隔。以此确定查询显示的列标题，代替系统生成的标题。

（5）在设计网格的"总计"行分别选定"计数""平均值""最大值""最小值"函数，如图 3-28 所示。

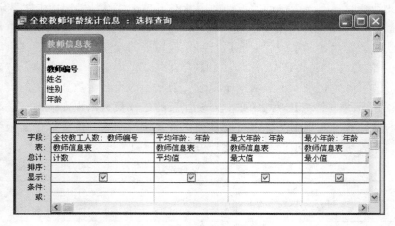

图 3-28　全体教师年龄信息统计

（6）单击"平均年龄"列，右击并在弹出的快捷菜单中选择"属性"命令，打开字段属性表窗口，设置格式属性值为"固定"，小数位数属性值为 2，最终运行结果如图 3-29 所示。

图 3-29　统计结果

3．分组统计查询

分组统计查询，又称记录分组汇总。这种计算查询比统计查询要复杂，因为它要求对查询所得的数据进行正确的分组。分组的具体操作并不困难，但按照何种规则来进行分组则需要经过一定的分析设计，才能使得最终统计获得的结果满足预定要求。查询执行后的结果通常是每组一条记录。

【例3-12】创建查询"按性别统计教师年龄"，从"教师信息表"中分组查看男性教工和女性教工的年龄信息，包括平均值、最大值、最小值等。

该查询的操作步骤和例 3-11 类似，不同之处在于除了统计信息的选项之外，还需要加入一个分组字段，按照题目的要求，选择"性别"作为分组依据。正确填写后的设计视图如图 3-30 所示。

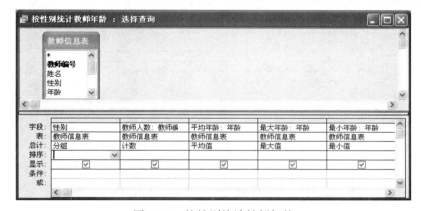

图 3-30　按性别统计教师年龄

运行结果如图 3-31 所示。

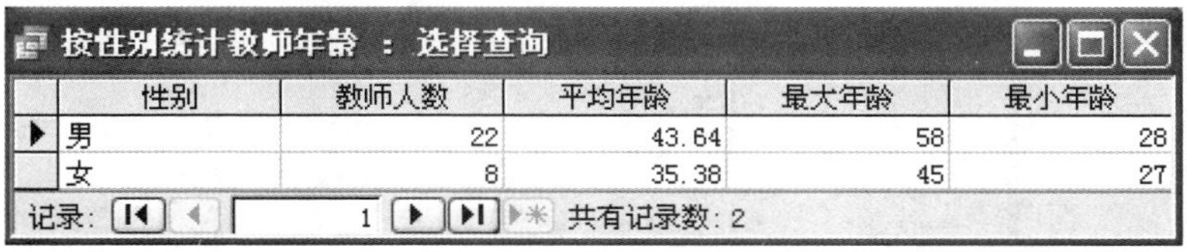

图 3-31　分组统计结果

3.4.2　自定义计算

自定义计算，就是在设计视图中直接用表达式创建计算字段，用一个或多个字段的数据对每个记录进行数值、日期甚至文本的计算。对于自定义计算，需要直接在设计视图中创建新的计算字段。具体的做法和例 3-11 的步骤类似，也是使用英文状态下的冒号隔开两部分，左边为计算字段的显示名称，右边则是计算表达式。

需要注意的是，由于这个新的计算字段是在查询过程中产生的，因此，和一般的查询结果一样不会存储在表中，而仅仅用于显示计算结果。

【例3-13】创建“成绩评价”，要求将“成绩表”中的信息全部查找出来，并依据每门课的成绩添加字段“评价”，当分数大于 89 分时，填入“优秀”；不满足这个条件则不填任何信息。

操作步骤如下：

（1）用设计视图创建查询，数据源选择“成绩表”，依次选定所需的字段。

（2）添加新列，在字段单元格中填入“评价:IIF([成绩]>89,"优秀","")”。函数 IIF 的作用是用于条件判断，一般形式为 IIF(条件,值 1,值 2)，如果条件成立，函数结果是“值 1”，否则是“值 2”。

（3）正确填写后的设计视图如图 3-32 所示。

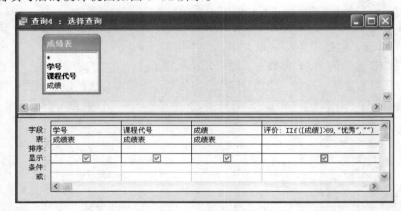

图 3-32　成绩评价设计视图

（4）保存查询为“成绩评价”，运行查看结果如图 3-33 所示。

成绩评价 : 选择查询

学号	课程代号	成绩	评价
AP06067201	006A2500	94	优秀
AP06067201	012C1020	77	
AP06067202	006A3250	75	
AP06067202	013C1460	68	
AP06067203	010C3050	88	
AP06067203	015C1070	70	
AP06067204	002C1061	88	
AP06067204	013C1464	91	优秀
AP06067205	005A1260	82	
AP06067205	006A2240	92	优秀
AP06067206	005C3090	65	
AP06067206	008C1010	77	
AP06067207	006A1290	85	
AP06067207	010C1281	88	
AP06067208	006A1310	77	
AP06067208	012C1011	90	优秀

记录: 1 共有记录数: 92

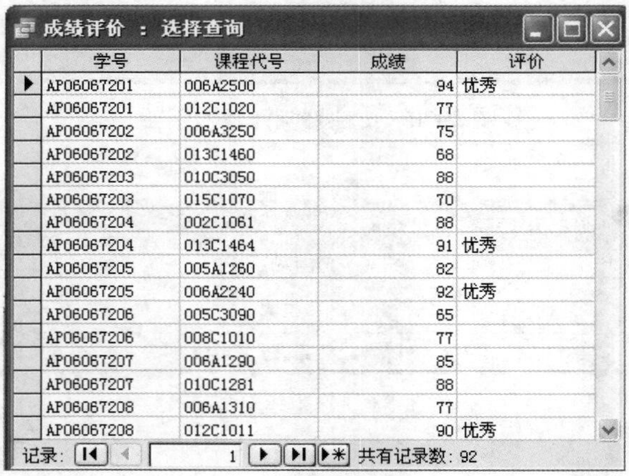

图 3-33　成绩评价运行结果

【例3-14】创建查询“教师工龄计算”，以“教师信息表”为数据源，要求显示每一位教师的姓名、年龄、职称，并计算出工龄。

操作步骤如下：

（1）用设计视图创建查询，数据源选择“教师信息表”。

（2）字段一栏选择“姓名”“年龄”“职称”。

（3）添加新列，字段单元格填入“工龄: Year(Date())-Year([起始工作时间])”，Date 函数返回当前日期，而 Year 函数从日期型数据中获得年份信息，因此这个表达式的含义是提取当前的年份，减去入职的年份。

（4）保存查询名为“教师工龄计算”，运行查看结果如图 3-34 所示。

教师工龄计算 : 选择查询

姓名	年龄	职称	工龄
李英	27	讲师	2
高华华	33	讲师	7
曹静	39	讲师	12
郑晓平	45	教授	17
徐立明	33	教授	22
白明生	35	教授	27
曹陆文	42	讲师	1
曹进	28	讲师	3
曹小路	30	讲师	5
陈凌丽	32	副教授	7
黄 鹏	34	副教授	9
黄　阳	36	副教授	11
黄新宇	38	副教授	13
成志	40	副教授	15
邓林文	42	副教授	17
李清	44	副教授	19

记录: 1 共有记录数: 30

图 3-34　教师工龄计算运行结果

3.5　参数查询

运行查询的过程中，有时候需要给查询增加各种条件，比如要从学生成绩单中筛选出总评为 80 分以上的同学，就要在“总评”一列增加查询条件“>=80”。不过由于这个条件是固定的，实际应用的时候如果查询条件需要更改，就得从数据库的设计层面重新修改这个查询。而使用参数查询，则可以在每次运行查询时输入不同的条件值，这种输入完全由用户控制，能一定程度地适应应用的变化需求，提高查询的效率和灵活度。

参数查询有单参数查询和多参数查询两种形式。

3.5.1　单参数查询

只需指定一个参数的查询称为单参数查询，这是参数查询最简单的一种形式。创建参数查询并不困难，大多数步骤和普通的条件选择查询类似，只是在条件栏表达式中不再输入具体的文字或数值，而是使用方括号“[]”占位，并在其中输入提示文字，就完成了参数查询的设计。查询运行时不再直接运行完毕，而会打开一个对话框，显示方括号中的提示文字以指引用户输入信息。用户确认后系统会用这个输入信息替换方括号的位置，动态地生成查询条件，再执行查询以获得用户需要的结果。

【例 3-15】创建“按职称显示教工信息”查询，要求用户在系统的提示框中输入职称条件，运行时只返回符合该职称的教工信息。

引入参数的目的是使得用户可以在运行时按需输入条件。根据前面的介绍进行设计，其设计视图完成后如图 3-35 所示。

图 3-35 按职称显示教工信息

运行查询时系统将会打开"输入参数值"对话框，可以根据需要填写，如图 3-36 所示。

系统将会把用户的输入信息代替方括号内容，相当于在"职称"列生成一个查询条件"讲师"，最后返回的查询结果如图 3-37 所示。

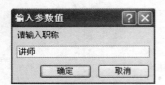

图 3-36 "输入参数值"对话框　　　　　图 3-37 按职称显示的查询结果

可见，用户的输入参数实现了对查询条件的动态设计，能满足变化的需求。

3.5.2 多参数查询

需要在多个字段中指定参数的查询称为多参数查询。这种查询的意义、创建方式都和单参数查询类似，执行时根据设计视图中从左到右的次序，依次将参数输入对话框显示给用户，全部输入完毕后才能得到查询条件，从而运行得到查询结果。

【例】3-16 以"学生信息表"为数据源，创建"学生党员查询"以查询特定的学生党员，要求用参数确定查找的性别和姓氏，这里需要使用两个参数，具体的创建步骤和例 3-15 类似，条件栏分别填入以下内容。

（1）性别：[请输入性别]

（2）姓名：Like [请输入姓氏] & "*"

（3）政治面貌："党员" or "预备党员"

其设计视图如图 3-38 所示。

图 3-38 多参数查询示例

3.6 操 作 查 询

操作查询是一类特殊的查询，它是运行结果对表中数据进行更改的一种查询，与选择查询有着很大区别。最重要的一点是：后者在查询的运行过程中动态产生查询结果显示给用户，等于是生成一个数据的副本，不影响数据源，查询结束后一关闭，这个副本就删除了；而操作查询的运行会引起数据源的变化。基于这个原因，运行操作查询需要谨慎的设计和操作。

Access 数据库中的操作查询有 4 种类型：生成表查询、更新查询、追加查询和删除查询，这些查询如果运用得当，能很好地用于数据库的管理和维护。

3.6.1 生成表查询

生成表查询的功能是从一个或者多个表、查询中产生新的数据表，这个新的数据表并不是临时的数据副本，而会保存在数据库表对象里。生成表查询是一种重要的数据库管理手段，下面通过例题介绍生成表查询的创建方法。

【例3-17】打开"教学管理"数据库，要求将 1988 年后出生的学生信息生成一个新表。

操作步骤如下：

（1）用设计视图创建查询，数据源选择"学生信息表"。

（2）选择生成表中所需的字段，并在"出生日期"的条件一栏填入">#1998-1-1#"，如图 3-39 所示。

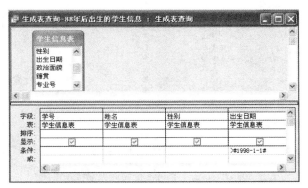

图 3-39 生成表查询设计视图示例

（3）选择查询类型。单击"设计"选项卡"查询类型"组中的"生成表"按钮，将会打开"生成表"对话框，填写内容如图 3-40 所示，其含义是在当前数据库中生成一个名为"98 年后出生的学生信息"的新表。

图 3-40 "生成表"对话框

（4）保存查询为"生成表查询-98 年后出生的学生信息"。

（5）运行查询，在导航窗口的查询对象下双击该查询，将会运行一次生成表的操作。这是一次数据变动的操作，因此系统将会提醒用户注意，打开图 3-41 所示的对话框，确定执行时选"是"。

（6）系统检查查询的条件，将会返回图 3-42 所示的对话框，向用户展示新表的记录数量。这时用户可以做简单的分析，如果和预计的数目相符合的，则可以单击"是"按钮，执行生成表查询，否则要回退检查。

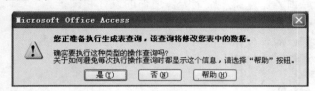 

图 3-41　确认对话框 1　　　　　　　图 3-42　确认对话框 2

（7）生成表查询执行后，用户可以选择查看表对象，将会看到"98 年后出生的学生信息"表，如图 3-43 所示。

学号	姓名	性别	出生日期
AP06067218	余杰成	男	1998-1-12
AP06067219	余信明	男	1998-1-13
AP06067220	余明明	男	1998-1-14
AP06067221	梁丽	女	1998-1-15
AP06067222	梁添	男	1998-1-16
AP06067224	麦林吉	男	1998-1-17
AP06067225	莫达尚	男	1998-1-18
AP06067226	欧扬严	男	1998-1-19
AP06067227	王锦全	男	1998-1-20
AP06067228	王帅帅	男	1998-1-21
AP06067229	姚健林	男	1998-1-22
AP06067230	姚燕	女	1998-1-23
AP06067231	余洁	男	1998-1-24
AP06067233	俞威魏	男	1998-1-25
AP06067234	袁斌	男	1998-1-26
AP06067235	张平	男	1998-1-27
AP06067236	张伟	男	1999-2-16
AP06067237	赵洲明	男	1999-2-17

记录：14　◀　　1　▶　▶I　▶* 共有记录数：30

图 3-43　生成表查询运行结果

3.6.2　删除查询

删除查询用于从数据库的表中删除多行信息，甚至整个表信息，但并不删除表本身。

【例3-18】创建删除查询"删除男生信息"，用以删除表"98 年后出生的学生信息"中男性学生的信息。

操作步骤如下：

（1）用设计视图新建查询，数据源选定为"88 年后出生的学生信息"。

（2）选定字段"性别"。

（3）选择查询类型。单击"设计"选项卡"查询类型"组中的"删除"按钮，设计网格会出现"删除"行，单元格中出现条件短语 Where。

（4）在"条件"行的单元格中输入""男""，如图 3-44 所示。

（5）保存为"删除男生信息"。

（6）运行查询，在导航窗口的查询对象下双击该查询。和生成表查询类似，系统将会对用户的操作进行提醒和确认，用户也可以根据系统返回的信息判断查询的创建是否正确，最后确定是否运行。

如果在设计过程中，字段行第一个单元格中选定的是整个表"98 年后出生的学生信息.*"，则"删除"行会出现 From，这时候执行删除查询是清除整张表的信息。

图 3-44　删除查询的设计视图示例

3.6.3　更新查询

更新查询用于对表中符合条件的记录进行成批的更新，一般设计更新查询的时候需要设置适当的运行条件，有时还需要和参数查询一起使用，因此它是操作查询中的一个难点。

【例3-19】创建查询"更改电话"，更改教师信息表中的电话号码。要求以参数输入的方式，确定旧的电话局号和更改后的新电话局号。

操作步骤如下：

（1）用设计视图创建查询，以"教师信息表"为数据源。

（2）在"字段"行的下拉菜单中选择"电话号码"。

（3）选择查询类型。单击"设计"选项卡"查询类型"组中的"更新"按钮。

（4）设计网格中将会出现"更新到"一行，输入表达式：[请输入新的电话局号]&Right([电话号码],3)，该表达式的作用是生成新的电话号码。第一个方括号将会产生一个对话框，供用户输入参数。第二个方括号中的内容是"电话号码"，由于这是数据库中已经存在的字段名称，系统将会从数据库中获得数据。Right 函数用于从"电话号码"中提取右边开始的信息，"3"代表取 3 位。例如，电话号码"123456"，则 Right([电话号码],3)取出的是"456"。最后，"&"将左右两部分合并起来，用以生成一个新的电话号码。

（5）条件一行输入表达式：Like[请输入旧的电话局号]& "* "。该表达式提醒用户输入一个电话局号，系统将会把以这个局号开头的电话号码查询出来。

（6）所有条件均正确建立后的设计网格如图 3-45 所示，注意使用英文状态下的标点符号填写。

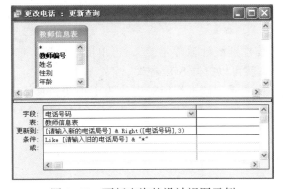

图 3-45　更新查询的设计视图示例

（7）保存查询名为"更改电话"。

（8）运行查询，在导航窗口的查询对象下双击该查询。按照系统的提示，自行输入新的和旧的电话局号，确定运行。最后回到"教师信息表"中查看更改的结果。

3.6.4　追加查询

追加查询的作用是从数据表中提取内容，将其追加到另一个表中，要求两个表之间具有相同的结构。

【例3-20】创建"新入职教工表"，再创建查询"追加新教师"，将该表的记录追加到"教师信息表"。

操作步骤如下：

（1）使用复制的方法，用"教师信息表"的结构创建一个新表"新入职教工表"，输入2~3条记录。

（2）打开设计视图创建查询，数据源选择"新入职教工表"。

（3）选择查询类型。单击"设计"选项卡"查询类型"组中的"追加"按钮。

（4）在"追加"对话框中选定"表名称"为"教师信息表"。

（5）保存查询名为"追加新教师"。

（6）运行查询，在导航窗口的查询对象下双击该查询。

（7）打开"教师信息表"，查看运行结果。

3.7　SQL　查　询

3.7.1　SQL 简介

SQL 是结构化查询语言（Structured Query Language）的缩写，是关系数据库管理系统中的标准语言。SQL 使用方便，功能强大，因此它广泛地应用在不同的数据库系统之中。

3.7.2　查询与 SQL 视图

Access 提供了"SQL 视图"，用户可以在一张空白的 SQL 视图上编写 SQL 语句完成特定的功能，也可以在建立了查询后通过 SQL 视图查看相应的 SQL 语句。

【例3-21】查看查询"按性别统计教师年龄"所对应的 SQL 语句。

操作步骤如下：

使用设计视图打开"按性别统计教师年龄"，再单击"设计"选项卡中的"视图"按钮，选择"SQL 视图"菜单项，就可以打开 SQL 视图。

用户可以直接在 SQL 视图看到该查询所对应的 SQL 语句，具体内容如下：

```
SELECT 教师信息表.性别, Count(教师信息表.教师编号) AS 教师人数, Avg(教师信息表.年龄)
AS 平均年龄, Max(教师信息表.年龄) AS 最大年龄, Min(教师信息表.年龄) AS 最小年龄
FROM 教师信息表
GROUP BY 教师信息表.性别;
```

3.7.3　SELECT 查询语句

在 SQL 中,查询语句 SELECT 是最常用的,该语句的基本形式是由 SECECT、FROM、WHERE 所组成的一个查询块，如下所示：

```
SELECT  <表达式 1>,<表达式 2>,…,<表达式 n>
FROM  <关系 1>,<关系 2>,…,<关系 n>
WHERE  <条件表达式>;
```

该语句的语义是指从<关系>所指向的表中，按照<条件表达式>的要求选取数据，语句以分号结束。如果要编写更加复杂的 SQL 查询，需要用到其他子句比如 ORDER BY（排序）、AS（重命名）等。

【例 3-22】编写 SELECT 语句，查找姓"黄"的教师。

```
SELECT  *
FROM 教师信息表
WHERE  (教师信息表.姓名) Like "黄" & "*";
```

小　结

查询是 Access 数据库最灵活、用途最广的对象。查询有很多类型，只有搞清楚每类查询的特点和作用，熟练地掌握其设计方法，才能利用查询对象解决实际应用问题。本章通过分析与实例相结合的方式，详细介绍了利用查询向导和设计视图创建查询的过程。对条件查询、统计查询、参数查询、操作查询和 SQL 查询等都有详细的描述。

本章的难点在于复杂查询条件的表达和多表连接查询。不过，只要多学多练，勤上机操作，一定能设计出满足各种应用需求的查询功能。

习　题

一、选择题

1. 关于 Access 中的查询数据源，下列各说法中正确的是（　　　）。
   A. 只能来自表　　　　　　　　　　　B. 只能来自其他查询
   C. 可以来自报表　　　　　　　　　　D. 可以来自表或其他查询

2. 以下关于在查询中连接多个表和查询的叙述正确的是（　　　）。
   A. 能　　　　　　　　　　　　　　　B. 不能
   C. 能，但要去掉查询　　　　　　　　D. 能，但要去掉表

3. 在查询中保存下来的是（　　　）。
   A. 记录本身　　　　B. 记录的副本　　　　C. 查询准则　　　　D. 以上都不是

4. 要查找姓名为两个字并姓李的学生，则条件为（　　　）。
   A. Like "李?"　　　　　　　　　　　B. [姓名]= "李?"
   C. [姓名] Like "李?"　　　　　　　　D. [姓名] Like "李"

5. 要查 1985 年之后出生的学生，则条件为（　　　）。
   A. Between #1986-1-1#　and　#1986-12-31#
   B. Between #1985-1-1#　and　#1985-12-31#

    C. [出生日期] Between #1985-1-1#　and　#1985-12-31#

    D. [出生日期] Between #1986-1-1#　and　#1986-12-31#

6. 使用预定义计算需要在查询的设计视图状态下，单击工具栏中的（　　　　）按钮。

    A. 计算　　　　　　　B. 预定义　　　　　　C. 总计　　　　　　　D. 设计

7. 自定义计算需要自行设计键入表达式，其输入的位置是查询设计视图的（　　　　）行。

    A. 字段　　　　　　　B. 排序　　　　　　　C. 显示　　　　　　　D. 条件

8. 设计参数查询时，反馈给用户的提示文字填写在（　　　　）内。

    A. 括号　　　　　　　B. 书名号　　　　　　C. 方括号　　　　　　D. 花括号

9. 如果一个参数查询中具备多个参数，运行时将会根据设计视图中（　　　　）的次序执行。

    A. 从右到左　　　　　B. 从上到下　　　　　C. 从左到右　　　　　D. 随机

10. 对于信息变化频繁的数据库，想要获取其表对象某一个时间点的内容，可以使用（　　　　）。

    A. 删除查询　　　　　B. 更新查询　　　　　C. 追加查询　　　　　D. 生成表查询

11. （　　　　）可用于协助对数据库内容进行批量的更改。

    A. 删除查询　　　　　B. 更新查询　　　　　C. 追加查询　　　　　D. 生成表查询

12. SQL 中用以表示查询条件的子句是（　　　　）。

    A. SELECT　　　　　　B. FROM　　　　　　C. WHERE　　　　　　D. UNION

13. 以下的（　　　　）属于 Access 中的操作查询。

    A. 选择查询　　　　　B. 交叉表查询　　　　C. 更新查询　　　　　D. 不匹配查询

二、填空题

1. 在对多个数据表创建查询之前，需要建立_____。

2. 查询运行的结果也称为查询的_____。

3. 交叉表查询至少涉及三个字段，其中两个字段的值分别作为_____，另一个字段作为计算字段。

4. 不匹配项查询可以快速找到两个表中同值字段而_____的记录。

5. 保存查询是保存查询的设计，而不是_____。

6. Access 数据库中的查询能进行各种统计计算，这些计算可分为_____和_____两类。

7. 参数查询在运行时会弹出一个对话框，显示之前在_____中输入的提示文字，以指引用户填入信息完成查询条件的生成。

8. 删除查询可以直接清除整张表的信息，也可以通过_____删除某些特定的信息。

9. Access 数据库的视图选项中具备_____，以供有需要的用户建立 SQL 查询。

三、简答题

1. 查询分为几类？

2. 创建查询的方法有几种？

3. 重复项查询可以解决什么问题？

4. 保存查询的方法有几种？

5. 如何在设计视图中添加或删除查询的数据源？

6. 简述预定义计算中的聚合函数及其作用。

7. 什么是自定义计算？

8. 参数查询有哪两种形式？

9. 简答操作查询和一般选择查询的最大区别。

10. 操作查询的运行结果会直接影响数据库中的表对象，有什么方法可以检查运行的正确性，防止破坏原数据？

11. 什么是 SQL？

第 **4** 章

窗 体

窗体是数据库应用系统中的主要组成部分。窗体用来显示、输入、编辑数据库中的数据。窗体是用户与 Access 数据库之间的接口，是用户对数据库进行操作的界面。本章将介绍创建窗体的各种方法，并以"教学管理"数据库为例详细介绍窗体的设计过程。

本章主要内容包括：

- 窗体的组成。
- 使用自动方式创建窗体。
- 使用向导创建窗体。
- 使用设计视图创建窗体。
- 添加与修改窗体控件。
- 窗体的进一步设计。
- 创建主/子窗体。

4.1　窗体概述

数据库的对话框在 Access 中称为"窗体"，用来显示、输入、编辑数据库中的数据。窗体是用户与 Access 数据库之间的接口，是用户对数据库进行操作的界面。

一般情况下，数据库用户不应该有直接访问数据库数据的权限，因为这个权限可能导致数据的破坏或丢失。所以，在一个完善的数据库应用系统中，用户都是通过窗体对数据进行各种操作，而不是直接对数据表进行操作。

此外，由于很多数据库都不是给创建者自己使用的，所以还要考虑到终端数据库用户的使用方便，建立一个友好的用户界面将会给他们带来很大的便利，让更多的用户都能根据窗体中的提示完成自己的工作，而不用专门进行数据库应用系统的操作培训。

在数据库应用系统中窗体是主要的组成部分。要开发一个数据库应用系统，必须要掌握窗体的创建方法和使用方法。

4.1.1　窗体的应用

根据窗体的作用，可以将窗体大致分为以下几种类型：

（1）显示与编辑数据：这是最常用的一种窗体。该类型的窗体与数据源（基本表或查询）绑定，窗体中的大部分数据内容来自它的数据源。窗体可以显示来自多个数据表中的数据，可以用不同的风格来显示数据。用户可以利用窗体添加、删除和修改数据，可以筛选、排序或查找数据，并可以设置数据的属性。

（2）数据输入：用户可以在该类型的窗体中向数据库的数据表中输入数据。窗体的数据输入功能是窗体与报表的主要区别。

（3）控制应用程序的流程：可以在该类型的窗体中设置特定菜单和一些命令按钮，并将这些菜单或命令按钮与宏、函数、过程或 VBA 代码相结合，当单击菜单或按钮时，可以调用相应的功能，从而控制应用程序的流程。

（4）显示信息：在窗体中可以显示解释、错误提示、警告等信息，为用户的后续操作提供信息。

（5）打印数据：在 Access 2013 中可以使用窗体来打印数据。

4.1.2　窗体的基本类型

从窗体显示数据的方式来看，可以将窗体分为以下 5 种类型：纵栏式窗体、多个项目窗体、数据表窗体、分割窗体、对话框窗体。下面介绍几种常用的窗体。

1．纵栏式窗体

在纵栏式窗体中，每屏只能显示或输入一条记录的所有字段信息。纵栏式窗体将字段垂直排列，通常由两列组成：左边一列显示字段的名称，右边一列用来显示或输入字段的数据值。通常将纵栏式窗体用作输入数据的窗体。图 4-1 所示就是一个纵栏式窗体。

图 4-1　纵栏式窗体

2．多个项目窗体（表格式窗体）

多个项目窗体一次显示多条记录，如图 4-2 所示。它和数据表窗体的区别是，多个项目窗体可以显示数据表窗体无法显示的图像等数据对象。

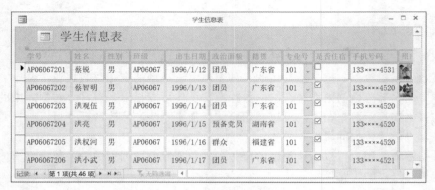

图 4-2　多个项目窗体（表格式窗体）

3．数据表窗体

数据表窗体与表在数据表视图中的显示界面完全相同，如图 4-3 所示。它看上去像 Excel 工作表，能显示大量的数据。但是，由于它只能显示文本框和组合框控件，并且没有窗体页眉和窗体页脚，通常它很少单独使用，它的主要功能是在分割窗体中作为一个窗体的子窗体。

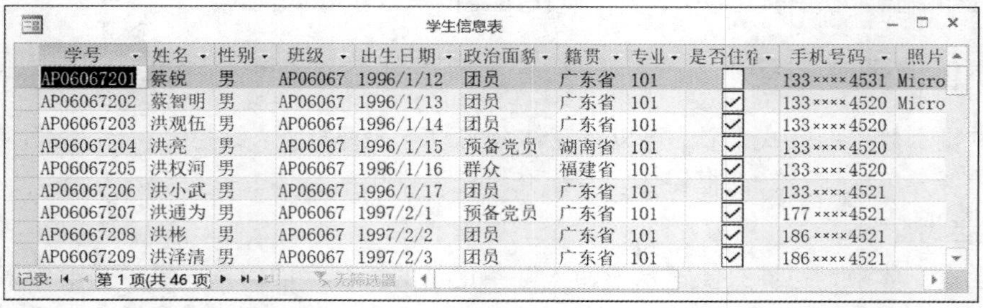

图 4-3　数据表窗体

4．分割窗体

分割窗体的下部分区中显示一个数据表，上部分区中用来显示或输入下部数据表中所选记录的有关信息，如图 4-4 所示。通常上部分区用来输入或修改数据。

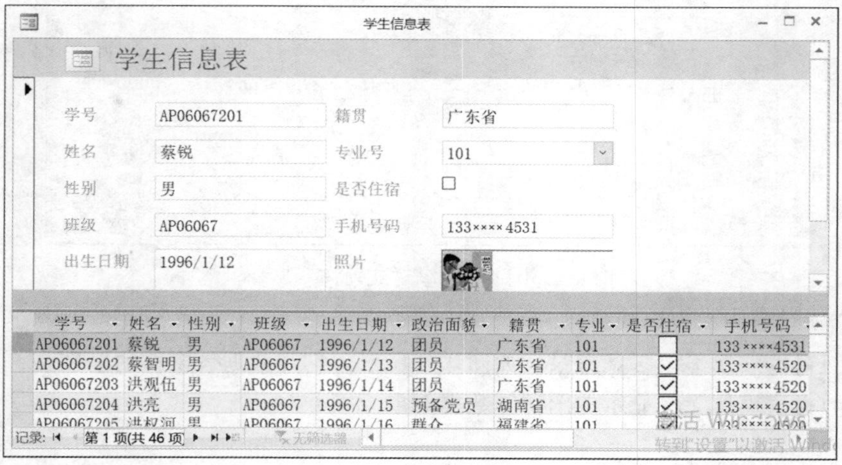

图 4-4　分割窗体

4.1.3 窗体的组成

在窗体的设计视图中，窗体通常由窗体页眉、窗体页脚、页面页眉、页面页脚及主体 5 个部分组成，每一部分又称一个"节"，如图 4-5 所示。

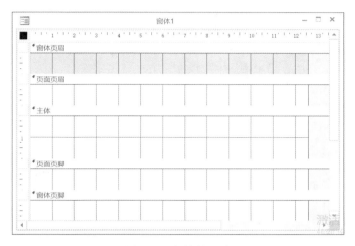

图 4-5 窗体的组成

窗体中，主体是必不可少的。在默认情况下，窗体设计视图中只有"主体"部分。页面页眉/页面页脚、窗体页眉/窗体页脚可以在窗体设计视图下通过"视图"菜单选择显示或不显示。绝大多数窗体都有窗体页眉和窗体页脚。简单的窗体可能没有页面页眉和页面页脚。

（1）主体：窗体的核心部分，通常用来显示窗体数据来源表中各条记录的数据，例如学生、成绩、课程、专业等表的记录。

（2）窗体页眉：整个窗体的开头部分，通常用来显示不随记录而改变的信息。例如，可以在窗体页眉放置窗体标题、命令按钮、提示及说明性文字等。

（3）窗体页脚：整个窗体的最后部分，具有与窗体页眉相同的作用，也用来放置诸如记录总条数、当前记录号等信息。通常用来显示不随记录而改变的信息。

（4）页面页眉：在每一页的顶部，通常用来显示列标题（字段名），也用来显示页码、日期等信息。

（5）页面页脚：在每一页的底部，通常用来显示页面摘要、页码、日期和本页汇总数据等信息。

在窗体设计视图中，可以根据需要对上述各个节的区域大小进行调整。将鼠标指针放在节的底边或右边上，上下拖动鼠标可以改变节的高度，左右拖动鼠标可以改变节的宽度。将鼠标指针放在节的右下角上，沿对角线方向拖动鼠标，可以同时改变节的高度和宽度。

4.1.4 窗体的视图

Access 为窗体提供了多种视图，不同视图的窗体以不同的布局来显示数据，适合于不同的应用场合。Access 2013 数据库的窗体共有 4 种视图：窗体视图、数据表视图、布局视图、设计视图，如图 4-6 所示。

打开一个窗体后，在工具栏的最左侧有一个视图按钮，单击此按钮的下拉箭头，可以调出下拉列表，如图 4-6 所示。单击其中的任意一个选项，即可以切换窗体的不同视图。

- 在"窗体视图"中，可以查看窗体的内容。
- 在"数据表视图"中，可以查看以表格方式显示的记录，因此可以同时看到多条记录。
- 在"布局视图"中，可以方便地对窗体布局进行调整和修改。
- 在"设计视图"中，可以自主地创建和设计窗体。

一般来说，对数据进行查看、输入和编辑主要在"窗体视图"和"数据表视图"中进行，在"布局视图"中可以非常方便灵活地对窗体中的控件进行大小和位置的调整，而在"设计视图"中创建窗体的方法是非常重要的设计窗体的方法。

图 4-6　窗体的 4 种视图

4.2　创 建 窗 体

Access 2013 提供的创建窗体的方法如图 4-7 所示。创建窗体的方法归纳起来可以划分为三大类：

- 通过自动创建窗体的方法创建窗体。
- 通过窗体向导创建窗体。
- 通过窗体设计视图创建窗体。

在数据库窗口中，单击"创建"按钮，再单击"其他窗体"，在"窗体"选项组中列出了创建窗体的选项，如图 4-7所示。

下面简要介绍创建窗体的常用方法：

图 4-7　创建窗体的方法

（1）窗体：在数据库窗口中，选定一个表或查询，然后单击"创建"→"窗体"，系统自动创建一个纵栏式窗体。

（2）窗体设计：在数据库窗口中，单击"创建"→"窗体设计"，即可使用窗体"设计视图"创建窗体。

（3）空白窗体：在数据库窗口中，单击"创建"→"空白窗体"，即创建了一个空白窗体，且进入窗体"布局视图"。

（4）窗体向导：使用基本的"窗体向导"创建窗体。

（5）多个项目：在数据库窗口中，选定一个表或查询，然后单击"创建"→"其他窗体"→"多个项目"，系统自动创建一个多个项目窗体（表格式窗体）。

（6）数据表：在数据库窗口中，选定一个表或查询，然后单击"创建"→"其他窗体"→"数据表"，系统自动创建一个数据表窗体。

（7）分割窗体：在数据库窗口中，选定一个表或查询，然后单击"创建"→"其他窗体"→"分割窗体"，系统自动创建一个分割窗体。

4.2.1　自动创建窗体

在创建窗体的方法中，通过"窗体""多个项目""数据表""分割窗体"按钮可以自动创建纵栏式窗体、多个项目（表格式）窗体、数据表窗体、分割窗体等 4 种窗体。

自动创建窗体是最简单的创建窗体的方法。只需选定作为窗体数据源的表或查询，系统就会自动选取其所有字段来创建窗体。

但要注意，自动创建窗体是基于单个表或查询创建的，如果要创建基于多个表或查询的数据，需要先创建一个查询，再根据这个查询来创建窗体。

自动创建的窗体比较简单，在自动创建窗体后，可以根据需要切换到布局视图或设计视图中进行修改和美化，如添加命令按钮、说明性文字标签，调整控件布局、设置窗体属性等。

纵栏式窗体的特点：窗体中每次只显示一条记录数据，每条记录的数据垂直显示。每行显示一个字段，右边的文本框中显示字段值，左边的关联标签中显示字段名。而且标签和文本框依据表中的字段创建后，通常作为一个整体随着操作一起移动和修改。

多个项目（表格式）窗体的特点：同时显示多条数据记录，每行显示一条记录的所有字段，字段名称显示在窗体的顶端（窗体页眉中）。它和数据表窗体的区别是，多个项目窗体可以显示数据表窗体无法显示的图像等数据对象。

数据表窗体的特点：窗体中字段排列方式与表格式窗体相同，即一行显示一条记录的所有字段，字段名称显示在窗体的顶端，但结构更简洁。它和多个项目（表格式）窗体的区别是，无法显示图像等数据对象。

分割窗体的特点：分割窗体的下部分区中显示一个数据表，上部分区中用来显示或输入下部数据表中所选记录的有关信息。通常上部分区用来输入或修改所选记录的数据。

【例】4-1】以"学生信息表"为数据源，创建一个纵栏式窗体，命名为"自动创建学生信息纵栏式窗体"。

操作步骤如下：

（1）打开"教学管理"数据库。

（2）单击对象列表框中的"表"对象，单击"学生信息表"。

（3）单击"创建"→"窗体"，系统自动创建一个纵栏式窗体。

（4）单击数据库窗口的"保存"按钮，在打开的"另存为"对话框中输入窗体名称"自动创建学生信息纵栏式窗体"，单击"确定"按钮，完成窗体的创建。

完成后的窗体如图 4-8 所示。

图 4-8　自动创建学生信息纵栏式窗体

在 Access 中经常要与多个相关表打交道，在使用窗体显示表中数据时，经常需要同时显示两个相关表的数据。例如，在图 4-8 中，在显示某个学生信息的同时，会相应地显示这个学生所选课程及成绩，这时使用的是主/子窗体。

主/子窗体用于同时显示来自两个表的数据，其中，基本窗体称为主窗体，子窗体是嵌入在主窗体中的窗体。

说明：如果在数据库中没有对相关表建立合理的"一对多"关系，是不可能建立主/子窗体的。

当两个数据表之间存在"一对多"的关系，并且在数据库中对两个表建立了"一对多"的关系，则当选定主表并单击"创建"→"窗体"时，系统会自动建立主/子窗体。

在主窗体中查看的数据是一对多关系中的"一"方，在子窗体中查看的数据是一对多关系中的"多"方。如果在主窗体中改变当前记录，则子窗体中的记录会相应地变化。例如，在图 4-8 中，当在主窗体中显示某个学生的信息时，子窗体中会相应地显示该学生选课及成绩的情况。

【例 4-2】以"教师信息表"为数据源创建窗体，命名为"自动创建教师信息分割窗体"。

操作步骤如下：

（1）打开"教学管理"数据库。

（2）单击对象列表框中的"表"对象，单击"教师信息表"。

（3）单击"创建"→"其他窗体"→"分割窗体"，系统自动创建一个分割窗体。

（4）单击数据库窗口的"保存"按钮，在打开的"另存为"对话框中输入窗体名称"自动创建教师信息分割窗体"，单击"确定"按钮，完成窗体的创建。

（5）完成后的窗体如图 4-9 所示。

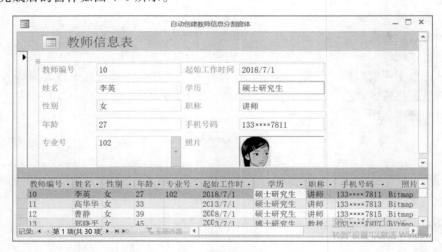

图 4-9　自动创建教师信息分割窗体

分割窗体的下部分区中显示一个数据表，上部分区中用来显示或输入下部数据表中所选记录的有关信息。通常上部分区用来输入或修改所选记录的数据。

自动创建多个项目（表格式）窗体和数据表窗体的方法与自动创建分割窗体类似。

4.2.2　使用窗体向导创建窗体

"窗体向导"是创建窗体的最简单有效办法之一，它虽然没有自动创建窗体那么快捷、简便，但可以根据向导的提示一步一步地创建窗体。特别的是，使用窗体向导创建窗体比自动创建窗体灵活很多，既可以基于一个或多个表或查询创建窗体，也可以选择字段、窗体的布局及窗体的样式，使得所创建的窗体可以更好地符合实际需要，在接下来切换到布局视图或设计视图进一步修改完善窗体设计的过程中可以极大地减少工作量。

使用窗体向导是创建窗体的主要方法。下面结合具体例题讲述其操作步骤。

【例4-3】使用"窗体向导"创建窗体，具体要求是：选"教师信息表"为数据源；选教师编号、姓名、性别、年龄、职称、手机号码字段；将窗体保存为"向导创建教师信息表格式窗体"。

操作步骤如下：

（1）打开"教学管理"数据库。

（2）单击"创建"→"窗体向导"。

（3）在打开的"窗体向导"对话框之一（见图 4-10）中，单击"表/查询"列表框右侧的下拉箭头，会出现本数据库中所有表和查询的列表，从中选择作为窗体数据来源的表或查询，本题选"教师信息表"。

图 4-10　"窗体向导"对话框之一

（4）在"可用字段"列表框中有所选中的表或查询中可用的字段，选择需要使用在窗体中的字段（方法是：在"可用字段"列表框中选中某个字段后，单击 > 按钮可将选定字段移到"选定字段"列表框中，直接双击某个字段也可将该字段移到"选定字段"列表框中，单击 >> 按钮可将"可用字段"列表框中的所有字段移到"选定字段"列表框中；在"选定字段"列表中选中某个字段后，单击 < 按钮可将选定字段移回到"可用字段"列表框中，单击 << 按钮可将"选定字段"列表框中的所有字段移回到"可用字段"列表框中）。本例选"教师信息表"中的"教师编号、姓名、性别、年龄、职称、手机号码"字段，单击"下一步"按钮。

（5）在打开的"窗体向导"对话框之二（见图 4-11）中，选择窗体采用的布局，本题选"表格"，在左侧有这种布局的示例，满意后单击"下一步"按钮。

（6）在打开的"窗体向导"对话框之三（见图 4-12）中为窗体指定标题（也就是窗体的名称），并确定是要"打开窗体查看或输入信息"还是"修改窗体设计"，本题输入标题"向导创建教师信息表格式窗体"，并选择"打开窗体查看或输入信息"。

（7）单击"完成"按钮，完成窗体的创建，完成后的窗体如图 4-13 所示。

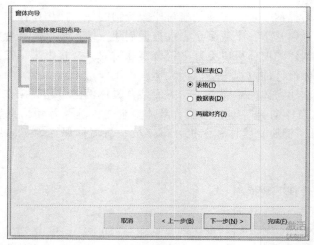

图 4-11 "窗体向导"对话框之二

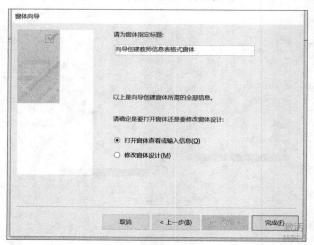

图 4-12 "窗体向导"对话框之三

图 4-13 完成后的"向导创建教师信息表格式窗体"

（8）单击数据库窗口的"保存"按钮，在打开的"另存为"对话框中输入窗体名称"向导创建教师信息表格式窗体"，单击"确定"按钮。

说明：在使用向导创建窗体的过程中，随时可以单击"完成"按钮来结束窗体的创建，意味着接受后面各对话框中的默认选项，也可以单击"上一步"按钮来修改前面的选择。

4.3　使用设计视图创建窗体

在窗体设计视图中可以创建有特色的窗体，可以编辑修改已创建的窗体。在设计视图中自定义窗体比使用向导创建窗体可以增加许多主动性和灵活性。

通常情况下，如果采用上述"自动创建窗体"或"窗体向导"方法所创建的窗体不够理想，可以切换到窗体设计视图中修改设计。

此外，对于想要通过窗体显示提示信息、提供交互信息接口、在窗体中执行各种功能操作、查询表中数据、打开与关闭其他窗体等，这样的窗体都必须在窗体设计视图中进行设计。

通过自动创建窗体的方法和通过窗体向导创建窗体，使用起来都比较简单，但有时可能不能满足应用要求。在实际应用中，如果需要创建的窗体不仅用来输入、显示或编辑数据库数据，而且窗体比较复杂，窗体还需要具有其他一些功能，则大都首先利用系统提供的向导来快速创建基本窗体，然后切换到设计视图进一步修改完善窗体的设计。

使用设计视图创建窗体的核心任务就是指定窗体的数据源、向窗体添加合适的控件、并对窗体及控件进行属性设置。此外，使用设计视图创建窗体有许多技巧，熟练掌握这些技巧对窗体设计是很有帮助的。下面介绍利用设计视图创建窗体的相关工具和基本操作。

4.3.1　窗体设计工具

在数据库窗口，单击菜单栏的"创建"选项，即可打开一个空白的窗体设计视图。

在数据库窗口，在"窗体"对象中，单击某个已经创建好的窗体，如"自动创建学生信息纵栏式窗体"，再右击并在弹出的快捷菜单中选择"设计视图"命令，即可在设计视图中打开已经创建好的"自动创建学生信息纵栏式窗体"，如图 4-14 所示。

图 4-14　窗体的设计视图

无论是空白窗体还是已经创建好的窗体，在窗体设计视图中，在菜单栏中都会出现"窗体设计工具"，其中包含了"设计"、"排列"和"格式"三个选项卡。

1. 窗体设计工具栏、选项卡及常用按钮

默认情况下，在窗体设计视图中打开窗体时，就会显示"窗体设计工具"，其中包含"设计"、"排列"和"格式"三个选项卡。"窗体设计工具"的"设计"选项卡如图 4-15 所示。"窗体设计工具"的"排列"选项卡如图 4-16 所示。"窗体设计工具"的"格式"选项卡如图 4-17 所示。

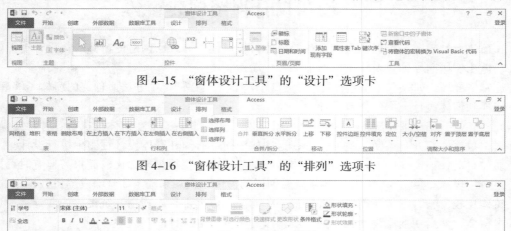

图 4-15 "窗体设计工具"的"设计"选项卡

图 4-16 "窗体设计工具"的"排列"选项卡

图 4-17 "窗体设计工具"的"格式"选项卡

窗体的"排列"选项卡主要用来设置控件的大小、位置及显示外观，这些内容留待后面介绍。"格式"选项卡中有些按钮与 Word 工具栏中相应按钮的用法相同。下面简要介绍"设计"工具栏中专门用于窗体设计的按钮。

（1）"视图"按钮  。单击该按钮右侧的下拉箭头，可选择进入所需要的视图，包含"窗体视图"、"布局视图"与"设计视图"。直接单击该按钮可在 "窗体视图"与"布局视图"之间切换。

（2）"添加现有字段"按钮  。单击该按钮会打开"字段列表"窗口，如图 4-18 所示。用来向窗体添加字段。再次单击又会关闭该窗口。

（3）"属性表"按钮  。单击该按钮会打开"属性表"窗口，如图 4-19 所示。用来设置控件或窗体的各种属性。再次单击又会关闭该窗口。

2. 字段列表

一般情况下，窗体都是基于某个表或查询创建的，因此，窗体内通常需要显示表或查询中的字段值。在创建窗体过程中需要某一字段时，单击工具栏中的"添加现有字段"按钮即可显示"字段列表"框。如果要在窗体内创建文本框来显示字段列表中的某个字段时，只需将该字段拖放到窗体内，窗体便自动创建一个文本框与此字段绑定。在"字段列表"框中，还可以单击上部的"显示所有表"按钮打开所需要的表，添加其中的字段到窗体中。

图 4-18 "字段列表"窗口

3．窗体或控件的属性

窗体中的每个控件都有自己的属性，窗体本身也有属性。窗体的各种属性是在窗体的"属性表"窗口设置的，而控件的各种属性是在控件的"属性表"窗口设置的。图 4-19 所示是某一文本框控件的"属性表"窗口，图 4-20 所示是某一窗体的"属性表"窗口。

图 4-19　控件的"属性表"窗口　　　　图 4-20　窗体的"属性表"窗口

无论窗体的属性还是控件的属性均可分为以下 4 类：

（1）格式：用来设置控件外观属性。

（2）数据：用来设置绑定控件的数据属性。

（3）事件：用来设置控件操作属性（事件）。

（4）其他：用来设置其他属性。

4．隐藏或出现网格、标尺、窗体页眉/窗体页脚、页面页眉/页面页脚

窗体设计视图中有很多网格，还有标尺。网格和标尺都是为了在窗体中放置各种控件时定位使用的。如果不希望它们出现，可右击窗体设计视图中的任意空白处，或右击窗体设计视图中的"主体"栏，在弹出的快捷菜单中选择"标尺"或"网格"选项，它们就会消失，再次单击它们又会出现。在右键快捷菜单中还可以选择隐藏或出现窗体页眉/窗体页脚、页面页眉/页面页脚。

5．"控件组"及控件

窗体只是一个存放窗体控件的容器，窗体对象要具有多种功能是通过窗体中放置的各种控件来完成的。

窗体上的命令按钮、文本框和标签等都是控件。控件是窗体或报表中的重要对象，控件可以用来显示数据、执行操作，或用来装饰窗体。创建窗体的工作就是将这些控件放置到窗体上，然后将它们与数据库联系起来。

Access 2013 在"窗体设计工具"的"设计"选项卡中提供了控件组，如图 4-21 所示。单击控件组右下角的下拉箭头，可以看到所有控件，如图 4-22 所示，这些控件具有各种各样的功能。

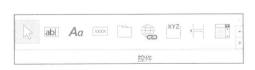

图 4-21　控件组　　　　　　　　　　图 4-22　控件组的所有控件

下面介绍控件组中各种常用控件的功能。

"选择对象"控件：作用是选择一个或一组窗体控件。

"文本框"控件：主要用来输入、编辑和显示文本。通常将文本框内的数据与数据表或查询的某一字段关联，从而使该文本框显示、编辑或更新数据表中的数据。

"标签"控件：用来显示窗体中各种说明和提示信息，一般是固定不变的文字信息，如字段标题等。

"命令按钮"控件：用来执行命令，控制程序的执行过程，以及控制对窗体中数据的操作等。

"选项卡"控件：用来显示属于同一个内容的不同对象的属性。

"超链接"控件：用来在文档中创建链接，以快速访问网页或文件。

"选项组"控件：用来包含一组控件如单选按钮、复选框、切换按钮等。并控制在一组选项中，只选择其中一个选项。

"分页符"控件：用来设计多页窗体的分页位置。

"组合框"控件：由一个可以编辑的"文本框"和一个可以选择的"下拉列表框"组成。可以在文本框输入数据，也可以从下拉列表中选取数据，并显示在文本框中。可以将组合框与表或查询的某一字段建立关联，从而可以通过选择下拉列表中的数据或直接在文本框中输入数据来输入相关字段的值。

"图表"控件：用来显示图表。

"直线"控件：用来绘制线条。

"切换按钮"控件：用来显示二值数据，如"是/否"型数据。当按钮被选中时，它的值为"1"即"是"，反之为"0"即"否"。

"列表框"控件：一个可用来选择数据的下拉列表框。只能从下拉列表中选择数据而不能自己输入数据。当显示的数据项超出列表框大小时，可以自动出现滚动条帮助浏览数据。

"矩形"控件：用来绘制矩形。

"复选框"控件：用来代表二值数据。当按钮被选中时，它的值为"1"即"是"，反之为"0"即"否"。具有选中或不选中两种状态。一般成组使用，可多选、全选或不选。

"未绑定对象框"控件：用来安排非绑定的 OLE（对象链接或嵌入）对象。

"选项按钮"控件：用来代表二值数据，如"是/否"型字段的值。当按钮被选中时，它的值为"1"即"是"，反之为"0"即"否"。具有选中或不选中两种状态。一般成组使用，一次只能选一个。

"子窗体/子报表"控件：用来在"主窗体"中添加"子窗体"。

"绑定对象框"控件：用来加载绑定的具有 OLE 功能的对象，如图像（照片）、声音等。

"图像"控件：主要用来显示一个静止的图形文件。

"使用控件向导"控件：作用是在其他控件使用期间启用对应的向导。当该按钮处于按下状态时，每当创建一个新的命令按钮、选项组、组合框、列表框等控件时，"控件向导"将启用以提示用户操作。这是一个开关键，当创建一个控件需要使用向导而没有向导时，就可以单击此键以打开向导；反之，当不需要向导时，可以单击此键关闭向导。

ActiveX 控件：用来插入不在工具栏中的 ActiveX 控件。单击此键，可以打开"插入 ActiveX 控件"对话框，选择 ActiveX 控件。

4.3.2　使用设计视图创建简单窗体

使用设计视图创建窗体的主要步骤如下：

（1）在"数据库"窗口，单击"创建"→"窗体设计"，系统自动创建一个空白窗体，并进入窗体的"设计视图"，如图 4-23 所示。

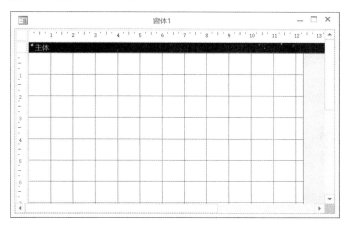

图 4-23　窗体的"设计视图"

（2）为窗体指定数据源。单击"请选择该对象数据的来源表或查询"右侧的下拉箭头，在下拉列表框中选择一个表或查询作为窗体的数据源。

（3）默认的窗体设计视图只有"主体"节，如果需要，可右击窗体设计视图中的任意空白处，或右击窗体设计视图中的"主体"栏，在弹出的快捷菜单中选择"页面页眉/页脚"显示"页面页眉"和"页面页脚"；在弹出的快捷菜单上单击"窗体页眉/页脚"显示"窗体页眉"和"窗体页脚"。

（4）单击"添加现有字段"按钮，打开"字段列表"窗口，单击"显示所有表"，单击所需要的表，向窗体添加字段。

（5）单击"控件组"右下角的下拉箭头，单击某一控件，向窗体添加控件。

（6）调整窗体中控件的布局。亦可单击"视图"→"布局视图"，在"布局视图"中方便地调整窗体中控件的布局。

（7）设置控件属性及窗体自身的属性。

（8）查看"窗体视图"，满意后命名保存窗体，结束窗体的创建。

注：在设计过程中，有必要的话，还可以调整网格区域。窗体网格的区域默认大小是 2 英寸（1 英寸=2.54cm）高、5 英寸宽。将鼠标指针移动到网格的下边框、右边框或右下角上，将边框拖动到新的位置后释放鼠标，就可以调整网格区域到新的位置。

4.3.3　为窗体指定数据源

窗体的数据源可以是表、查询、SQL 语句等。为窗体指定数据源的方法有两种：

（1）在"新建窗体"对话框中，单击"请选择该对象数据的来源表或查询"文本框右侧的下拉箭头，在下拉列表框中选择表或查询作为窗体的数据源。

（2）如果在"新建窗体"对话框中没有指定数据源，可以在设计视图中打开窗体"属性"

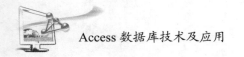

窗口，选择"数据"选项卡，在"记录源"属性右侧的下拉列表框中选择表或查询作为窗体的数据源。

4.3.4　向窗体添加控件

在窗体设计视图中，可以使用"字段列表"框向窗体添加控件，也可以使用"控件组"向窗体添加控件。

1. 窗体可添加控件的类型

根据控件的数据来源，可将控件分为三类：绑定型控件、非绑定型控件和计算型控件。

（1）绑定型控件：绑定型控件都有一个数据源，来源于表或查询中的字段，可用来显示、输入或更新数据库中相应字段的值。当移动窗体上的记录指针时，该控件的内容将会动态改变。图 4-24 中使用字段列表创建的窗体控件，都属于此类控件。

（2）非绑定型控件：非绑定型控件没有数据源，与基础表或查询无关。非绑定型控件可以包括直线、矩形、图像、命令按钮等。移动窗体上的记录指针时，非绑定型控件的内容不会随之改变。

（3）计算型控件：计算型控件用来显示计算结果。可以根据窗体上的一个或多个字段中的数据，使用表达式计算其值，也可以调用 Access 函数计算显示所需的数值。表达式总是以等号"="开始，并使用最基本的运算符。

2. 使用"字段列表"框向窗体添加控件

一般情况下，窗体都是基于某个表或查询创建的，因此，窗体内的控件要显示的也就是表或查询中的字段值。在窗体设计视图中，"字段列表"框中列出了窗体数据源的所有字段。如果要在窗体中创建一个文本框来显示"字段列表"框中的某个字段值时，只需从"字段列表"框中将该字段拖放到窗体中，就完成了向窗体添加控件，

【例】4-4】在窗体设计视图中，选"教师信息表"为数据源，将除了"照片"字段之外的其他字段添加到窗体中，保存为"教师信息窗体"。

本题使用"字段列表"框向窗体添加控件，操作步骤如下：

（1）在"数据库"窗口，单击"创建"→"窗体设计"，系统自动创建一个只有"主体"节的空白窗体，并进入窗体的"设计视图"。

（2）为窗体指定数据源。单击"添加现有字段"按钮，打开"字段列表"窗口，单击"显示所有表"，出现本数据库中的所有表.

（3）双击"教师信息表"，或单击"教师信息表"左侧的"+"号，选择"教师信息表"为窗体数据源，出现"教师信息表"的全部字段。

（4）从"字段列表"框中选择"教师编号"字段，按住鼠标左键将其拖放到窗体"主体"节的适当位置上，放开鼠标，就添加好了"教师编号"字段。右侧的文本框控件用来显示字段值，也可输入、修改字段值；左侧是与文本框关联的标签控件，用来提示字段名称。

（5）用同样方法添加除了"照片"字段之外的其他字段到窗体的"主体"节中。

（6）适当调整窗体设计视图中字段的位置和大小。亦可单击"视图"→"布局视图"，在"布局视图"中调整窗体中控件的布局。

（7）单击工具栏中的"视图"→"窗体视图"，查看所设计的窗体效果。

（8）单击工具栏中的"保存"按钮，将窗体以"教师信息窗体"为名保存。

完成后的窗体如图 4-24 所示。

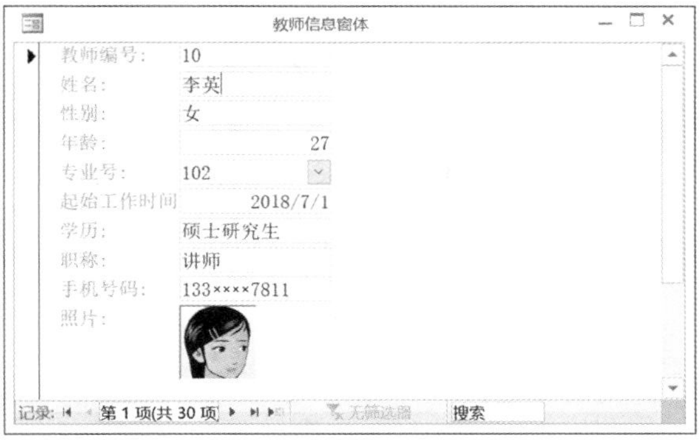

图 4-24　使用字段列表添加字段后的窗体

注：双击"字段列表"框中的字段，可以快速将字段添加到窗体中。

可以一次选择多个字段添加到窗体。按住 Ctrl 键单击鼠标可以在"字段列表"框中选择多个不连续的字段；按住 Shift 键单击鼠标可以在"字段列表"框中选择多个连续的字段。选择好所需字段后，按住鼠标左键将其拖放到窗体"主体"节的适当位置上即可。

如果在窗体中添加错了字段，或需要将一个字段调整为其他字段，这时只要选中该字段，按 Delete 键将其删除，然后再根据需要添加其他字段。

3. 使用"控件组"向窗体添加控件

在"窗体设计"视图中，单击"窗体设计工具"→"设计"选项中"控件"组中的任意一个控件按钮，再将鼠标指针移到窗体的适当位置单击，即可在窗体中添加一个新的控件；也可以单击"控件"组中的任意一个按钮后，再将鼠标指针移到窗体的适当位置，通过拖放鼠标来大致确定控件的大小。

提示：在向窗体添加一些比较复杂的控件（如命令按钮、选项卡）时，可以首先单击"控件组"中的"控件向导"按钮，以保证"控件向导"按钮开启可供使用，再向窗体设计视图中添加其他控件。这样，可以根据"控件向导"的提示一步一步地完成操作。

【例 4-5】在例 4-4 创建的"教师信息窗体"的窗体页眉上添加一个标签，标签文字为"教师信息窗体"。

本题使用"控件组"向窗体添加标签，操作步骤如下：

（1）打开"教学管理"数据库，在"窗体"对象中选定"教师信息窗体"，右击，在弹出的快捷菜单中选择"设计视图"命令，就在"设计视图"中打开了"教师信息窗体"。

（2）右击窗体设计视图中的任意空白处，在弹出的快捷菜单上选择"窗体页眉/页脚"命令，显示"窗体页眉"和"窗体页脚"。

（3）单击"控件"组中的"标签"按钮，再将鼠标指针移到窗体页眉的适当位置，通过拖放鼠标来大致确定控件的大小，然后输入"教师信息窗体"。

（4）按原文件名保存窗体。

完成后的窗体如图 4-25 所示。

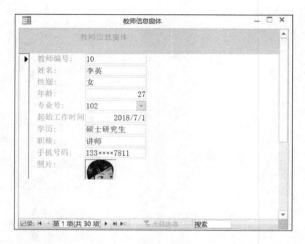

图 4-25　添加"教师信息窗体"标签后的窗体

说明：标签控件有个特点，在向窗体中添加标签控件时，必须立即输入标签文字，否则，只要单击窗体中的任何位置，标签就会消失。

4.3.5　常用控件的使用

在上一节中，在窗体设计视图中创建窗体时，使用了一些控件，实际上窗体中可以使用的控件还不只这几个，在本节中就详细介绍几种常用控件的使用以及控件的常用属性。

在窗体的"设计视图"环境下，有一个"控件组"，其中的不同按钮就是 Access 系统为用户提供的多种窗体控件。

1．文本框

文本框是用来显示数据的控件。文本框既可以是绑定型也可以是非绑定型。绑定型文本框用来与某个字段绑定，显示数据源（表或查询）中字段的值。非绑定型文本框一般用来显示计算的结果（也称计算型文本框）或接收用户输入的数据，非绑定型文本框也可以用来绑定到数据源中的字段。

使用"字段列表"框向窗体添加的文本框都是绑定型文本框；使用"控件组"中的文本框按钮向窗体添加的文本框，都是非绑定型文本框。

【例4-6】在例 4-5 创建的"教师信息窗体"的窗体页眉上添加一个文本框，文本框用来显示系统当前日期。

本题先使用"控件组"向窗体添加一个文本框，然后再设置该文本框显示系统当前日期。这样的文本框就是计算型文本框。操作步骤如下：

（1）打开"教学管理"数据库，在"窗体"对象中选定"教师信息窗体"，右击，在弹出快捷菜单中选择"设计视图"命令，就在"设计视图"中打开了"教师信息窗体"。

（2）单击"控件组"中的"文本框"按钮，再将鼠标指针移到"窗体页眉"节的适当位置，单击或拖动鼠标得到一个非绑定型文本框。

（3）单击该文本框左侧的标签，按 Delete 键删除该标签。

（4）在文本框中放置插入点（方法是：选定该文本框，再单击之），并输入以等号"="开始的表达式"=Date()"。其中函数 Date()的值是系统当前日期。

（5）按原文件名保存窗体。

完成后的窗体如图 4-26 所示。

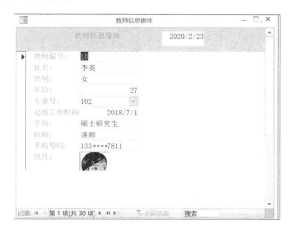

图 4-26　添加显示日期的标签后的窗体

2. 标签

标签主要用来显示说明性的文本，如例 4-5 中的窗体名称或字段名称。一般来说，标签用作非绑定型控件。

标签分为两类：一类是独立标签；另一类是关联标签。独立标签单独存在，与任何其他控件没有联系，用来添加纯说明性文字（如例 4-5 中用来显示"教师信息窗体"的标签）；关联标签是附加到其他控件上的标签（如例 4-5 中用来显示字段名称的标签"学号""姓名"等），用来对其关联控件进行提示说明。

默认情况下，在将文本框、组合框等控件添加到窗体或报表中时，Access 总会在控件左侧自动添加与其相应的关联标签。如果不需要关联标签，只需单击选中关联标签，按 Delete 键将其删除即可。如果选中的是文本框或组合框，按 Delete 键后，Access 会将文本框或组合框及其关联标签一并删除。

使用"控件组"中的标签按钮向窗体添加的标签，都是独立标签；使用"字段列表"框向窗体添加字段时，自动添加的标签都是关联标签。

3. 组合框

在许多情况下，从列表中选择一个值比记住一个值后直接输入它更快更容易。使用组合框，可以不需要太多的窗体空间，"组合框"就如同"文本框"和"列表框"的组合，既可以直接输入数据，也可以从下拉列表中选择数据。

在组合框中输入数据或选择某个数据时，如果该组合框是绑定型，则输入或选择的数据将保存到组合框绑定的字段。对于绑定型组合框，如果要直接输入数据，要保证所输入内容是下拉列表中的内容，否则是不能正常输入的。

【例 4-7】在例 4-6 创建的"教师信息窗体"中，将显示"学历"字段值的文本框修改为组合框。

操作步骤如下：

（1）打开"教学管理"数据库，在"窗体"对象中选定"教师信息窗体"，右击，在弹出的快捷菜单中选择"设计视图"命令，就在"设计视图"中打开了"教师信息窗体"。

（2）单击"控件组"中的"控件向导"按钮，使其处于按下状态，使得在创建组合框时启用向导。

（3）单击"控件组"中的"组合框"按钮，在窗体"主体"节的适当位置单击或拖动出一个方框，系统启动组合框向导。

（4）在打开的"组合框向导"对话框之一（见图 4-27）中，选择"自行键入所需的值"单选按钮，单击"下一步"按钮。

图 4-27 "组合框向导"对话框之一

（5）在打开的"组合框向导"对话框之二（见图 4-28）中，输入："博士研究生""硕士研究生""本科""专科"等数据，单击"下一步"按钮。

图 4-28 "组合框向导"对话框之二

（6）在打开的"组合框向导"对话框之三（见图 4-29）中，选择"将该数值保存在这个字段中"单选按钮，并在组合框中选择"学历"，单击"下一步"按钮。

（7）在打开的"组合框向导"对话框之四（见图 4-30）中，为组合框指定标签为"学历:"，然后单击"完成"按钮。

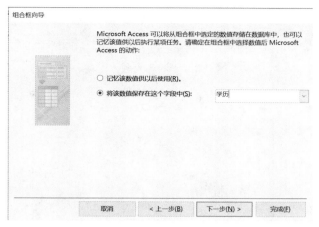

图 4-29　"组合框向导"对话框之三

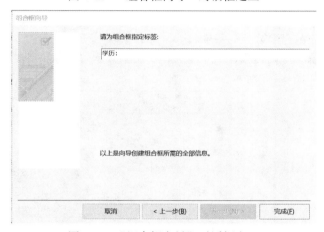

图 4-30　"组合框向导"对话框之四

（8）单击工具栏中的"视图"→"窗体视图"按钮，切换到"窗体视图"，单击显示"学历"字段值的组合柜右边的下拉箭头，就可以看到所有学历字段值的列表，如图 4-31 所示。

（9）单击工具栏中的"视图"→"设计视图"按钮，切换到"设计视图"，单击"学历"文本框，按 Delete 键，删除"学历"文本框及关联标签。

图 4-31　添加了"学历"组合框控件的窗体

（10）移动"学历"组合框及关联标签到合适的位置，单击工具栏中的"视图"→"窗体视图"按钮，完成后的窗体如图 4-32 所示。

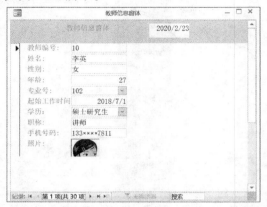

图 4-32 "学历"文本框修改为组合框

（11）按原文件名保存窗体。

按照上述方法步骤，可以再添加一个组合框，用来显示"职称"字段的值：讲师、副教授、教授。完成后的窗体如图 4-33 所示。

图 4-33 "职称"文本框修改为组合框

4．命令按钮

在窗体上可以使用命令按钮来执行特定的操作。例如，可以创建一个命令按钮来打开其他窗体。如果要使命令按钮执行某些较复杂的操作，可编写相应的宏或事件过程并将它附加在命令按钮的"单击"属性中。

使用"命令按钮向导"可以创建 6 大类别 33 种不同的命令按钮。

【例 4-8】在例 4-7 创建的"教师信息窗体"中，创建如下命令按钮：添加记录、删除记录、关闭窗体。

下面使用向导来创建"关闭窗体"按钮，具体操作步骤如下：

（1）在窗体设计视图中打开"教师信息窗体"。

（2）注意查看"控件组"中的"控件向导"按钮，确保处于按下状态，使得在创建命令按钮时启用向导。

（3）单击"控件组"中的"命令按钮"，在"窗体页眉"的适当位置单击或拖动出一个方框，系统启动"命令按钮向导"。

（4）在打开的"命令按钮向导"对话框之一（见图 4-34）中，选择按下按钮时执行的操作。命令按钮分为多种类别，每种类别可有多种不同的操作。本题在"类别"列表框中选择"窗体操作"，在"操作"列表框中选择"关闭窗体"，单击"下一步"按钮。

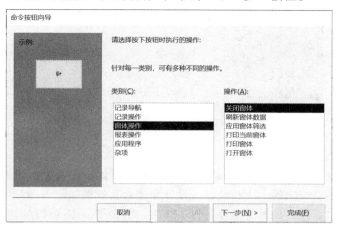

图 4-34　"命令按钮向导"对话框之一

（5）在打开的"命令按钮向导"对话框之二（见图 4-35）中，确定在按钮上显示文本还是显示图片，如果要在按钮上显示文字，就选中"文本"单选按钮，在其右侧的文本框中输入文字；如果要在按钮上显示图片，就选中"图片"单选按钮，在右侧的列表框中选择一种图片（如果不满意系统提供的两种图片，可以单击"浏览"按钮，打开"选择图片"对话框，从中选择满意的图片），本题选择"文本"，文本内容就是默认的"关闭窗体"，单击"下一步"按钮。

图 4-35　"命令按钮向导"对话框之二

（6）在打开的"命令按钮向导"对话框之三（见图 4-36）中，输入按钮的名称"关闭窗体"，单击"完成"按钮。

这就完成了"关闭窗体"按钮的创建。按照上述步骤，可依次在窗体页眉中创建"添加记录"和"删除记录"两个按钮，这两个按钮的动作分别为"记录操作"类别中的"添加新记录"和"删除记录"。

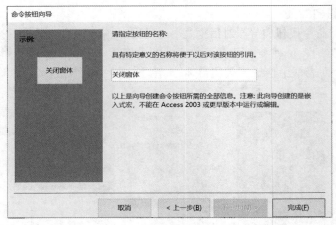

图 4-36 "命令按钮向导"对话框之三

（7）单击工具栏中的"视图"／"窗体视图"，察看窗体设计效果。如果不满意，可以适当调整窗体的大小，调整按钮的大小和位置。设计完成后其效果如图 4-37 所示。单击"关闭窗体"按钮，则会退出窗体，如果对窗体进行了修改，则会弹出提示保存的对话框。

图 4-37 添加了命令按钮的窗体

（8）按原文件名保存窗体。

在创建命令按钮的过程中，如果要对命令按钮的某些属性进行修改，可以在窗体设计视图中选中该命令按钮，单击工具栏中的"属性表"按钮，或直接双击该命令按钮，打开该按钮的"属性表"窗口，如图 4-38 所示。

在创建命令按钮的过程中，可以通过设置命令按钮的"标题"属性在按钮上显示相应的文本，或设置其"图片"属性在按钮上显示某个图片。

例如，要在命令按钮上显示某个图片，可以单击"属性表"窗口的"全部"选项卡，再单击"图片"属性右侧文本框，在其右侧出现一个按钮，单击此按钮，打开"图片生成器"对话框，如图 4-39 所示，从"可用图片"中选择合适的图片，单击"确定"按钮，就可以在命令按钮上显示所选择的图片。

图 4-38　"命令按钮"属性窗口　　　　图 4-39　"图片生成器"对话框

　　如果要将命令按钮上显示的图片更改为文本，可以在"属性表"窗口的"全部"选项卡中，先在"标题"属性右侧文本框中输入需显示的文本，再将"图片"属性中的内容删除，关闭"属性表"窗口，就可以在按钮上显示所需文本。

5．图像

　　"图像"控件是非绑定型控件，主要用来显示一个静止的图形文件，如一张照片、一幅画等。通过"图像"控件，可以在窗体上添加所需的图片。

　　【例 4-9】在设计视图中打开一个空白窗体，在其中添加一幅图片，完成后的窗体如图 4-40 所示，并以"添加图片后的窗体"为文件名保存窗体。

图 4-40　添加图片后的窗体

　　（1）打开"教学管理"数据库，单击"创建"/"设计视图"。

　　（2）单击"确定"按钮，就创建了一个只有"主体"节的空白窗体。本题不需要数据源。

　　（3）注意查看"控件组"中的"控件向导"按钮，确保处于按下状态，使得在创建命令按钮时启用向导。

（4）单击"控件组"中的"图像"按钮，在窗体适当位置单击或拖动出一个方框，系统将打开图 4-41 所示的"插入图片"对话框。

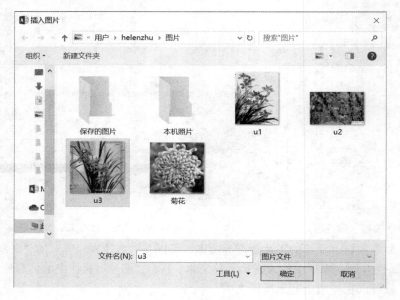

图 4-41 "插入图片"对话框

（5）在"插入图片"对话框中选择所需的图片，然后单击"确定"按钮，就可以在窗体中显示所选择的图片（有时刚插入的图片显示不是那么完美）。

（6）单击"图像"控件，通过控件的尺寸控点调节控件的大小。

（7）双击"图像"控件，打开图片的"属性表"窗口，在"缩放模式"属性中选择"缩放"，则图片在控件中以适当的大小显示出来。

（8）以"添加图片后的窗体"为名保存此窗体。

下面介绍"图像"控件的几个主要属性。

（1）"图片"属性：设置"图像"控件中插入图片的路径及文件名。

（2）"图片类型"属性：有"嵌入"和"链接"两个选项。

- 嵌入：图片存储在数据库文件中，此方式会较显著地增加数据库文件的大小，嵌入后可以删除原图形文件。
- 链接：图片文件必须与数据库同时保存，可以单独打开图片文件进行编辑修改，更改只保存在原图片文件而不是数据库文件，但数据库文件中能够反映所做的更改。

（3）"缩放模式"属性：有三个选项。

- 裁剪：图片超过"图像"控件的部分将被剪裁掉。
- 拉伸：图片根据"图像"控件的大小自动调整尺寸，以充满整个"图像"控件，这时可能会改变图片的纵横比，图片可能会变形。
- 缩放：图片根据"图像"控件的大小自动调整尺寸，但仍保持图片自身的纵横比，图片不会变形，但控件中可能会有部分区域没有被图片覆盖。

"缩放模式"属性的三个选项对应的图片显示方式如图 4-42 所示。

　　　　　　（a）裁剪　　　　　　　　（b）拉伸　　　　　　　　（c）缩放

图 4-42　"图像"控件的"缩放模式"属性的 3 种选项及相应显示方式

6．绑定对象框

　　在 Access 的表中，OLE 对象类型的字段通常用来保存诸如 Microsoft Word 或 Microsoft Excel 文档、图像、声音等类型的数据。OLE 对象可以链接或嵌入 Access 表的字段中。在数据表视图中，它并不被显示，只有在窗体中才可以查看其内容。要将 OLE 对象添加到窗体中，必须使用"绑定对象框"控件来显示 OLE 对象。

　　"绑定对象框"控件用来在窗体上显示绑定型 OLE（对象链接或嵌入）对象，如表中的图片（照片）、声音等。当切换到一条新记录时，显示在窗体中的图片或对象就会发生变化。例如，当在"教师信息窗体"中切换记录时，会依次显示每个教工的照片。

　　对于 Access 表中的 OLE 对象类型的字段，窗体显示时只支持 BMP 格式的图片。如果要直接在窗体上显示图片，只能插入 BMP 格式的图片。如果插入的是 JPG 格式或其他格式的图片，则在窗体中不能直接显示图片，而必须双击 OLE 图像控件，系统才会自动打开与图片类型相关联的程序来打开图片文件。

　　如果要把 JPG 格式的图片转换为 BMP 格式的图片，工具有很多种，ACDSee、Photoshop 等都可以。

　　说明：当以嵌入的方式插入了 BMP 格式的图片后，数据库文件会较明显地变大。

　　【例 4-10】在例 4-8 创建的"教师信息窗体"中添加一个"绑定对象框"，用来显示"照片"字段的值。

　　在"教师信息表"中，"照片"字段是 OLE 对象类型，必须使用"绑定对象框"控件来显示"照片"字段中存放的照片。向"教师信息窗体"中添加"照片"字段的操作步骤如下：

　　（1）在窗体设计视图中打开"教师信息窗体"。

　　（2）单击工具栏中的"添加现有字段"按钮来显示现有字段。

　　（3）单击现有字段中的"照片"字段，按住鼠标左键将其拖放到窗体"主体"节的适当位置上，放开鼠标，就添加好了"照片"字段。

　　（4）按原文件名保存窗体。

　　（5）切换到"窗体"视图，设计完成后其效果如图 4-43 所示。

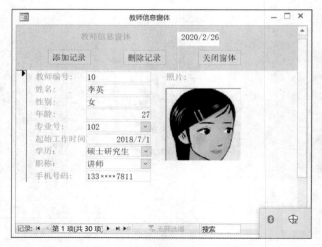

图 4-43　将"照片"字段到窗体中添加

【例 4-11】在例 4-10 创建的"教师信息窗体"的"窗体视图"中，在"照片"字段中插入具体的图片。

要在"教师信息窗体"的"窗体视图"中，在"照片"字段中直接插入照片，有两种方法可以采用，但插入照片后的效果是不同的，下面逐一介绍。

插入图片的第一种方法：

（1）打开硬盘中待插入的图片，在图片上右击，在弹出的快捷菜单中选择"复制"命令，将图片复制到剪贴板中。

（2）在"窗体视图"中打开"教师信息窗体"。

（3）通过窗体"导航按钮"移动到要插入照片的记录，在"照片"字段右击，在弹出的快捷菜单中选择"插入对象"命令，打开 Microsoft Access 对话框。选择"新建"单选按钮，选择 Bitmap Image 选项，如图 4-44 所示。

图 4-44　Microsoft Access 对话框

（4）单击"确定"按钮，打开"画图"窗口，单击"粘贴"按钮，如图 4-45 所示。

图 4-45　"画图"对话框

（5）关闭"画图"窗口，返回"教师信息窗体"，看到插入图片后的窗体，如图 4-46 所示。

图 4-46　插入图片后的窗体

插入图片的第二种方法：

（1）在"窗体视图"中打开"教师信息窗体"。

（2）通过窗体"导航按钮"移动到要插入照片的记录，在"照片"字段右击，在弹出的快捷菜单中选择"插入对象"命令，打开 Microsoft Access 对话框。单击"由文件创建"/"浏览"，打开"浏览"对话框，如图 4-47 所示。

（3）在"浏览"对话框中选择所需的图片，单击"确定"按钮，返回 Microsoft Access 对话框，单击"确定"按钮，照片被插入到"教师信息窗体"中，如图 4-48 所示。

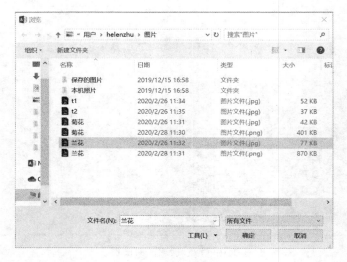

图 4-47　插入图片后的窗体

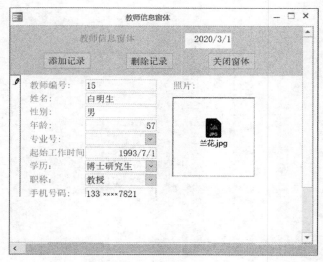

图 4-48　"浏览"对话框

说明： 以上述方式插入到窗体中的图片，在窗体中看到的是图 4-48 所示的图片文件名，必须双击才能看到图片的具体内容。所以，如果想要在窗体视图中直接看到图片的具体内容，应该采用第一种插入图片的方法。

4.4　窗体的进一步设计

人们总是会希望所用的窗体既界面友好又美观大方，这就需要适当地修饰窗体界面及控件的外观以美化完善窗体。

窗体的进一步设计主要是对于前述以不同方式创建的窗体及控件进行格式调整和修饰，包括调整各个控件的大小和空间布局，修饰控件的外观，设置窗体的属性，设置控件的属性，向窗体中添加直线、矩形等。

4.4.1　调整控件的大小及布局

在窗体的进一步设计中，通常需要调整控件的大小、对齐控件，并调整控件之间的间距。在做这些操作时，必须要掌握选定控件或移动控件的方法。

1．移动控件

移动控件比较简单，无论是移动单个控件还是多个控件，方法是一样的。先选定控件，然后将鼠标指针移动到选定的控件上，当鼠标指针变为四向箭头时，按下鼠标左键，拖动鼠标就可以移动控件。

2．选定控件

选定控件时，既可以选定单个控件，也可以一次选定多个控件。控件被选定后，其边角会出现 8 个称为"控点"的黑色小方块，其中左上角的那个是"移动控点"，其余 7 个都是"尺寸控点"。

"移动控点"的使用方法：将鼠标移动到"移动控点"上，按住左键拖动鼠标，就可以将控件移动到合适的位置。

常用的选定控件的方法主要有下列几种：

- 选定单个控件：单击待选定控件。
- 选定多个控件：按住 Ctrl 键或 Shift 键，用鼠标逐个单击待选定的控件。
- 按住鼠标左键拖动形成一个矩形框，则包括在矩形框内的控件全部被选定，而且，只要控件的一部分在矩形框内，该控件也被选定。用矩形框选定控件如图 4-49 所示。
- 单击水平标尺的某处，就选定了单击位置所在列的所有控件。
- 单击垂直标尺的某处，就选定了单击位置所在行的所有控件。
- 将鼠标指针移到水平标尺上，按住左键拖动鼠标，则拖动经过处下方的所有控件都被选定。通过在水平标尺上拖动鼠标选定控件如图 4-50 所示。

图 4-49　用矩形框选定控件　　　　图 4-50　在水平标尺上拖动鼠标选定控件

- 将鼠标指针移到垂直标尺上，按住左键拖动鼠标，则拖动经过处下方的所有控件都被选定。

3．调整控件大小

调整控件大小有以下三种方法。

（1）用鼠标直接调整。

选中要改变大小的控件，其周围出现 8 个方形控点。将鼠标移到控件上部或下部中间的控点上，鼠标指针变成一个上下指向的双向箭头，按住鼠标左键，上下拖动鼠标，可以调整控件的高度；将鼠标移到的控件左边或右边中间的控点上，出现一个左右指向的双向箭头，按住鼠标左键，向左或向右拖动鼠标，可以调整控件的宽度；将鼠标移到控件左下角、右上角或右下角的任一控点上，出现一个斜向的双向箭头，按住鼠标左键拖动鼠标，就可以同时调整控件的宽度和高度，而且保持控件的纵横比不变。

图 4-51　用鼠标直接调整控件大小

用鼠标直接调整控件大小如图 4-51 所示。

（2）通过设置属性值调整。

通过设置属性值调整的方法是：单击选中控件，然后单击工具栏中的"属性表"按钮，或直接双击控件，打开控件的"属性表"窗口。在"属性"窗口中，在"宽度"和"高度"选项右侧的文本框中输入所需的数值，即可精确确定控件的大小。

（3）使用格式菜单调整

通过"窗体设计工具/排列"选项卡中的"大小/空格"命令，可以调整控件的大小、间距等，如图 4-52 所示。在"窗体设计工具/排列"选项卡中的"大小/空格"命令的下级菜单中，用来调整控件大小的命令有"正好容纳""至最高""至最短""对齐网格""至最宽""至最窄"选项。如果选择"正好容纳"，控件会自动放大或缩小以正好容纳控件中的内容；如果选择"对齐网格"，控件的左上角会移至最接近的网格点；如果选择"至最高"，选定的多个控件以最高的控件为准调整高度。其余类推。

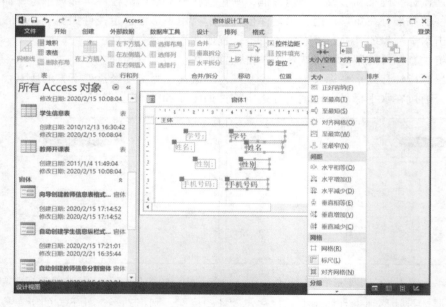

图 4-52　"窗体设计工具/排列"选项卡中的"大小/空格"命令下级菜单

【例 4-12】将图 4-49 所示的多个标签以最宽的"手机号码："标签为准调整宽度，并将多个文本框以最宽的"学号"文本框为准调整宽度，调整后的效果如图 4-51 所示。

操作步骤如下：

（1）用矩形框选定所有标签，如图 4-49 所示。

（2）单击"窗体设计工具/排列"选项卡中的"大小/空格"→"至最宽"，所选定的多个标签以最宽的"手机号码："标签为准调整宽度。

（3）在标尺上拖动鼠标来选定所有文本框，如图 4-50 所示。

（4）单击"窗体设计工具/排列"选项卡中的"大小/空格"→"至最宽"，所选定的多个文本框以最宽的"学号"文本框为准调整宽度。调整控件大小后的效果如图 4-53 所示。

图 4-53　调整控件大小后的效果

4．对齐控件

无论是使用"控件组"向窗体添加控件，还是从"字段列表"中将字段拖动到窗体中，大多数情况下都不可能一次性将控件对齐，这时可以通过"窗体设计工具"/"排列"/"对齐"命令来对齐控件。在"窗体设计工具/排列"选项卡中的"对齐"命令的下级菜单中有"对齐网格""靠左""靠右""靠上""靠下"选项，如图 4-54 所示。

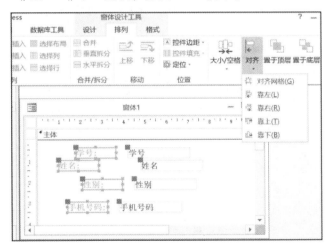

图 4-54　"格式"菜单中"对齐"命令及下级菜单

以"靠左"对齐控件为例，操作方法是：选定要对齐的多个控件，单击"窗体设计工具/排列"选项卡中的"对齐"→"靠左"，则所选定的多个控件会与最左边的控件的左边缘对齐。"靠右""靠上""靠下"等操作方法类似。如果选择"对齐网格"命令，控件的左上角会与最接近的网格点重合。

【例 4-13】在例 4-12 的基础上，将所有标签靠左对齐，并将所有文本框靠左对齐，调整后的效果如图 4-55 所示。

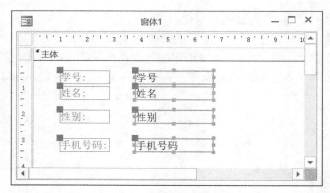

图 4-55　对齐控件后的效果

操作步骤如下：

（1）在标尺上拖动鼠标选定所有标签，单击"窗体设计工具/排列"选项卡中的"对齐"→"靠左"，选定的所有标签会与最左边的"姓名"标签的左边缘对齐。

（2）用矩形框选定所有文本框，单击"窗体设计工具/排列"选项卡中的"对齐"→"靠左"，选定的所有文本框会与最左边的"手机号码"文本框的左边缘对齐。

5．调整控件的水平间距或垂直间距

对于添加到窗体中的多个控件，在调整控件的大小、对齐控件之后，经常需要调整控件之间的水平间距或垂直间距，这时可以通过"窗体设计工具"/"排列"/"大小/空格"菜单中的"间距"命令来实现。

"间距"命令中含有"水平相等""水平增加""水平减少""垂直相等""垂直增加""垂直减少"，如图 4-52 所示。

以将若干控件的水平间距调整至相同为例，操作方法是：选定要调整的多个控件，单击"窗体设计工具/排列"选项卡中的"大小/空格"→"水平相等"，则所选定的多个控件会在第一个控件与最后一个控件之间，自动调整至水平间距相同。调整控件的垂直间距的操作方法与此类似。

【例 4-14】在例 4-13 的基础上，将所有标签及文本框的垂直间距调整至相同，调整后的效果如图 4-56 所示。

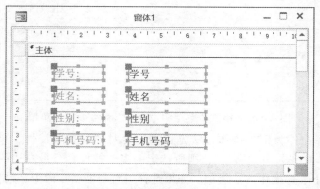

图 4-56　将控件垂直间距调整至相同后的效果

操作步骤如下：

（1）用矩形框选定所有标签及文本框控件。

（2）单击"窗体设计工具/排列"选项卡中的"大小/空格"→"垂直相等"，选定的所有标签及文本框会在第一行控件与最后一行控件之间，自动调整至垂直间距相同。

【例】4-15】在例 4-14 的基础上，将所有标签及文本框的垂直间距增加，调整后的效果如图 4-57 所示。

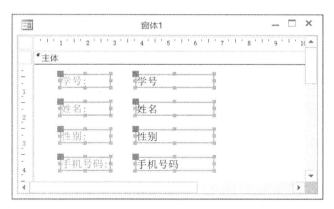

图 4-57　将控件垂直间距增加后的效果

操作步骤如下：

（1）用矩形框选定所有标签及文本框控件。

（2）单击"窗体设计工具/排列"选项卡中的"大小/空格"→"垂直增加"，选定的所有标签及文本框的垂直间距会增加。类似的操作可以执行多次以达到所需的垂直距离。

4.4.2　设置窗体属性

窗体的属性用来决定窗体的界面外观及窗体的性能。窗体的各种属性是在窗体的"属性表"窗口进行设置的，操作步骤是：在窗体设计视图中，双击"水平标尺"与"垂直标尺"交汇点的"窗体选择器"，打开窗体的"属性表"窗口，如图 4-20 所示，然后设置有关的属性值。

在窗体的"属性表"窗口中，一般有格式、数据、事件、其他和全部 5 个选项卡，其中包含了窗体的所有属性。下面简要介绍一些比较常用的窗体属性。

1．窗体的格式属性

窗体的"格式"属性是用来设置窗体外观的。常用的窗体"格式"属性如下：

（1）标题：用来设定"窗体视图"中标题栏上显示的文本。如果"标题"属性值为空，则"窗体视图"中标题栏显示窗体的名称。

说明：无论窗体的"标题"属性值为空还是有确定值，窗体"设计视图"标题栏上显示的总是窗体的名称。

（2）滚动条：用来设定窗体视图中是否显示滚动条。默认设置为"两者都有"，其他选项是"两者均无""只水平""只垂直"。

（3）记录选择器：用来设定在窗体视图中是否要显示记录选择器。默认设置为"是"。

（4）导航按钮：用来设定在窗体视图中是否要显示导航按钮。默认设置为"是"。

（5）分隔线：用来设定在窗体视图中是否要显示分隔线。分隔线用来分隔不同的节，不是人为添加的直线。默认设置为"是"。

（6）边框样式：用来设定在窗体视图中窗体边框的样式。默认设置为"可调边框"，其他选项是"无""细边框""对话框边框"。选择"对话框边框"时，窗体的大小是固定不可调整的，而且窗体中不出现最大最小化按钮。

（7）最大最小化按钮：用来设定在窗体视图中是否显示最大最小化按钮。默认设置为"两者都有"，其他选项是"无""最大化按钮""最小化按钮"。

（8）关闭按钮：用来设定在窗体视图中是否要显示关闭按钮。默认设置为"是"。

【例4-16】在例 4-11 创建的"教师信息窗体"中去除"记录选择器"，并将"边框样式"改为"细边框"，再去除"最大最小化按钮"及"滚动条"。设计完成后的效果如图 4-58 所示。

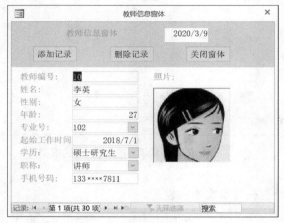

图 4-58   进行窗体属性设置后的窗体

操作步骤如下：

（1）在窗体设计视图中打开"教师信息窗体"。

（2）双击"水平标尺"与"垂直标尺"交汇点的"窗体选择器"，打开窗体的"属性表"窗口，并选择"格式"选项卡。

（3）将"记录选择器"属性设置为"否"。

（4）将"边框样式"属性设置为"细边框"。

（5）将"最大最小化按钮"属性设置为"无"。

（6）将"滚动条"属性设置为"两者均无"。

（7）切换到"窗体视图"察看窗体是否满足要求，适当调整后按原文件名保存窗体。

2．窗体的数据属性

窗体的"数据"属性主要用来指定窗体中所显示数据的来源及数据的使用方式。常用的窗体"数据"属性如下：

（1）记录源：用来指定窗体的数据来源。通常情况下，记录源就是窗体需要连接的表或查询。

（2）数据输入：取值"是"或"否"。如果窗体的数据源是表，而且文本框控件是与表绑定的，如果选择"是"，在窗体视图中，显示一条空记录，直接进入添加状态；如果选择"否"，在窗体视图中，显示已有的记录，单击窗体上的添加记录按钮，可以添加新记录。

（3）记录集类型：记录集类型有"动态集"、"动态集（不一致的更新）"和"快照"三种选择。其中"动态集"是默认设置。

① 动态集：只允许编辑单个数据表或者一对一关系的多个表的组合控件。

② 动态集（不一致的更新）：基于所有类型关系表中字段的组合控件，允许编辑。

③ 快照：不允许编辑表以及结合到其他字段的控件。

（4）记录锁定：用来指定是否锁定及如何锁定表或查询中的记录。记录锁定有"不锁定"、"所有记录"和"已编辑的记录"三种选择。

① 不锁定：允许在本窗体编辑记录的同时，其他使用者也可以编辑这个记录，是开放式的设置，对记录不加锁。

② 所有记录：在打开窗体后，窗体所使用的基本表以及所使用的查询一律被加锁，只能读取记录，不能修改，这样做避免了其他使用者随意修改表可能造成的严重后果。

③ 已编辑的记录：不允许当前窗体中编辑的记录被其他用户编辑修改。

（5）允许筛选、允许编辑、允许删除、允许添加：用来指定在窗体视图中是否允许筛选记录、编辑修改记录、删除记录及添加记录。

① 如果要阻止筛选记录，就将"允许筛选"属性设置为"否"。

② 如果要阻止向基本表（数据源）添加新记录，就将"允许添加"属性设置为"否"。

③ 如果要阻止删除记录，就将"允许删除"属性设置为"否"。

④ 如果要阻止编辑记录，就将"允许编辑"属性设置为"否"。

3．窗体的事件属性

事件是指在对象上所发生的事情，Access 为对象预先定义了一系列的事件。例如，窗体的单击事件、双击事件等。一个事件可以触发相应的事件过程，事件过程就是发生某事件后所要执行的程序代码。那么，一个事件触发了什么过程，要在事件属性中进行设置。

4.4.3　设置控件属性

控件的属性用来决定控件的结构外观、定义控件的功能等。在属性中包括了控件的所有特性，最常见的属性是控件的高度、宽度、位置和字体、字号、颜色、对齐方式等。

有些属性项是大多数控件都有的，如控件的高度、宽度、位置和字体、字号、颜色、对齐方式等，但不同控件的属性项不完全相同。

控件的属性主要是在控件的"属性表"窗口进行设置。操作方法是：在窗体设计视图中，单击选中某个控件，然后单击工具栏中的"属性表"按钮（或直接双击控件），打开控件的"属性表"窗口，然后设置有关的属性值。

控件的"属性表"窗口中，一般有格式、数据、事件、其他和全部 5 个选项卡，其中包含了控件的所有属性。下面简要介绍一些比较常用的控件属性。

1．控件的格式属性

控件的格式属性主要用来修饰控件的外观，包括设置控件的文本格式（字体、字号、文本对齐、前景色等）、控件的背景颜色、控件的三维显示效果等。

（1）标题：控件的显示标题，用来设定显示在控件上的文本。例如，对标签和命令按钮而言，"标题"属性的值就是标签或命令按钮上显示的文本。文本框控件本身没有标题属性，但文本框通常有一个关联标签，关联标签的"标题"属性用来指定文本框的名称，并作为表或查询"数据表视图"中字段的列标题。

（2）"宽度"和"高度"：在"宽度"和"高度"选项右侧的文本框中输入相应的数值，即可精确确定控件的大小。

（3）背景色：用来设定控件本身的背景颜色。在"背景色"选项右侧的文本框中单击，会出现一个按钮，单击该按钮，出现"颜色"调色板，从中可选择控件所需的背景色。

（4）背景样式：用来确定控件是透明的还是可见的。在"背景样式"选项右侧的文本框中单击，会出现一个下拉箭头，单击该下拉箭头，出现"背景样式"的两种选项：透明、常规，从中可选择控件所需的背景样式。

（5）边框样式：用来设定控件边框的样式。"边框样式"有多种选项：透明、实线、虚线、点线、点画线等，从中可选择控件所需的边框样式。

（6）前景色：用来设定控件上文本的颜色。在"前景色"选项右侧的文本框中单击，会出现一个按钮，单击该按钮，出现"颜色"调色板，从中可选择控件文字所需的颜色。

（7）字体名称：用来设定控件中文字所采用的字体，如图 4-59 所示。

（8）字号：用来设定控件中文字所采用的字号。默认情况下，文字采用 9 号字。当把控

图 4-59　文字效果为竖排的"字体名称"选项

件中文本的字号修改为新的字号时，如果要调整控件的大小以适合新的字号，可选择"窗体设计工具"/"排列"/"大小/空格"/"正好容纳"命令。

（9）特殊效果：用来设定控件的三维效果。"特殊效果"共有 6 种选项：平面、凸起、凹陷、阴影、蚀刻和凿痕，从中可选择控件所需的三维特殊效果。

一般情况下，当控件添加到窗体时，都有其默认的特殊效果，如标签是平面的，文本框是凹陷的，命令按钮是凸起的。如果默认的特殊效果不能满足要求，可修改为其他特殊效果。

2．控件的数据属性

控件的数据属性主要用来指定控件中显示的数据及数据的使用方式。

（1）控件来源：用作控件来源的字段名称或表达式。

（2）可用：用来设定一个控件是否可以获得焦点，即是否可以使用。默认设置为"是"，表示控件可以被使用，可以对控件中的文本进行编辑修改；如果不允许使用控件，则选择"否"。

（3）是否锁定：用来设定控件内的数据是否可以被修改。默认设置为"否"，表示允许修改；如果设置为"是"，则控件中的数据被锁定且不能被改变。如果一个控件处于锁定状态，则在窗体中呈灰色显示。

（4）默认值：用来设定在添加新记录时自动输入的值。例如，如果大部分学生都是男性，则可以为"学生信息表"的"性别"字段设置一个默认值"男"。添加新记录时可以接受该默认值，也可以输入新值覆盖它。大多数情况下，可在表的设计视图中添加字段的默认值，因为默认值将应用于基于该字段的控件。但是，如果控件是未绑定的，或者控件基于的是链接（外部）表中的数据，则需要在窗体中设置控件的默认值。

窗体界面的主要作用就是显示表或查询中的记录数据，如可以在窗体界面中进行记录数据的添加、修改和删除等数据维护操作。

对于用来显示记录数据的窗体，在窗体设计过程中，必须进行窗体及控件数据源的设定。

前面讲过的设定数据源的方法是：在窗体设计向导对话框中直接选择某个表或查询，然后将所需字段从"字段列表"中拖动到窗体设计视图中，这样得到的控件一定是绑定型控件，可以显示所需字段的值。

下面介绍另外一种设定数据源的方法。这种方法既可以用来在控件中显示表或查询中的数据，也可以用来在控件中显示某个表达式的结果。

（1）在控件中显示表或查询中的数据。

要在控件中显示表或查询中的数据，必须通过两次属性设置才能完成"连接"数据源的操作。具体操作包括如下两个步骤：

① 实现窗体与表或查询的"连接"。操作方法是：打开窗体的"属性表"窗口，在"数据"选项卡的"记录源"属性中选择需要连接的表或查询。

② 实现控件与字段的"连接"。操作方法是：首先将与所需字段类型相一致的控件添加到窗体中，并选定该控件，然后打开控件的"属性表"窗口，在"数据"选项卡的"控件来源"属性中选择需要连接的字段。

说明： 对于不同数据类型的字段，应当选择合适的控件去"连接"和显示数据。

（2）在控件中显示某个表达式的结果。

大多数情况下，窗体中的控件都是用来显示表或查询中的数据，有时也会需要在控件中显示某个表达式的计算结果，如例 4-6 是在窗体页眉上用一个文本框来显示系统当前日期。类似这个显示系统当前日期的文本框控件也称"计算控件"，即在"控件来源"属性中含有一个计算表达式的控件称为"计算控件"。在窗体视图中，一个计算控件中显示的计算结果不能被直接修改。

设计计算控件时，不需要指定窗体"记录源"，因为该控件不与"记录源"相连接。但是必须指定"控件来源"。指定"控件来源"的方法是：在控件"属性表"窗口的"控件来源"属性中，输入一个以等号"="开头的计算表达式，这就构成了计算控件。

例如，可以利用计算字段"=Year(Date())-[年龄]"来实现由"年龄"字段值来计算并显示某人的出生年份。

【例 4-17】 首先创建一个不与数据源连接的空白窗体，然后将窗体与"教师信息表"连接起来；从"字段列表"中将"姓名"字段添加到窗体中；再从"控件组"中将一个文本框控件添加到窗体中，将该文本框控件与"年龄"字段连接起来，并将其关联标签修改为"年龄"；添加一个计算字段，用来显示出生年份，并将其关联标签修改为"出生年份"。最后将窗体的"标题"属性设置为："设置控件的数据属性"。完成后的效果如图 4-60 所示。

图 4-60　设置控件的数据属性

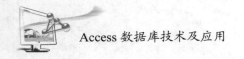

操作步骤如下：

（1）打开"教学管理"数据库，单击"创建"/"窗体设计"，则创建了一个窗体，并进入"设计视图"。

（2）双击"水平标尺"与"垂直标尺"的交汇点，打开窗体的"属性表"窗口，在"数据"选项卡的"记录源"属性中选择"教师信息表"。

（3）单击工具栏上的"添加现有字段"按钮，打开"字段列表"对话框，把"姓名"字段拖曳到窗体"主体"节的适当位置。

（4）单击"控件组"中的"文本框"按钮，再将鼠标指到窗体"主体"节的适当位置，单击或拖动鼠标，得到一个非绑定型文本框。双击该文本框，打开其"属性表"窗口，在"数据"选项卡的"控件来源"属性中选择"年龄"字段，这就将文本框绑定到"年龄"字段了；然后将该文本框的关联标签修改为"年龄"。

（5）单击"控件组"中的"文本框"按钮，再将鼠标指针指到窗体"主体"节的适当位置，单击或拖动鼠标，得到一个非绑定型文本框。双击该文本框，打开其"属性表"窗口，在"数据"选项卡的"控件来源"属性中输入"=Year(Date())–[年龄]"，该文本框就成为一个计算控件，可以显示与教师年龄相应的出生年份；然后将该文本框的关联标签修改为"出生年份"。

（6）双击"水平标尺"与"垂直标尺"交汇点的"窗体选择器"，打开窗体的"属性表"窗口，将窗体的"标题"属性设置为"设置控件的数据属性"。

3．控件的其他属性

控件提示文本：用来设定控件的屏幕提示信息。当用户将鼠标停留在控件上时就会出现"控件提示文本"属性中的提示文本。

4．控件的事件属性

事件是指当控件被单击、双击或者内容发生变化的动作，一个事件可以触发一系列的动作过程。单击事件或双击事件触发了什么过程，要在事件属性中进行设置。

4.4.4 利用"格式"工具栏修饰控件外观

如前所述，通过设置控件的"格式"属性可以修饰控件的外观。事实上，利用"窗体设计工具"/"格式"工具栏中的命令，也可以修饰控件的外观，很多时候这种方法显得特别方便。

在窗体设计视图中，单击选中控件，单击"窗体设计工具"/"格式"，会出现"格式"工具栏（如图4-17所示）。"格式"工具栏中有些按钮的作用与Word中的按钮作用几乎相同。使用"格式"工具栏可以设置控件中文本的字体、字号、加粗、倾斜、加下画线、左对齐、居中、右对齐、字的颜色等（这些与Word几乎相同），还可以设置控件的背景色、控件边框的颜色、形状轮廓/线条宽度、形状轮廓/线条类型等。下面介绍"格式"工具栏中几个与Word不同的用来修饰控件外观的按钮。

（1）"对象"下拉列表框：位于"格式"工具栏最左端的"所选内容"选项卡中。"对象"指窗体或窗体中的控件。"对象"下拉列表框中显示本窗体中所有对象的名称。单击窗体中某一对象则名称会发生变化，同样在此列表框中选择某一对象的名称以后，也可以选中窗体中的该对象，这是选择对象的另一种方法。

（2）"全选"按钮：单击"全选"按钮，可以选中窗体中的全部控件。

（3）"形状轮廓"按钮：单击此按钮，可以打开调色板，如图4-61所示。单击其中的颜色，可以为选中的控件设置边框或线条的颜色。

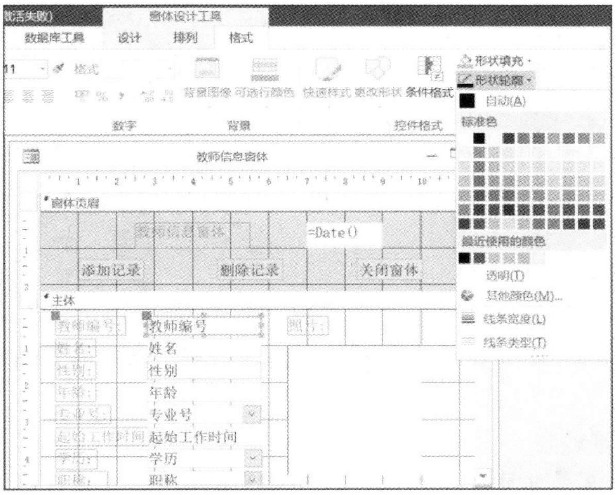

图 4-61　用"形状轮廓"按钮设置边框或线条的颜色

（4）形状轮廓/线条宽度：单击"形状轮廓"/"线条宽度"按钮旁的下拉箭头，可以打开"线条宽度"面板。单击其中的线条宽度样本，可以为选中的控件设置边框或线条的宽度。

（5）形状轮廓/线条类型：单击"形状轮廓"/"线条类型"按钮旁的下拉箭头，可以打开"线条类型"面板。单击其中的线条类型样本，可以为选中的控件设置边框或线条的类型。

4.4.5　修饰窗体外观的其他方法

如前所述，通过设置窗体的"格式"属性可以修改窗体的外观。此外，还有一些方法也可以用来修饰窗体的外观。下面介绍添加直线或矩形、添加背景图案、使用自动套用格式等方法。

1．在窗体中添加直线或矩形

当窗体中内容较多时，合理地分隔和组织信息就显得非常重要。这可以通过在窗体中适当地添加直线和矩形来实现。

【例 4-18】在例 4-16 创建的"教师信息窗体"中，适当调整控件的大小及布局，并添加直线和矩形，使得达到图 4-62 所示的效果。

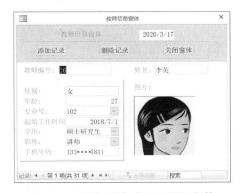

图 4-62　添加了直线和矩形的窗体

操作步骤如下：

（1）在"设计视图"中打开"教师信息窗体"。

（2）单击"控件组"中的"矩形"按钮，然后在窗体上适当位置拖动鼠标即可添加矩形。双击"矩形"控件打开"属性表"窗口，为"矩形"控件设置下列属性："边框样式"为"实线"，"特殊效果"为"蚀刻"。

（3）单击"控件组"中的"直线"按钮，然后在窗体上适当位置拖动鼠标即可添加直线。双击"直线"控件打开"属性表"窗口，为"直线"控件设置下列属性："边框样式"为"实线"，"特殊效果"为"凸起"。

（4）按原文件名保存窗体。

此外，还可以用"形状轮廓"来改变直线或矩形的颜色、用"形状轮廓"/"线条宽度"来改变直线或矩形的线条宽度、用"形状轮廓"/"线条类型"来改变直线或矩形的线条类型，以修饰它们的显示外观。

2．为窗体设置背景颜色

如果给窗体页眉、窗体页脚和主体设置不同的背景颜色，就会对窗体的不同节起到很好的区分和美化效果。

【例4-19】在例 4-18 创建的"教师信息窗体"中，为窗体页眉和主体设置不同的颜色，设计完成后以"设置了背景色的窗体"为窗体名称保存，窗体效果如图 4-63 所示。

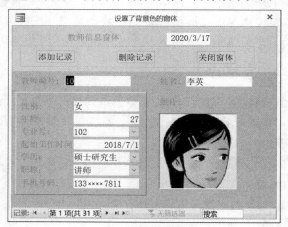

图 4-63　设置了背景色的窗体

操作步骤如下：

（1）在"设计视图"中打开"教师信息窗体"。

（2）双击"窗体页眉"节，打开窗体页眉的"属性表"窗口，并选择"格式"选项卡。单击"背景色"右侧的第二个按钮，打开调色板，选择"黄色"。

（3）双击"主体"节，打开主体的"属性表"窗口，并选择"格式"选项卡。单击"背景色"右侧的第二个按钮，打开调色板，选择"水蓝 3"。

（4）单击"文件"/"另存为"/"对象另存为"，单击"另存为"按钮，打开"另存为"对话框，如图 4-64 所示。

（5）输入"设置了背景色的窗体"为窗体名称，并选择"保存类型"为"窗体"，单击"确定"按钮。

图 4-64 "另存为"对话框

3. 为窗体添加背景图案

窗体就是展示给用户，并让用户使用的界面，在设计窗体的时候，如果能给窗体加上适当的背景图案，就会对窗体起到很好的装饰效果。窗体的背景作为窗体的属性之一，用来设置窗体运行时显示的背景图案及图案的排列方式。背景图案可以是 Windows 环境下的各种图形格式的文件，如使用非常广泛不采用其他任何压缩因此所占用空间很大的 BMP 格式的位图文件、能够将图像压缩在很小的存储空间（有损压缩）的 JPG 格式文件、无损压缩的 PNG 格式图片等。

【例 4-20】在例 4-18 创建的"教师信息窗体"中，为窗体添加一种背景图案，设计完成后以"添加背景图案的窗体"为窗体名称保存，窗体效果如图 4-65 所示。

图 4-65 添加背景图案的窗体

操作步骤如下：

（1）在"设计视图"中打开"教师信息窗体"。

（2）双击"水平标尺"与"垂直标尺"交汇点的"窗体选择器"，打开窗体的"属性表"窗口。

（3）在"属性表"窗口中，选择"格式"选项卡，单击"图片"属性，再单击其右侧的按钮，打开"插入图片"对话框，从对话框中选择用作背景图案的图形文件，单击"确定"按钮，就为窗体添加了背景图案。

（4）单击"图片类型"属性，打开使用图片方式的下拉列表框，在下拉列表框中选择"嵌入"。

（5）单击"图片平铺"属性，在"图片平铺"属性中选择"是"选项。

（6）单击"图片对齐方式"属性，在"图片对齐方式"属性的下拉列表框中选择"左上"。

（7）单击"图片缩放模式"属性，在"图片缩放模式"属性的下拉列表框中选择"缩放"。

（8）单击"文件"→"另存为"→"对象另存为"，单击"另存为"按钮，打开"另存为"对话框。

（9）输入"添加背景图案的窗体"为窗体名称，并选择"保存类型"为"窗体"，单击"确定"按钮。

说明：如果窗体较大而图片较小，一张图片不能布满整个窗体，则在"图片平铺"属性中应该选择"是"选项，Access 将根据"图片对齐方式"的设置将图形布满窗体。

4.5　创建主/子窗体

在 Access 中经常要与多个相关表打交道，在使用窗体显示表中数据时，经常需要同时显示两个相关表的数据。例如，在显示某个教师信息的同时，需要同时显示这位教师所讲授课程的情况，这时可以使用主/子窗体。

主/子窗体用于同时显示来自两个表的数据，其中，基本窗体称为主窗体，子窗体是嵌入在主窗体中的窗体。主窗体中可以包含多个子窗体，每个子窗体又可以包含下级子窗体，所以主、子窗体之间是树形结构。

在创建主/子窗体之前，要确保主窗体的数据表与子窗体的数据表之间存在"一对多"的关系。在主窗体中查看的数据是一对多关系的"一"方，在子窗体中查看的数据是一对多关系的"多"方。如果在主窗体中改变当前记录，则子窗体中的记录会相应地变化。例如，当在主窗体中显示某个教师信息时，子窗体中会相应地显示该教师讲授课程的情况。

例如，"教师信息表"与"教师开课表"之间是一对多的关系，所以将"教师信息表"与"教师开课表"的信息简单地放置在一个窗体中是不可行的。解决问题的方法是：在主窗体中显示"教师信息表"的数据，在子窗体中显示"教师开课表"的数据，并且将"教师开课表"子窗体嵌入到主窗体中。

说明：如果在数据库中没有对相关表建立合理的"一对多"关系，是不可能建立主/子窗体的。

创建主/子窗体主要有下列三种方法：

（1）以"主表"为数据源，创建一个纵栏式窗体时，如果关系图中已经建立了主表与子表之间的联系，则系统会自动创建一个主/子窗体，如例 4-1 所示。用这种方法创建的主/子窗体中，主窗体中包含了主表的所有字段，子窗体中包含了子表的所有字段。

（2）使用窗体向导同时创建主窗体和子窗体，这时，可以选择主表和子表中所需要的部分字段。

（3）在"设计视图"中，将已有窗体（作为子窗体）添加到（拖动到）另一已有窗体（作为主窗体）中。

4.5.1　使用窗体向导同时创建主窗体和子窗体

使用向导同时创建主窗体和子窗体的关键是要启动窗体向导，并逐步回答向导的下列提问：

（1）确定窗体使用的数据源。

（2）确定窗体中使用的字段。

（3）确定窗体中查看数据的方式。

（4）确定子窗体使用的布局。

（5）确定主窗体与子窗体使用的标题。

【例4-21】创建"教师信息主子窗体"，具体要求是：以"教师信息表"为数据源，选择其中的"教师编号""姓名""性别""年龄"字段，以"教师开课表"为数据源，选择全部字段，查看数据的方式为"通过教师信息表"，子窗体使用的布局为"数据表"，窗体标题为"教师信息主子窗体"，子窗体标题为"教师开课子窗体"。

操作步骤如下：

（1）打开"教学管理"数据库。

（2）单击"创建"→"窗体向导"。

（3）在打开的"窗体向导"对话框之一（见图 4-66）中，单击"表/查询"列表框右侧的下拉箭头，会出现本数据库中所有表和查询的列表，选择具有一对多关系的两个表或查询，或选择一个具有所需全部字段的查询，从"可用字段"列表中向"选定字段"列表中添加字段。本题先选择"教师信息表"，选择"教师编号""姓名""性别""年龄"字段；再选择"教师开课表"，并选择除"教师编号"字段之外的其余字段。单击"下一步"按钮。

图 4-66 "窗体向导"对话框之一

（4）在打开的"窗体向导"对话框之二（见图 4-67）中，确定查看数据的方式（查看数据的方式决定了是否采用子窗体），本题选择"通过教师信息表"，并选择"带有子窗体的窗体"单选按钮。单击"下一步"按钮。

在这一步中如果选择了"链接窗体"单选按钮，则可以创建弹出式子窗体。

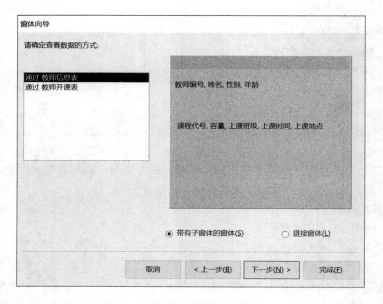

图 4-67 "窗体向导"对话框之二

（5）在打开的"窗体向导"对话框之三（见图 4-68）中，确定子窗体使用的布局，一般情况下选择默认的"数据表"。单击"下一步"按钮。

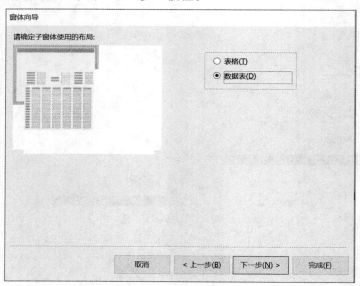

图 4-68 "窗体向导"对话框之三

（6）在打开的"窗体向导"对话框之四（见图 4-69）中，为创建的主窗体和子窗体输入标题，也可以使用默认的名字，系统提供了与数据表相同的标题。本题输入主窗体标题为"教师信息主子窗体"，输入子窗体标题为"教师开课子窗体"；然后确定是要"打开窗体查看或输入信息"还是要"修改窗体设计"，本题选择默认的"打开窗体查看或输入信息"单击按钮。单击"完成"按钮。

图 4-69 "窗体向导"对话框之四

创建好的窗体会自动保存，并按要求打开窗体。对主子窗体中的控件位置略加调整，创建完成后的"教师信息主子窗体"如图 4-70 所示。

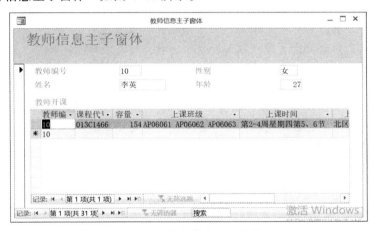

图 4-70 教师信息主子窗体

Access 在创建主/子窗体的同时，会将子窗体以独立的窗体保存下来。有时需要对子窗体进行一定的设计修改，如果在主窗体的设计视图中修改子窗体不方便的话，可以在子窗体的设计视图中对子窗体单独进行设计修改，这种对子窗体修改的结果会体现在主子窗体中。

4.5.2 将已有窗体作为子窗体拖放到主窗体中

在 Access 中，可以从数据库窗口中直接将某个窗体作为子窗体添加到主窗体中。

操作步骤如下：

（1）在窗体设计视图中打开作为主窗体的窗体。

（2）适当调整主窗体和数据库窗口的大小及位置，使得两个窗口都直观地、不重叠地呈现在桌面上，以便于操作。

（3）激活数据库窗口，从数据库窗口中将需要作为子窗体的窗体拖放到主窗体的适当位置上。

（4）适当调整主窗体及子窗体的大小及布局。

（5）预览并保存所做的修改。

小　　结

在窗体的设计视图中，窗体通常由窗体页眉、窗体页脚、页面页眉、页面页脚及主体 5 个节组成。

从窗体显示数据的方式来看，窗体可以分为以下类型：纵栏式窗体、多个项目窗体（表格式窗体）、数据表窗体、分割窗体、主/子表式窗体。

创建窗体的方法有三大类：自动创建窗体、通过向导创建窗体、通过设计视图创建窗体。

自动创建窗体最简单方便，但不够灵活。

使用窗体向导创建窗体，是创建窗体最简单的方法。使用窗体向导创建窗体的过程中，可以基于一个或多个表或查询创建窗体，可以自行选择字段、窗体的布局及窗体的样式。

当采用"自动创建窗体"或"窗体向导"的方法所创建的窗体不够理想，可以切换到窗体设计视图中修改设计。

在窗体设计视图中可以创建有特色的窗体，可以编辑修改已创建的窗体。在设计视图中自定义窗体比使用向导创建窗体可以增加许多主动性和灵活性。

窗体的进一步设计包括向窗体中添加控件、调整控件大小和空间布局、修饰控件外观、设置窗体和控件的属性等。

窗体中可添加的控件分为三类：绑定型控件、非绑定型控件和计算型控件。

窗体和窗体中的控件都有各自的属性。窗体的属性用来决定窗体的界面外观及窗体的性能，控件的属性用来决定控件的结构外观、定义控件的功能等。

主/子窗体用于同时显示来自两个表或查询中的数据。在创建主/子窗体之前，要保证主窗体的数据表与子窗体的数据表之间存在"一对多"的关系。

习　　题

一、选择题

1. Access 中，窗体上显示的字段为表或（　　　）中的字段。

    A. 报表　　　　　　B. 标签　　　　　　C. 记录　　　　　　D. 查询

2. 不是窗体控件的为（　　　）

    A. 表　　　　　　　B. 标签　　　　　　C. 文本框　　　　　D. 组合框

3. 窗体没有（　　）功能。

    A. 显示记录　　　　B. 添加记录　　　　C. 分类汇总记录　　D. 删除记录

4. 计算控件中的表达式以（　　　）开头。

    A. 加号（+）　　　 B. 减号（-）　　　 C. 冒号（：）　　　 D. 等号（=）

5. 在表中，图形对象应该设为（　　　）型。

    A. 图片　　　　　　B. OLE 对象　　　　C. 备注　　　　　　D. 视图

6. 下面不是窗体的"数据"属性的是（　　　　）。

    A. 允许添加　　　　B. 排序依据　　　　C. 记录源　　　　D. 自动居中

7. 要改变窗体上文本框控件的数据源，应设置的属性是（　　　　）。

    A. 记录源　　　　　B. 控件来源　　　　C. 筛选查阅　　　　D. 默认值

8. 用来显示与窗体关联的表或查询中字段值的控件类型是（　　　　）。

    A. 关联型　　　　　B. 计算型　　　　　C. 绑定型　　　　　D. 非绑定型

9. 在 Access 窗体中，能够显示在窗体每一个页的底部的信息，它是（　　　　）。

    A. 页面页眉　　　　B. 页面页脚　　　　C. 窗体页眉　　　　D. 窗体页脚

10. 在窗体设计视图中，必须包含的部分是（　　　　）。

    A. 主体

    B. 窗体页眉和窗体页脚

    C. 页面页眉和页面页脚

    D. 以上三项都要包括

11. 在窗体中，用来输入和编辑字段数据的交互式控件是（　　　　）。

    A. 文本框　　　　　B. 标签　　　　　C. 复选框控件　　　　D. 列表框

12. 主窗体和子窗体通常用于显示具有（　　　　）关系的多个表或查询的数据。

    A. 一对一　　　　　B. 一对多　　　　　C. 多对一　　　　　D. 多对多

13. 窗体是由不同种类的对象所组成，每一个对象都有自己独特的（　　　　）。

    A. 节　　　　　　　B. 字段　　　　　　C. 属性　　　　　　D. 视图

14. 用于显示、更新数据库中字段值的控件类型是（　　　　）。

    A. 绑定型　　　　　B. 非绑定型　　　　C. 计算型　　　　　D. 以上都是

15. 下列关于控件属性的说法中，正确的是（　　　　）。

    A. 所有控件都具有同样的属性

    B. 控件的属性只能用来设置控件的外观

    C. 控件的每一个属性都具有同样的默认值

    D. 双击某个需要设置属性的控件，在属性窗口中即可设置其属性。

二、填空题

1. Access 数据库管理系统主要使用＿＿＿＿＿＿对象显示、输入、编辑数据。

2. 表中的 OLE 对象型数据，在窗体中使用＿＿＿＿＿＿控件表示。

3. 窗体的数据来源可以是表数据对象，也可以是＿＿＿＿＿＿数据对象。

4. 窗体是数据库中用户和应用程序之间的＿＿＿＿＿＿，用户对数据库的任何操作都可以通过它来完成。

5. 控件的类型可以分为绑定型、未绑定型与计算型。绑定型控件主要用于显示、输入、更新数据表中的字段；未绑定型控件没有＿＿＿＿＿＿，可以用来显示信息、线条、矩形或图像；计算型控件用表达式作为数据源。

6. 能够唯一标识某一控件的属性是＿＿＿＿＿＿。

7. 在 Access 数据库中，如果窗体上输入的数据总是取自表或查询中的字段数据，或者取自某固定内容的数据，可以使用＿＿＿＿＿＿控件来完成。

8. 在多个项目窗体（表格式窗体）、纵栏式窗体和数据表窗体中，将窗体最大化后显示记录最多的窗体是＿＿＿＿＿＿。

9. 在创建主/子窗体之前，必须设置＿＿＿＿＿＿之间的关系。

10. 在窗体设计过程中，经常要使用的三种属性是控件属性、＿＿＿＿＿＿和节属性。

三、简答题

1. 窗体的主要功能是什么？
2. 窗体有哪几种视图？
3. 窗体的"设计视图"由哪几个节组成？每个节的作用是什么？
4. 常用的窗体类型有哪些？它们各有什么特点？
5. Access 提供了哪几种创建窗体的方法？它们各有什么特点？
6. 如何为窗体设定数据源？
7. 窗体可添加的控件有哪几类？
8. 常用的窗体控件有哪些？它们各自适合于表示什么？或适合于显示表中什么类型的字段？
9. 向窗体中添加控件的方法有哪些？
10. 举例说明如何创建计算型控件。
11. 创建主/子式窗体时，主窗体和子窗体的数据源应具备什么关系？

第 5 章

报　表

报表是 Access 中专门用来查看数据、统计汇总数据及打印数据的一种工具。本章将介绍创建报表的各种方法，并以"教学管理"数据库为例详细介绍报表的设计过程。

本章主要内容包括：

- 报表的组成。
- 使用自动方式创建报表。
- 使用向导创建报表。
- 使用设计视图创建报表。
- 报表的进一步设计。
- 在报表中添加计算字段进行计算和汇总。
- 报表的预览和打印。

5.1　报　表　概　述

在数据库应用中，当需要将数据库中的数据打印出来或者需要对数据进行统计计算时，必须使用报表的形式。报表可以打印输出表、查询或窗体中的数据。用户可以利用报表，从数据库中检索有用的信息，也可以对数据进行统计计算，可以有选择地将数据输出。

报表与窗体有许多共同之处，报表的控件与窗体的控件几乎是可以共用的，报表与窗体的设计视图也非常相似，创建报表和创建窗体的过程基本相同。它们之间的不同之处在于，窗体最终显示在屏幕上；而报表则可以打印出来。窗体可以输入编辑数据，可以改变数据源中的数据，主要用于制作用户与数据库交互的操作界面；而报表没有交互功能，主要用于数据的查看和打印输出。

5.1.1　报表的视图

Access 2013 数据库的报表有 4 种视图：报表视图、打印预览视图、布局视图、设计视图。报表的不同视图适合于不同的应用场合。

在设计视图打开一个报表后，在工具栏的最左侧有一个"视图"按钮，单击此按钮，可以打开它的下拉列表，如图 5-1 所示。单击其中的任意一个选项，即可以切换报表的不同视图。直接单击"视图"按钮，可以在"设计视图"与"布局视图"之间切换。

图 5-1　报表的 4 种视图

（1）"报表视图"是报表设计完成后，最终被打印的视图。在报表视图中可以对报表应用高级筛选，以筛选所需要的信息。

（2）在"打印预览"视图中，可以完整地看到报表的打印外观及每一页上显示的数据，所显示的报表布局和打印内容与实际打印结果完全一致。在"打印预览"视图中，鼠标指针通常以放大镜方式显示，单击就可以改变版本的显示大小。

（3）在"布局视图"中，可以在显示数据的情况下，调整报表版式。可以根据实际报表数据调整列宽，将列重新排列并添加分组级别和汇总。报表的布局视图与窗体的布局视图的功能和操作方法十分相似。

（4）"设计视图"用于编辑和修改报表。在报表的设计视图中，报表的组成部分被表示成许多带状区域，和窗体中的带状区域一样，可以改变各部分的长度和宽度。报表所包含的每一个区域只会在设计视图中显示一次，但是，在打印报表时，某些区域可能会被重复打印多次。与在窗体中一样，报表也是通过使用控件来显示信息的。

5.1.2　报表的组成

报表的结构与窗体的结构非常相似，一般由 5 个节组成，按照排列顺序依次是：报表页眉、页面页眉、主体、页面页脚、报表页脚，图 5-2 所示的报表设计视图中包含了 5 个节。报表中的每个"节"都有其特定的功能。

图 5-2　报表的组成

（1）报表页眉：只出现在报表的开头，即报表第一页的顶部。报表页眉用来显示关于报表的一些主题信息，如公司徽标、报表标题等。报表只有一个报表页眉，通常作为整个报表的封面。

（2）页面页眉：出现在报表中每一页的顶部，用来显示列标题（字段名）等信息。

（3）主体：报表的主要部分，用来显示报表数据来源表中的每一条记录，例如学生信息表、课程信息表等数据表的记录。该节主要包含绑定到记录源中字段的控件。

（4）页面页脚：出现在报表中每一页的底部，用来显示页码、日期、时间等信息。

（5）报表页脚：只出现在报表的结尾处，即报表最后一页的底部。报表页脚用来显示报表总计等内容。报表只有一个报表页脚，通常作为整个报表的封底。

此外，如果创建分组报表，那么在报表的每个组还可添加组页眉和组页脚两个专用"节"。

（1）组页眉：组页眉排列在主体节之前，用来在每组记录的开头放置信息，如组名称。

（2）组页脚：组页脚排列在主体节之后，用来在每组记录的结尾放置信息，如组内数据的总计等内容。

报表中，主体是必不可少的。绝大多数报表都有页面页眉和页面页脚。简单的报表可以没有报表页眉和报表页脚。不分组的报表没有组页眉和组页脚。

在默认情况下，报表设计视图中只有"主体""页面页眉""页面页脚"三部分。可以在报表设计视图下通过"视图"菜单选择是否需要添加"报表页眉"和"报表页脚"。可以通过单击工具栏中的"排序与分组"按钮，打开"排序与分组"对话框来添加组页眉和组页脚。

报表是按照节的顺序显示及打印的。即首先打印报表页眉，作为整个报表的封面；接着是若干页由主体、主页眉、主页脚、页面页眉和页面页脚组成的报表页；最后是报表页脚，作为整个报表的封底。

5.1.3　报表的类型

在 Access 中，报表主要可以分为以下几种类型：纵栏式报表、表格式报表、明细报表、汇总报表和标签报表。很多情况下，一份报表可能包含了表格式报表、明细报表、汇总报表等多种形式。

1．纵栏式报表

在纵栏式报表中，字段垂直排列，通常由两列组成：左边一列显示字段的名称，右边一列显示字段的数据值。所有字段名称及记录数据都在主体区域内显示。图 5-3 所示是一个纵栏式报表（局部）。

2．表格式报表

在表格式报表中，一行显示一条记录，每页可以显示多条记录。所有字段名称在页面页眉区域内显示，而记录数据在主体区域内显示。图 5-4 所示是一个表格式报表（局部）。

图 5-3　纵栏式报表（局部）

图 5-4　表格式报表（局部）

3．明细报表

在明细报表中，主体区域内会显示报表数据源的每条记录的详细信息。图 5-4 所示是一个表格式的明细报表。图 5-5 所示是一个有分组的明细报表。

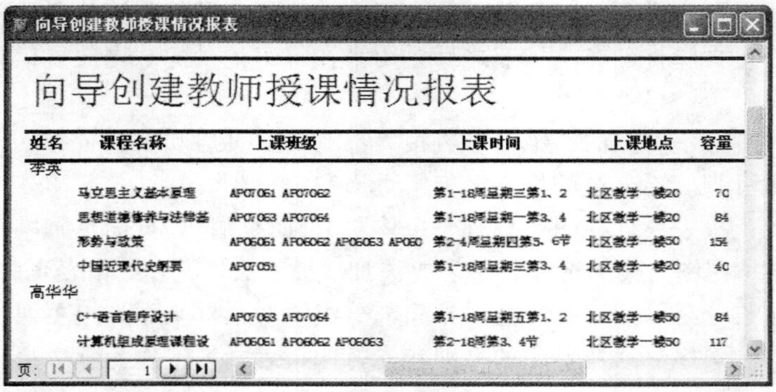

图 5-5　有分组的明细报表（局部）

4．汇总报表

在汇总报表中，通常会显示报表数据源中相关记录的统计汇总数据。汇总报表中可以有分组统计，也可以不分组而是对全部数据进行汇总统计。分组统计是将数据按某个字段分组，组织成表格形式，并可以在报表中计算总和、平均值、最大值和最小值等统计数据。分组统计报表如图 5-6 所示。

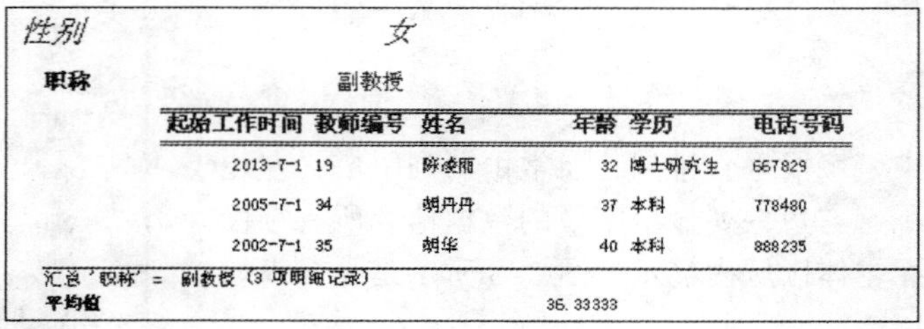

图 5-6　分组统计报表（局部）

5．标签报表

标签报表是将数据库中的数据按照设定的格式进行显示和打印，外形类似航空托运行李标签的形式，在每页上以两列或三列的形式显示多条记录。标签报表用于一些比较特殊的用途，如信封上的地址标签、物品标签、客户标签等。图 5-7 所示是一个标签报表的实例。

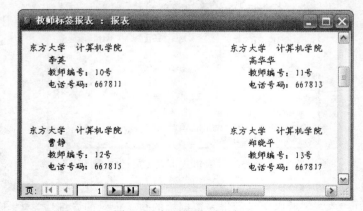

图 5-7　标签报表（局部）

5.2　创　建　报　表

创建报表与创建窗体的操作有很多相似之处，Access 2013 提供了 5 种方法创建报表。

在数据库窗口中，单击"创建"按钮，在"报表"选项组中列出了创建报表的 5 个选项，如图 5-8 所示。

下面简要介绍创建报表的方法：

（1）报表：一键生成报表。

（2）报表设计：使用报表"设计视图"创建报表。

（3）空报表：创建一个空白报表。

（4）报表向导：使用基本的"报表向导"创建报表。

（5）标签：使用标签创建报表，报表以标签形式显示数据。

图 5-8　创建报表选项

说明：除了用报表向导创建报表之外，用其他方式创建报表时，只能有一个数据源，如果报表所需的数据分布在多个表中，则必须先将这些数据创建在一个查询中，然后以这个查询为数据源创建报表。

5.2.1　一键生成报表

如果对报表格式要求不高，只需要能够看到报表中的数据，则可以采用一键生成报表的方法快速创建一个简单的报表。

操作时，只需在导航窗格中选择要创建报表的表或查询作为数据源，单击"创建"功能区选项卡"报表"组中的"报表"按钮即可。

【例】5-1　以"课程信息表"为数据源，创建"一键生成课程信息报表"。

操作步骤如下：

（1）打开"教学管理"数据库，选择报表所需的数据源，本题选"课程信息表"。

（2）单击"创建"选项卡"报表"组中的"报表按钮，系统将自动创建一个报表，如图 5-9 所示（局部）。

课程代号	课程名称	类别	考核	学分	学时	实践	备注
002C1061	大学英语	必修	考试	3	60	0	
002C1062	大学英语	必修	考试	4	72	0	
002C1063	大学英语	必修	考试	4	72	0	
002C1064	大学英语	必修	考试	4	72	0	
004A3280	自动控制原理	任选	考试	3	54	0	
005A1080	数字电路与逻辑设计	必修	考试	4	72	0	

课程信息表　2020年5月24日 11:23:39

图 5-9　一键生成课程信息报表（局部）

（3）以"一键生成课程信息报表"为文件名保存报表。

一键生成的报表，系统会自动将数据源中的所有字段显示在报表中，并在报表右上角显示当前日期和页码。

一键生成报表是创建报表的最快捷方式，但是，一键生成的报表往往比较粗糙，预览及打印效果不能完全令人满意，所以经常需要人为地进行修改和完善，例如调整控件的大小、位置和布局、修改报表标题的内容等。

5.2.2　使用报表向导创建报表

使用一键生成报表快捷方便，但格式单调，有时不能满足应用的需要；使用设计视图从零开始添加控件来创建报表则十分枯燥烦琐；使用向导创建报表，可以使报表创建变得相对来说容易得多，是一种创建报表比较灵活和方便的方法。

使用向导创建报表，可以通过系统提供的一系列"报表向导"对话框，输入自己特定的设计需求，再由系统自动完成报表的设计。如果系统生成的报表不够理想，还可以在设计视图中进一步修改和完善。

使用向导创建报表的关键是要启动报表向导，并逐步在向导的提示下进行下列操作：

（1）选择报表使用的数据源。

（2）选择报表中使用哪些字段。

（3）添加分组级别。

（4）确定排序和汇总信息。

（5）选择报表布局。

（6）指定报表标题。

（7）预览并保存报表，结束报表的创建。

如果事先指定了表与查询之间的关系，还可以使用来自多个表或查询的字段进行创建。

【例5-2】以"课程信息表"为数据源建立名为"向导创建课程信息纵栏式报表"的报表，包含课程代号、课程名称、类别、考核、学分、学时字段。

操作步骤如下：

（1）打开"教学管理"数据库，单击"创建"选项"报表"组中的"报表向导"按钮。

（2）在打开的"报表向导"对话框之一（见图 5-10）中，从"表/查询"下拉列表框中选择创建报表所需的表或查询，在"可用字段"列表中选择所需字段。本题选"课程信息表"中的"课程代号""课程名称""类别""考核""学分""学时"字段，单击"下一步"按钮。

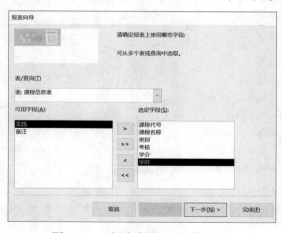

图 5-10　"报表向导"对话框之一

（3）在打开的"报表向导"对话框之二中确定是否添加分组级别，本题不分组。单击"下一步"按钮。

（4）在打开的"报表向导"对话框之三（见图 5-11）中设置记录的排序次序，最多可以按 4 个字段对记录排序，而且既可以升序也可以降序（单击"升序"按钮或"降序"按钮进行设置）。本题设置"课程代号"为"升序"，"类别"为"升序"。单击"下一步"按钮。

图 5-11　"报表向导"对话框之三

（5）在打开的"报表向导"对话框之四（见图 5-12）中确定报表的布局方式。该对话框提供了三种布局方式：纵栏表、表格、两端对齐；还可设置报表内容在纸张中的显示方向："纵向"或"横向"；复选框可设置"调整字段宽度，以便使所有字段都能显示在一页中"。本题选布局为"纵栏表"，其他保持默认设置。单击"下一步"按钮。

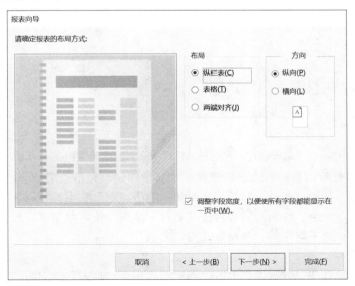

图 5-12　"报表向导"对话框之四

（6）在打开的"报表向导"对话框之五（见图 5–13）中为报表指定标题（也是报表的名称）。本题输入"向导创建课程信息纵栏式报表"。单击"完成"按钮。

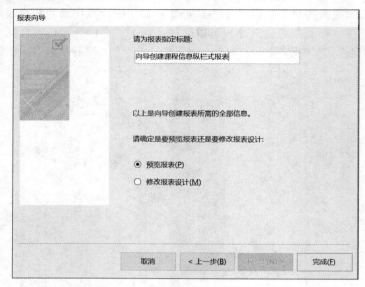

图 5–13　"报表向导"对话框之五

至此，成功创建了报表，并以"预览报表"的方式打开报表。所创建的报表（局部）如图 5–14 所示。

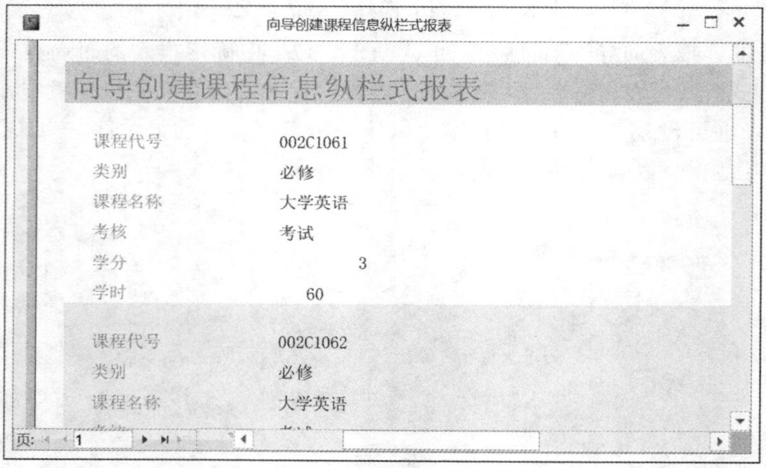

图 5–14　"向导创建课程信息纵栏式报表"打印预览视图（局部）

【例5–3】以"教师信息表"为数据源建立"向导创建教师信息明细_分组_排序报表"，包含教师编号、姓名、性别、年龄、起始工作时间、学历、职称和手机号码 8 个字段，要求该报表的记录按"性别"分组，性别相同者再按"职称"分组，按"起始工作时间"的"降序"排序，并分组统计教师的平均年龄，布局方式为"大纲"。

操作步骤如下：

（1）打开"教学管理"数据库，单击"创建"选项卡"报表"组中的"报表向导"按钮。

（2）在打开的"报表向导"对话框之一（见图 5–15）中，从"表/查询"下拉列表框中选择"教师信息表"为报表数据源，在"可用字段"列表中选择教师编号、姓名、性别、年龄、起始工作时间、学历、职称和手机号码 8 个字段，单击"下一步"按钮。

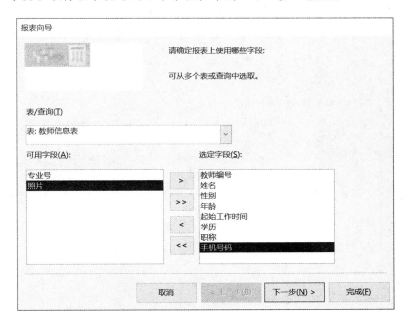

图 5-15　"报表向导"对话框之一

（3）在打开的"报表向导"对话框之二（见图 5-16）中确定是否添加分组级别。分组是为了使报表的层次更加清晰，如果是多级分组，还可以对分组字段的优先级进行调整。本题选择先按"性别"分组，再按"职称"分组。单击"下一步"按钮。

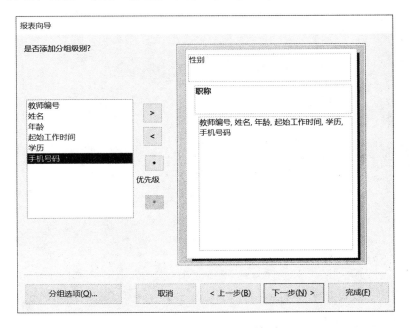

图 5-16　"报表向导"对话框之二

（4）在打开的"报表向导"对话框之三（见图 5-17）中设置明细信息使用的排序次序和汇总信息。本题设置按"起始工作时间"的"降序"排序。单击该对话框下部的"汇总选项"按钮，打开"汇总选项"对话框，如图 5-18 所示，在对话框中设置求"年龄"字段的平均值，保持默认设置"明细和汇总"，单击"确定"按钮，关闭"汇总选项"对话框。单击"下一步"按钮。

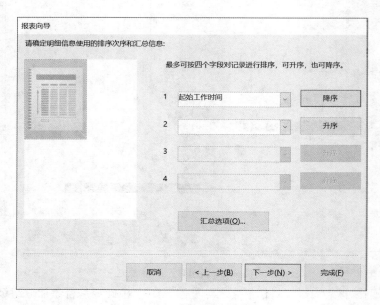

图 5-17 "报表向导"对话框之三

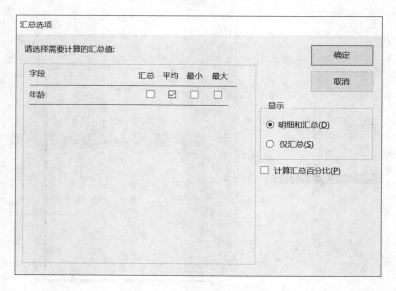

图 5-18 "汇总选项"对话框

（5）在打开的"报表向导"对话框之四（见图 5-19）中确定报表的布局。本题选择布局方式为"大纲"，其他保持默认设置。单击"下一步"按钮。

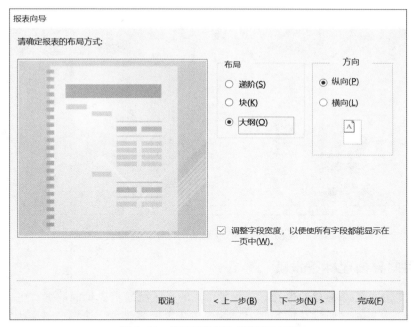

图 5-19 "报表向导"对话框之四

（6）在打开的"报表向导"对话框之五（见图 5-20）中，为报表指定标题。本题输入"向导创建教师信息明细_分组_排序报表"。单击"完成"按钮，在"打印预览"视图中打开报表。

图 5-20 "报表向导"对话框之五

（7）如果对预览的报表不满意，可以切换到设计视图，对其进行修改和完善。

（8）设计完成后的报表（局部）如图 5-21 所示。

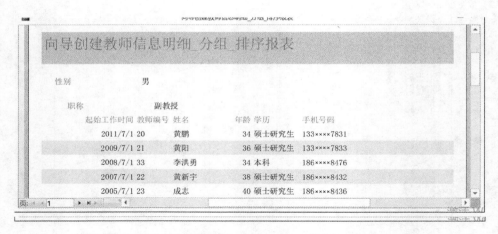

图 5-21　向导创建教师信息明细_分组_排序报表（局部）

5.2.3　使用向导创建标签报表

标签报表是一种特殊格式的报表，它在名片式的小区域显示少量的数据。在 Access 中，利用向导设计标签报表时，通过在标签向导对话框中指定标签尺寸、选择标签文本字体和颜色、确定标签显示内容、选择标签排序字段等操作，就可以快速生成所需的标签报表。

【例5-4】以"教师信息表"为数据源，建立"教师标签报表"，设计完成后的教师标签报表如图 5-22 所示。

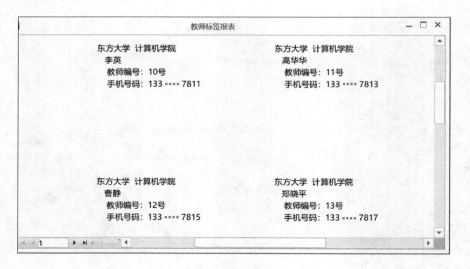

图 5-22　教师标签报表

操作步骤如下：

（1）打开"教学管理"数据库，为报表指定数据源，选择"教师信息表"。

（2）单击"创建"选项卡"报表"组中的"标签"按钮。

（3）在打开的"标签向导"对话框之一（见图 5-23）中指定标签的型号和尺寸。本题保持默认选择型号为 C2166。单击"下一步"按钮。

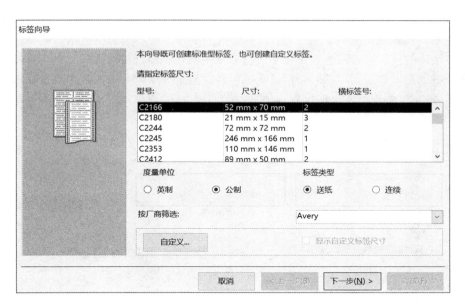

图 5-23　"标签向导"对话框之一

（4）在打开的"标签向导"对话框之二（见图 5-24）中对文本的字体、字号、粗细、颜色、倾斜、下画线进行设置。本题选择"微软雅黑"、10 号字，其他保持默认选择。单击"下一步"按钮。

图 5-24　"标签向导"对话框之二

（5）在打开的"标签向导"对话框之三（见图 5-25）中确定标签的显示内容。对话框右侧的"原型标签："矩形区域是一个小型文字编辑区域，在其中可以设计标签，如指定标签中待显示的内容及标签的显示方式和布局。可以从左边"可用字段"中选中字段添加到右边的"原型标签："编辑区域中，也可以在右边的"原型标签"编辑区域中直接输入所需文本。在"原型标签:"编辑区域中,大括号{}及括号内的字符代表来自数据源中的字段,无大括号{}的文本是直接输入的文本。在预览报表时,大括号{}及括号内的字符不会在报表中显示,取而代之的是来自数据源中字段的值,在每张标签中该字段值会发生变化,而直接输入的文本在每张标签中都保持不变。本题选"姓名""教师编号""手机号码"三个字段,其余文本为直接输入,操作时用 Space 键及 Enter 键控制光标的位置,标签布局如图 5-24 所示。单击"下一步"按钮。

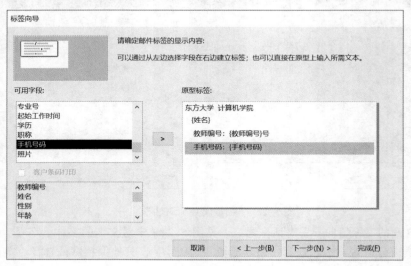

图 5-25 "标签向导"对话框之三

(6)在打开的"标签向导"对话框之四(见图 5-26)中确定标签的排序依据。本例中将"可用字段"中的"教师编号"字段添加到"排序依据"列表框中。单击"下一步"按钮。

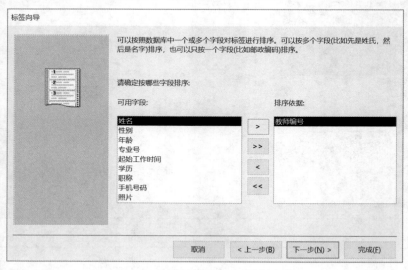

图 5-26 "标签向导"对话框之四

(7)在打开的"标签向导"对话框之五(见图 5-27)中指定标签报表的名称,并确定是要"查看标签的打印预览"还是"修改标签设计",本题输入名称"教师标签报表",并选择"查看标签的打印预览"单选按钮。单击"完成"按钮,结束标签报表的创建。

图 5-27 "标签向导"对话框之五

5.2.4 使用设计视图创建报表

使用自动创建报表的方法和通过报表向导创建报表，可以简单、快捷地创建报表，但创建的报表格式比较单一，有一定的局限性，有时可能不能满足应用要求。Access 中还可以从"报表设计"视图开始创建一个新报表。相对来说，使用设计视图创建报表，具有更大的主动性和灵活性，可以创建风格独特、美观实用的报表。

在实际应用中，如果需要创建的报表功能比较复杂或格式比较独特，大都首先利用系统提供的各种自动报表或报表向导来快速创建基本报表，然后切换到设计视图进一步修改完善报表的设计。

使用设计视图创建报表与使用设计视图创建窗体在许多方面都非常类似，但也有一些不同之处。下面介绍利用设计视图创建报表的相关概念和基本操作。

1. 报表设计工具及格式选项

报表的设计视图与窗体设计视图一样，为报表的设计提供了一些工具和格式选项。这些工具包括"报表设计工具"、"控件组"、"字段列表"窗口和"属性"窗口。菜单栏中的"格式"选项包括调整控件字体格式、调整控件大小、对齐控件、调整控件间距等。

默认情况下，在报表设计视图中打开报表（单击"创建"选项卡"报表"组中的"报表设计"按钮）时，就会显示"报表设计工具"，其中包含"设计""排列""格式""页面设置"4个选项卡。其中，"设计"选项卡如图 5-28 所示，"排列"选项卡如图 5-29 所示，"格式"选项卡如图 5-30 所示，"页面设置"选项卡如图 5-31 所示。

图 5-28 "报表设计工具"的"设计"选项卡

图 5-29 "报表设计工具"的"排列"选项卡

图 5-30 "报表设计工具"的"格式"选项卡

图 5-31 "报表设计工具"的"页面设置"选项卡

报表中的工具及用法与窗体中的基本相同，此处不再赘述。

2．使用设计视图创建报表的步骤

使用设计视图创建报表的主要步骤如下：

（1）在数据库窗口，进入报表设计视图。

（2）添加报表页眉和报表页脚。

（3）为报表指定数据源。

（4）向报表添加控件。

（5）设置报表分组和排序属性。

（6）设置报表和控件的外观格式、大小位置和对齐方式等。

（7）预览报表并命名保存报表，结束报表的创建。

3．添加报表页眉和报表页脚

在打开的报表设计视图中，默认的报表设计窗口只包含三部分：页面页眉、主体和页面页脚。在这三部分的任一空白处右击，在弹出的快捷菜单中选择"报表页眉/页脚"命令，显示"报表页眉"和"报表页脚"，如图 5-32 所示。

4．为报表指定数据源

报表的数据源可以是表、查询、SQL 语句等。为报表指定数据源的方法有两种：

（1）在报表设计视图中，单击"报表设计工具"中"设计"选项卡"工具"组中的"添加现有字段"，打开"字段列表"框。单击"显示所有表"按钮，在下面列出的表中选择一个表作为报表的数据源，单击所选表左侧的"+"号，显示表中的所有字段。

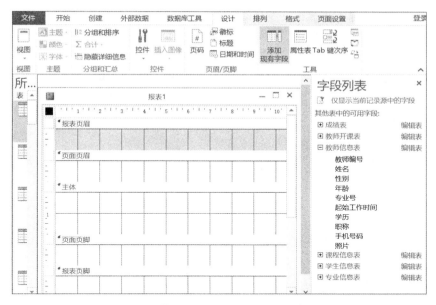

图 5-32 使用"报表设计"视图创建报表

（2）在报表设计视图中，单击"报表设计工具"中"设计"选项卡"工具"组中的"属性表"，打开"属性表"窗口，选择"数据"选项卡，在"记录源"属性右侧的下拉列表框中选择表或查询作为报表的数据源。

5. 向报表添加控件

根据控件的数据来源，可将报表控件分为三类：绑定型控件、非绑定型控件和计算型控件。根据控件类型的不同，可分别使用"字段列表"框或"控件组"向报表添加控件。

（1）绑定型控件：绑定型控件都有一个数据源，来源于表或查询中的字段。一般使用"字段列表"框向报表添加控件。

（2）非绑定型控件：非绑定型控件没有数据源，与基础表或查询无关。一般使用"控件组"向报表添加控件。

（3）计算型控件：报表中用于进行计算的控件，例如总计、小计、求平均值等，也可以根据报表上的一个或多个字段中的数据，使用表达式计算其值。表达式总是以等号"="开始，并使用最基本的运算符。一般使用"控件组"向报表添加控件。

6. 向报表添加控件

向报表添加控件，可以使用"字段列表"，也可以使用"工具箱"，方法与向窗体添加控件完全相同。

有所区别的是，表格式报表与表格式窗体不同，在设计时要进行不同的处理。

一般来说，窗体的应用主要是在计算机屏幕中直观地查看数据，当数据很多的时候，Access会自动出现滚动条，以便于查看所有数据，这时字段名称会保留在表格式窗体的上部，而只是记录数据在滚动。对于报表来说，主要应用是打印输出在纸张上，就不可能有滚动条，当数据很多的时候，需要打印多页报表，每页报表的页面页眉上都需要出现字段名称。因此，对于表格式的明细报表，需要将字段名称放置在页面页眉中。

如果是一键创建报表或向导创建报表，Access会自动将显示字段值的文本框放置在主体中，将显示字段名称的关联标签放置在页面页眉中；如果是在设计视图中创建表格式报表，当向报表主体中添加字段时，其文本框及关联标签会同时添加到主体中。这时就需要将关联标签"剪切"下来，"粘贴"到报表的页面页眉中。

【例5-5】以"课程信息表"为数据源，利用设计视图手动创建一个"课程信息报表"，设计完成后的报表效果如图 5-33 所示。

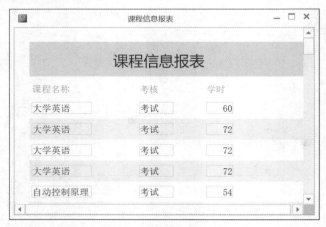

图 5-33　手动创建课程信息报表

操作步骤如下：

（1）打开"教学管理"数据库，单击"创建"选项卡"报表"组中的"报表设计"按钮。

（2）为报表指定数据源。单击"报表设计工具"中"设计"选项卡"工具"组中的"添加现有字段"，打开"字段列表"框。单击"显示所有表"按钮，在下面列出的表中选择"课程信息表"作为报表的数据源，单击所选表左侧的"+"号，显示表中的所有字段。

（3）从"字段列表"框中将"课程名称"字段拖放到报表设计视图的主体中，如图 5-34 所示。报表上增加了两个对象：一个文本框和一个关联标签。标签用来显示该字段的名称，文本框用来显示该字段的数据。

（4）单击"课程名称"标签，再单击工具栏中的"剪切"按钮，然后将光标移到页面页眉节中，单击工具栏中的"粘贴"按钮，这样就可将标签放置到页面页眉中，如图 5-35 所示。适当地调整标签及文本框的大小及位置。

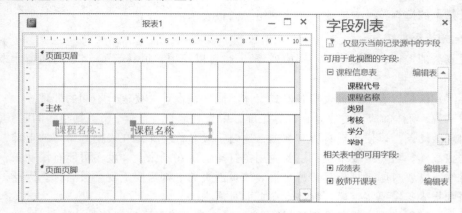

图 5-34　从"字段列表"框中将"课程名称"字段拖放到主体中

图 5-35　从主体中将标签放置到页面页眉中

（5）用类似的方法从"字段列表"框中将"考核"和"学时"两个字段拖放到主体中，并将它们的标签放置到页面页眉中。适当调整各节的宽度和高度，调整页面页眉中的标签和主体中的文本框的大小、布局及对齐，如图 5-36 所示。

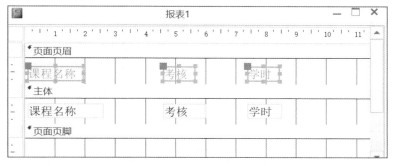

图 5-36　主体中将标签放置到页面页眉中

（6）添加报表页眉和报表页脚。在页面页眉、主体和页面页脚三个部分的任一空白处右击，在弹出快捷菜单中选择"报表页眉/页脚"命令，显示"报表页眉"和"报表页脚"。

（7）在报表页眉中添加一个标签，标签文字为"课程信息报表"。调整标签的大小及位置，设置字体为"微软雅黑"，18 号字，深蓝色。设计完成后的报表设计视图如图 5-37 所示。

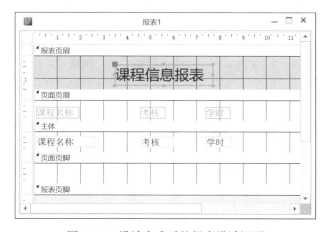

图 5-37　设计完成后的报表设计视图

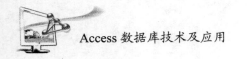

（8）预览报表，满意后以"课程信息报表"为文件名保存报表，结束报表的创建。

5.2.5 在报表中添加计算控件

与窗体设计一样，报表设计中也可以添加计算控件。在 Access 中利用计算控件进行统计计算并输出结果的操作主要有以下三种形式：

（1）在组页眉/组页脚节内添加计算字段进行分组汇总计算。

在组页眉/组页脚节内添加计算字段，可以对一组记录的某些字段进行求和或求平均值计算，这种形式的统计计算一般是按照分组对报表字段列的纵向记录数据进行统计，而且一般要使用 Access 提供的内置统计函数来完成相应的计算操作。

（2）在报表页眉/报表页脚节内添加计算字段进行汇总计算。

在报表页眉/报表页脚节内添加计算字段，可以对所有记录的某些字段进行求和或求平均值计算，这种形式的统计计算一般是对整个报表字段列的纵向记录数据进行统计，而且一般要使用 Access 提供的内置统计函数来完成相应的计算操作。

（3）在主体节内添加计算控件。

在主体节内添加计算控件对每条记录的一个或若干字段值进行求和、求平均值或其他算术运算时，只要设置计算控件的控件源为不同字段的计算表达式即可。这种形式的计算一般是从横向对报表记录数据进行计算，相对来说较少应用。如果需要进行这种计算，一般先设计一个查询，并在查询中添加计算字段，再以这个查询为数据源设计报表，这样会更简单一些。

1．在报表中进行汇总计算

在报表中进行汇总计算是报表的重要功能之一。报表中的汇总计算主要包括求和、求平均值、求最大值和求最小值等，可以使用统计函数 Sum（求和）、Avg（求平均值）、Max（求最大值）和 Min（求最小值）来实现。

下面以在报表中求平均值计算为例来说明，操作步骤如下：

（1）在"设计视图"中打开报表。

（2）单击"控件组"中要作为计算控件的文本框控件按钮，单击报表设计视图中要放置控件的位置。如果要分组求某个字段的平均值，可以将文本框控件添加到组页眉或组页脚中；如果要对所有记录的某个字段求平均值，可以将文本框控件添加到报表页眉或报表页脚中。

（3）打开文本框控件的"属性表"对话框，单击"数据"选项卡，在"控件来源"文本框中输入 Avg 函数及相应的字段参数即可。也可以直接在文本框中输入 Avg 函数及相应的字段参数。

2．用"表达式生成器"输入函数

而且一般要使用 Access 提供的内置统计函数来完成相应的计算操作。

在计算控件中进行汇总计算时，在输入计算用的表达式时，如果对函数很熟悉，可以在文本框中直接输入函数；如果不是很熟悉，则可以使用"表达式生成器"及 Access 提供的内置统计函数来完成相应的输入，具体操作步骤如下：

（1）在"设计视图"中打开报表。

（2）单击"控件组"中要作为计算控件的文本框控件按钮，按照上面所介绍的方法确定报表设计视图中要放置控件的位置。

（3）双击文本框打开文本框控件的"属性表"对话框，单击"数据"选项卡，单击"控件来源"文本框右侧的按钮，打开"表达式生成器"对话框，如图 5-38 所示。

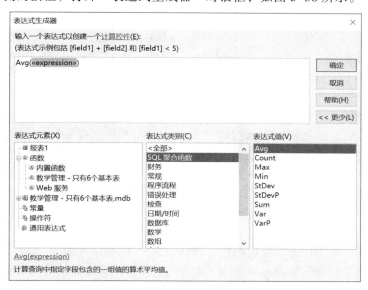

图 5-38 "表达式生成器"对话框

（4）在"表达式生成器"对话框左侧的对象列表框中双击"函数"文件夹，单击其中的"内置函数"，这时在中间的列表框中列出了所有函数的类别，在右侧列表框中列出了某一类别的全部函数。

（5）双击要输入的函数或先选中要输入的函数再单击"粘贴"按钮，则所需函数及其格式输入到对话框上部编辑区域中。

（6）在函数中输入相应的参数，完成函数表达式的输入。

（7）单击"确定"按钮。

说明：函数中的参数"«expression»"是占位符，代表字符串表达式，其中可包括字段、常量或函数。

5.3 在报表中分组和排序

数据表中记录的排列顺序是按照输入的先后顺序排列的。有时，需要将记录按照特定要求排列，这就要进行排序。

一般来说，分组显示的信息往往更清晰、更有条理，所以，实际应用中经常需要对报表按某个字段分组并对数据进行统计汇总。数据库中记录的分组和排序是一项很重要的工作，这正是报表的主要功能之一。

报表的分组和排序有两种方法：一是利用报表向导创建分组和排序的报表（如前述例 5-3 所示），此时报表中的数据源可以来自多个表或查询；二是利用自定义方式创建分组和排序的报表，即通过"分组和排序"按钮进行分组和排序设置，此时报表中的数据源只能是一个表或一个查询，如果需要涉及多个表或查询中的数据，必须先利用查询将报表中需要的数据集中到一起，然后以此查询作为报表的数据源。

在利用自定义方式创建分组和排序报表时，Access 最多可按 10 个字段分组和排序。而利用向导创建报表进行排序设置时，最多可以按 4 个字段进行排序。

5.3.1 报表中记录的排序

记录的排序是指将显示在报表中的记录按照某个字段或某些字段的升序或降序的次序进行排列。

数据表中记录的排列顺序最初是按照输入的先后顺序即物理顺序排列的。虽然报表的数据源（表或查询）可能已经设置了按某些字段进行排序，但是可能并不符合报表中对记录排序的特定要求，这就需要在报表中重新设定排序。报表中设定的排序将覆盖其数据源中已有的排序。

【例5-6】以“教师信息表”为数据源建立“教师信息明细_排序报表”，包含教师编号、姓名、性别、年龄、起始工作时间、学历、职称和电话号码 8 个字段，要求该报表的记录按“性别”的“降序”、“职称”的“升序”、“起始工作时间”的“降序”排序。

本题分两步实现。第一步使用“报表向导”快速创建报表，但不设置任何排序；第二步利用“分组和排序”对话框来设置排序。

第一步：使用“报表向导”快速创建“教师信息明细_排序报表”。操作步骤如下：

（1）打开“教学管理”数据库，单击“创建”选项卡“报表”组中的“报表向导”按钮。

（2）在打开的“报表向导”对话框之一中，从“表/查询”下拉列表框中选择“教师信息表”为报表数据源，在“可用字段”列表中选择教师编号、姓名、性别、年龄、起始工作时间、学历、职称和电话号码 8 个字段。单击“下一步”按钮。

（3）在打开的“报表向导”对话框之二中确定是否添加分组级别，此处暂不分组。单击“下一步”按钮。

（4）在打开的“报表向导”对话框之三中设置记录的排序次序，此处暂不排序。单击“下一步”按钮。

（5）在打开的“报表向导”对话框之四中确定报表的布局，本题选“表格”，其他保持默认设置。单击“下一步”按钮。

（6）在打开的“报表向导”对话框之五中为报表指定标题。本题输入“教师信息明细_排序报表”。单击“完成”按钮。此时，设计完成后的报表（局部）如图 5-39 所示。

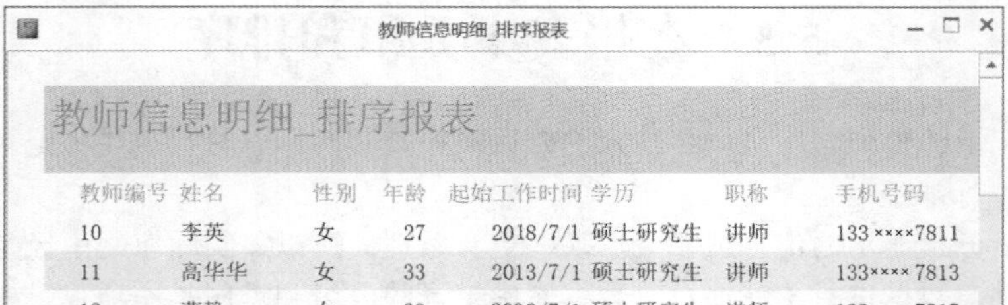

教师编号	姓名	性别	年龄	起始工作时间	学历	职称	手机号码
10	李英	女	27	2018/7/1	硕士研究生	讲师	133××××7811
11	高华华	女	33	2013/7/1	硕士研究生	讲师	133××××7813
12	曹静	女	39	2008/7/1	硕士研究生	讲师	133××××7815
13	郑晓平	女	45	2003/7/1	博士研究生	教授	133××××7817
14	徐立明	男	51	1998/7/1	博士研究生	教授	133××××7819
15	白明生	男	57	1993/7/1	博士研究生	教授	133××××7821
16	曹陆文	男	26	2019/7/1	博士研究生	讲师	133××××7823

图 5-39　教师信息明细_排序报表（局部）（暂未排序）

第二步：利用“分组和排序”按钮来设置排序。操作步骤如下：

（1）在报表的设计视图中打开"教师信息明细_排序报表"。

（2）单击"报表设计工具"中"设计"选项卡"分组和汇总"组中的"分组和排序"按钮，在窗口下端出现"分组、排序和汇总"操作区域，如图 5-40 所示。

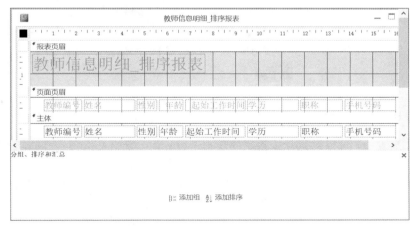

图 5-40　"分组、排序和汇总"操作区域

（3）在"分组、排序和汇总"操作区域，单击"添加组"，在出现的字段列表中选择要排序的字段，并单击排序按钮右侧的下拉按钮，选择该字段按"升序"或"降序"排序。对本题，依次选择按"性别"的"降序"、"职称"的"升序"、"起始工作时间"的"降序"排序，如图 5-41 所示。

图 5-41　本题的分组、排序设置

（4）单击"分组、排序和汇总"操作区域右上角的"关闭"按钮，保存对报表的排序设置。

（5）预览报表，满意之后保存报表。

这就完成了报表记录按指定要求排序，打印预览的效果如图 5-42 所示。

图 5-42　"教师信息明细_排序报表"（已排序）

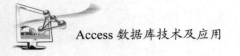

说明：

（1）本题暂未设置分组和汇总。

（2）记录排序的优选级由"分组、排序和汇总"操作区域中字段的排列次序来决定。在Access 2013中最多可以对10个字段进行排序，执行时先按第一个字段排序，然后再按第二个字段排序。排序时升序的次序是从A到Z或从0到9，汉字按汉语拼音顺序排序。

（3）如果要改变排序的次序，单击要改变次序的字段行中的"上升"按钮或"向下"按钮即可。

5.3.2 报表中记录的分组

在Access报表中，可以对记录按指定的规则进行分组。分组是指将具有共同特征的相关记录组成一个集合。报表中的记录分组后，相关记录集中在一起，并且可以为每个组的记录设置汇总数据及相应的说明文字。报表中记录的分组可以嵌套，最多可以嵌套10层。

记录的分组必须建立在排序的基础上，但是，设置了排序的字段不一定按其分组。只有对记录进行了分组和排序，才能对数据进行分类、汇总。通过排序与分组对报表进行统计汇总是报表最主要的功能之一。

对记录分组是通过"分组和排序"按钮设置排序字段的"组页眉"和"组页脚"属性为"是"来实现的。

从前面的例5-3可知，利用"报表向导"可以对报表分组和排序，但是有时不能满足实际需要，因为利用"报表向导"操作时，必须先添加分组级别，而分组信息是自动按照升序排序的。如果想要按照降序排序，就必须利用"分组和排序"按钮来设置。

【例5-7】在例5-6建立的"教师信息明细_排序报表"的基础上，建立"教师信息明细_分组报表"，并在其中添加分组及汇总信息，具体要求如下：

（1）为报表添加"性别"分组，在"性别"分组中嵌套"职称"分组。

（2）在"性别"和"职称"组页眉中分别添加"性别"和"职称"字段及相关说明文字。

（3）在"职称"组页脚中添加求"年龄"字段平均值的计算控件，按职称分组求年龄的平均值。

（4）保持按"起始工作时间"的"降序"排序不变。

操作步骤如下：

（1）在数据库窗口，选定"教师信息明细_排序报表"，单击工具栏中的"复制"按钮，再单击"粘贴"按钮，在"粘贴为"对话框中输入"教师信息明细_分组报表"，单击"确定"按钮。

（2）在报表的设计视图中打开"教师信息明细_分组序报表"。将报表页眉中标签的文字改为"教师信息明细_分组报表"，然后在报表的"属性表"窗口中将"格式"选项卡中"标题"属性也更改为"教师信息明细_分组报表"，如图5-43所示。请注意观察报表标题栏的变化。

图 5-43　更改标签文字及标题属性

（3）在"分组、排序和汇总"操作区域，单击"性别"分组右侧的"更多"按钮，默认"按整个值"排序、"无汇总"、"有页眉节"、"无页脚节"，如图 5-44 所示。

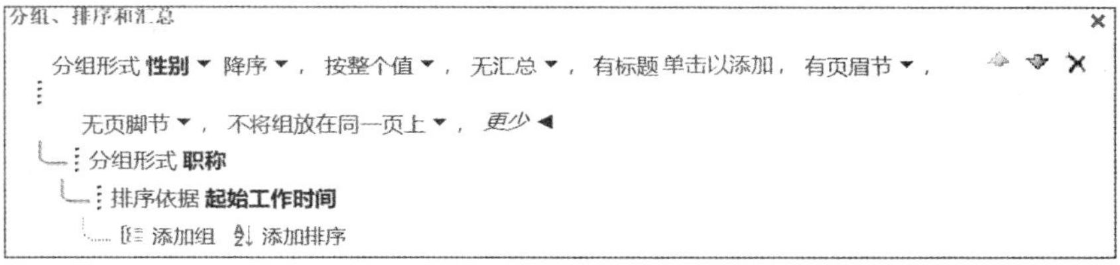

图 5-44　设置"性别"字段的分组属性

说明：分组页眉与分组页脚不必成对出现，而是根据需要设置。

（4）用第（3）步类似的方法设置"职称"分组，将"职称"字段设置为"按整个值"排序、"无汇总"、"有页眉节"、"有页脚节"，如图 5-45 所示。

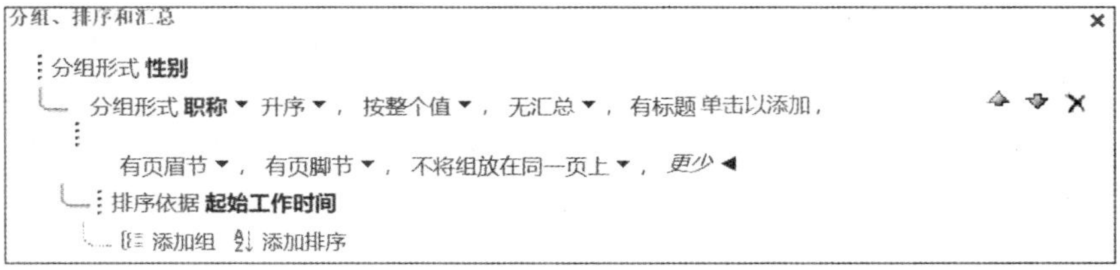

图 5-45　设置"职称"字段的分组属性

（5）用类似方法设置"起始工作时间"分组，将"起始工作时间"字段设置为"按日"排序、"无汇总"、"无页眉节"、"无页脚节"。如图 5-46 所示。

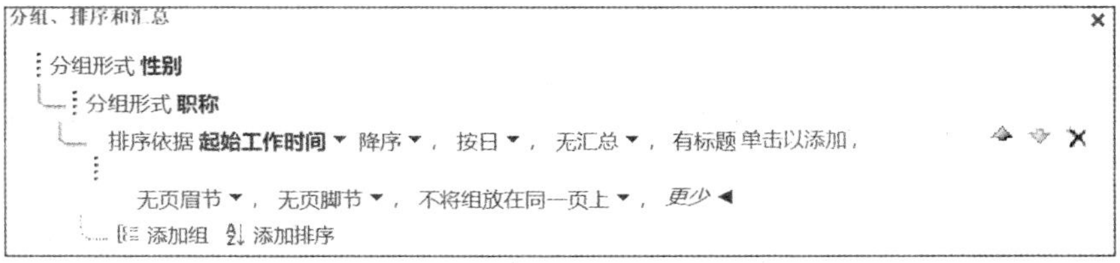

图 5-46　设置"起始工作时间"字段的分组属性

（6）关闭"分组、排序和汇总"操作区域，返回报表设计视图窗口，可以看到在报表中为"性别"和"职称"字段设置了分组的组页眉，为"职称"设置了分组的组页脚。其排列顺序是"性别页眉""职称页眉""主体""职称页脚"，如图 5-47 所示，这表示在"性别"分组中嵌套了"职称"分组。

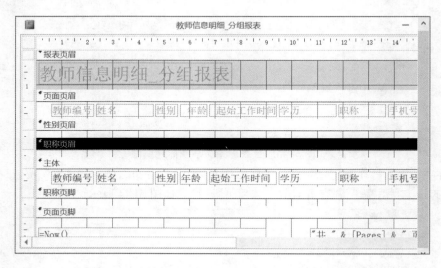

图 5-47　添加"性别"和"职称"分组的设计视图

（7）从"页面页眉"中将"性别"标签拖放到"性别页眉"中，并将标签文字修改为"性别："；再从"主体"中将"性别"文本框拖放到"性别页眉"中。

（8）从"页面页眉"中将"职称"标签拖放到"职称页眉"中，并将标签文字修改为"职称："；再从"主体"中将"职称"文本框拖放到"职称页眉"中。

（9）在"职称页脚"中，添加求"年龄"字段平均值的计算控件，方法是：先从"控件组"中向"职称页脚"中添加一个非绑定型文本框，然后在文本框"属性表"窗口中的"控件来源"属性框中输入：=Avg([年龄])，或者直接在文本框中输入：=Avg([年龄])。再将文本框的关联标签文字修改为"年龄平均值："。设计视图如图 5-48 所示。

图 5-48　添加计算控件求"年龄平均值"

（10）切换到打印预览视图可以看到，年龄平均值的小数位数不符合要求。双击显示年龄平均值的文本框，在"属性表"窗口中，将"格式"属性设置为"固定"，将"小数位数"属性设置为 0，如图 5-49 所示。

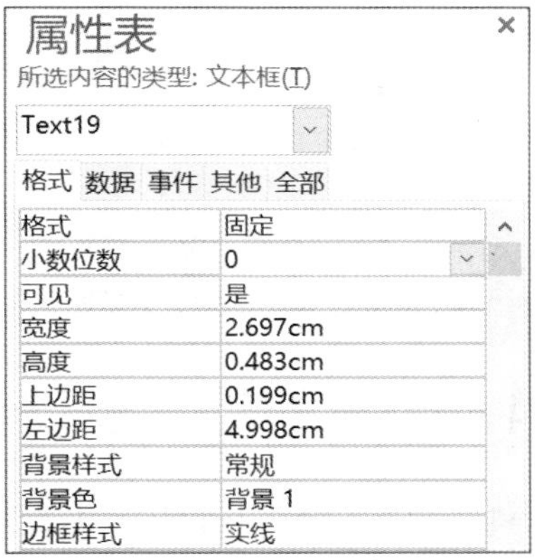

图 5-49　设置"年龄平均值"的数据"格式"及"小数位数"

（11）适当调整控件的大小及位置，调整各节的高度。报表视图效果如图 5-50 所示。

图 5-50　"教师信息明细_分组报表"的报表视图

（12）保存报表。

5.3.3　插入新的排序或分组

在已经设置了分组和排序的报表中，如果需要插入新的排序或分组字段，可以按下列步骤操作：

（1）在设计视图中打开报表。

（2）单击"分组和排序"按钮，打开"分组、排序和汇总"操作区域。

（3）插入新的排序但不分组操作：单击"添加排序"按钮，在出现的字段列表中选择要排序的字段，在右侧选择"升序"或"降序"。

（4）插入新的分组操作：单击"添加组"按钮，在出现的字段列表中选择要分组的字段，在右侧选择"升序"或"降序"，设置相应的分组属性。

（5）当有多个排序字段时，如果要改变排序的次序，单击要改变次序的字段行，单击右侧的"上升"或"下降"按钮即可。

（6）设置完成后，关闭"分组、排序和汇总"操作区域。

5.3.4 删除排序或分组

如果要删除报表中的某项排序或分组，可以按下列步骤操作：

（1）在设计视图中打开报表。

（2）单击"分组和排序"按钮，打开"分组、排序和汇总"操作区域。

（3）单击要删除的排序或分组字段右侧的"删除"按钮即可。

5.4 报表的进一步设计

报表初步创建好之后，可以进一步对报表进行设计，主要是调整报表的外观以及在报表中添加分页符和页码、添加日期和时间、添加"直线"控件、添加背景图片等，以丰富报表内容满足应用需求。

5.4.1 在报表中添加分页符和页码

1. 添加分页符

在报表中，可以在某一节中使用分页符控件来标志需要另起一页的位置。例如，如果需要报表标题页和前言信息分别打印在不同的页上，可以在报表页眉中标题页上要显示的最后一个控件之后和第二页的第一个控件之前设置一个分页符。

添加分页符的操作步骤如下：

（1）在设计视图中打开报表。

（2）单击"控件组"中的"分页符"按钮。

（3）单击报表中需要设置分页符的位置。

说明： 最好将分页符设置在某个控件的上方或下方，以免拆分了控件中的数据。

Access 将分页符以短虚线为标记放置在报表的左边界上。

另外，也可以通过对某个节的"强制分页"属性进行设置来达到分页的目的。如果希望报表中的每条记录或每组记录均另起一页，可以通过设置分组页眉、分组页脚或主体节的"强制分页"属性来实现。

"强制分页"属性有"无""节前""节后""节前和节后"4 个选项，如图 5-51 所示。其中：

- 无：表示不强制分页，此为默认设置。
- 节前：表示有新的数据出现时，在新的一页顶部开始打印当前一组记录。
- 节后：表示有新的数据出现时，在新的一页顶部开始打印下一组记录。
- 节前和节后：为"节前"和"节后"两种效果的综合。

2. 添加页码

在报表中可以添加页码。操作步骤如下：

（1）在设计视图中打开报表。

（2）单击"设计"选项卡中的"页码"按钮，打开"页码"对话框，如图 5-52 所示。

图 5-51　"强制分页"属性选项

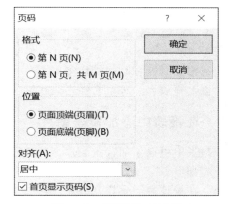

图 5-52　"页码"对话框

（3）根据需要设置页码的格式、页码所处的位置、页码对齐方式、首页是否显示页码等，单击"确定"按钮，即可在报表中插入页码。

（4）单击"确定"按钮。

说明：利用自动报表或向导创建报表时，Access 会自动添加页码。

5.4.2　在报表中添加日期和时间

在报表中，有时需要在报表的页眉或页脚显示日期和时间。操作步骤如下：

（1）在设计视图中打开报表。

（2）单击"设计"选项卡中的"日期和时间"按钮，打开"日期和时间"对话框，如图 5-53 所示。

图 5-53　"日期和时间"对话框

（3）如果要添加日期，选中"包含日期"复选框，然后再单击相应的日期格式选项。

（4）如果要添加时间，选中"包含时间"复选框，然后再单击相应的时间格式选项。

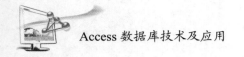

（5）单击"确定"按钮。

说明：如果有"报表页眉"，则系统自动将日期和时间文本框添加在"报表页眉"节中，否则添加在"主体"节中。文本框中的内容分别是"=Date()"和"=Time()"。如果添加在"主体"节中，可能会影响"主体"中记录的显示，这时可以把日期和时间文本框移到"页面页眉"或"页面页脚"节中。

上述添加日期和时间操作主要用在利用设计视图手动创建报表的时候，如果一键创建报表或向导创建报表，Access 会在报表底端自动添加系统当前日期。

5.4.3 在报表中添加背景图片

在报表中可以添加背景图片，背景图片可以应用于报表所有页。向报表中添加背景图片的操作步骤如下：

（1）在设计视图中打开报表。

（2）双击报表选定器打开报表的"属性"窗口。

（3）单击"格式"选项卡中的"图片"属性文本框，单击右侧出现的"插入图片"按钮，打开"插入图片"对话框，从中选择用来作为报表背景的图片。

（4）在"图片类型"属性框中指定图片的添加方式：嵌入或链接。如果指定的是嵌入图片，该图片将存储到数据库文件中。如果指定的是链接图片，则该图片并不存储到数据库文件中，但是必须在硬盘上保存该图片的副本。如果要有效地使用硬盘空间并合理控制数据库文件的大小，应指定为"链接"设置。如果数据库文件会在不同的计算机中使用，则设置为"嵌入"比较方便。

（5）通过设置"图片缩放模式"属性控制图片的比例及显示效果，该属性有以下三种选项：

① 剪辑：按实际大小显示图片，如果图片的大小超出了页边距以内的区域，则区域以外的图像被剪裁掉。

② 拉伸：将图片的大小调整到正好符合页边距以内的区域。此设置可能会扭曲图像。

③ 缩放：将图片的大小按照页边距以内区域的高度或宽度调整，此设置既不会剪裁图片也不会扭曲图像的比例，但报表中可能会有部分区域没有被图像覆盖。

（6）通过设置"图片对齐方式"属性指定图片在页面上的位置。Access 将按照报表的页边距来对齐图片。可用的设置选项有"左上""右上""中心""左下""右下"。

（7）将"图片平铺"属性设置为"是"，可以在页面上平铺图片，平铺将从"图片对齐方式"属性中指定的位置开始。将"图片缩放模式"属性设置为"剪辑"模式时，平铺的背景图片效果最好。

5.4.4 调整报表的外观

在报表设计视图中有若干不同的节，每个节中的控件实现的功能各不相同。调整报表的外观是指从全局出发定义报表自身的显示特征和报表各组成部分的属性及各个控件在报表中的显示方式。

调整报表的外观主要包括以下设计内容：

（1）调整控件的字体格式。

（2）调整控件的位置及大小。

（3）调整报表中字段的显示对齐方式。

（4）调整控件间距。

（5）补充报表设计：在报表中添加边框及样式、添加"直线"和"矩形"控件等。

这些设计可以通过报表设计视图中的"报表设计工具""控件组"及"属性表"窗口来进行。其设计方法与窗体中的设计方法基本相同，此处不再赘述。

5.4.5　设置报表的属性

报表设计时正确而灵活地使用"报表属性""控件属性""节属性"等可以设计出更加精美、更加丰富的报表。"控件属性"及其设置方法与窗体中基本相同，下面仅介绍"报表属性"及"节属性"。

1．报表属性

报表的属性用来决定报表的界面外观及报表的性能。报表的各种属性是在报表的"属性表"窗口进行设置的，操作方法是：在报表设计视图中，双击"水平标尺"与"垂直标尺"交汇点的"报表选择器"，打开报表的"属性表"窗口，然后设置有关的属性值。

打开报表"属性表"窗口的其他方法：选定"报表选择器"，单击工具条中的"属性表"按钮。

在报表的"属性表"窗口中，一般有格式、数据、事件、其他和全部5个选项卡，其中包含了报表的所有属性。对于每一个属性项，当光标进入该属性域时，Access 应用程序窗口下部的状态栏左侧都会显示关于该属性项的简要说明。

报表的大部分属性项及设置方法与窗体中是一样的。下面简单介绍报表属性中的几个常用属性。

（1）标题：用来设定在"打印预览"报表时在报表标题栏上显示的文本。如果"标题"属性值为空，则预览时标题栏显示标题的名称。

说明：报表名称与标题属性值不同时，则在"设计视图"中标题栏上显示报表名称，但在"打印预览"视图和"报表视图"中标题栏上显示标题的属性值。

标题属性值为空时，则在"设计视图"、"打印预览"视图和"报表视图"中标题栏上均显示报表名称。

（2）记录源：用来设置报表的数据源。

（3）筛选：指定条件，使报表只输出符合条件的记录子集。

（4）允许筛选：可选择"是"或"否"，确定筛选条件是否生效。

（5）排序依据：指定报表中记录的排序条件。

（6）记录锁定：可选择"无锁定"或"所有记录"。设置是否锁定及如何锁定表或查询中的记录。

（7）页面页眉和页面页脚：可选择"所有页""报表页眉不要""报表页脚不要""报表页眉/页脚都不要"。控制页面页眉和页面页脚中的内容是否要打印出现在所有的页上。

（8）宽度：可以输入一个数值，用来确定报表中所有节的宽度。

2．节属性

在报表的设计视图中，报表通常由报表页眉、页面页眉、主体、页面页脚、报表页脚5个节组成。对于分组报表，在报表的每个分组还可添加分组页眉和分组页脚两个专用节。"报表页眉"、"页面页眉"和"主体"节拥有相同的属性项,下面简单介绍其中的几个常用属性。

(1)强制分页:可选择"无""节前""节后""节前和节后"。这个属性用来确定该节从何处开始打印。把这个属性值设置成"无",可以强迫换页。

(2)保持同页:可选择"是"或"否"。设成"是",一节区域内的所有行保存在同一页中;设成"否",跨页边界编排。

(3)可见性:可选择"是"或"否"。把这个属性设置为"是",则可以看见该节区域中的内容。

(4)可以扩大:可选择"是"或"否"。设置为"是",表示可以让该节区域扩展,以容纳长的文本。

(5)可以缩小:可选择"是"或"否"。设置为"是",表示可以让该节区域缩小,以容纳较少的文本。

5.5 创建主/子报表

子报表是插入在其他报表(亦称主报表)中的报表。合并报表时必须有且只能有一个报表作为主报表。

主报表中可以包含子报表,也可以包含子窗体,而且可以包含多个子报表和子窗体。在子报表和子窗体中,还可以包含子报表或子窗体。但是,一个主报表最多只能嵌套两级子窗体或子报表。

主报表可以是绑定型的也可以是非绑定型的。也就是说,报表可以将表、查询或 SQL 作为数据源,这就是绑定型报表;报表也可以没有数据源,而只是作为一个"容器",容纳要合并的无数据关联的子报表。

创建子报表的方法有多种,无论采用何种方法,在创建子报表之前,都要首先确保主报表和子报表之间已经建立了正确的联系,这样才能保证在子报表中的记录与主报表中的记录之间有正确的对应关系。

下面介绍在绑定型主报表中创建子报表的方法。

5.5.1 在已有报表中使用子报表控件创建子报表

【例5-8】先以"教师信息表"为数据源创建一个"教师授课信息主/子式报表",该报表包含教师编号、姓名、性别和起始工作时间 4 个字段,报表布局方式采用"纵栏式";然后在"教师授课信息主/子式报表"的设计视图中使用"子报表"控件直接创建一个子报表,该子报表从"课程信息表"中选取"课程名称"字段,再从"教师开课表"中选取教师编号、上课班级、上课时间、上课地点、容量 5 个字段;子报表命名为"教师授课信息子报表"。

1.创建"教师授课信息主/子式报表"

操作步骤如下:

(1)打开"教学管理"数据库,单击"创建"功能区选项卡下"报表"组中的"报表向导"按钮。

(2)在打开的"报表向导"对话框之一(见图 5-54)中,选"教师信息表"中的"教师编号""姓名""性别""起始工作时间"字段,单击"下一步"按钮。

图 5-54　"报表向导"对话框之一

（3）在打开的"报表向导"对话框之二中，确定是否添加分组级别，本题不分组。单击"下一步"按钮。

（4）在打开的"报表向导"对话框之三中，设置记录的排序次序，本题设置"教师编号"为"升序"。单击"下一步"按钮。

（5）在打开的"报表向导"对话框之四中，确定报表的布局方式。本题选布局为"纵栏表"，其他保持默认设置。单击"下一步"按钮。

（6）在打开的"报表向导"对话框之五中，为报表指定标题。本题输入"教师授课信息主/子式报表"。单击"完成"按钮。报表打印预览效果如图 5-55 所示。

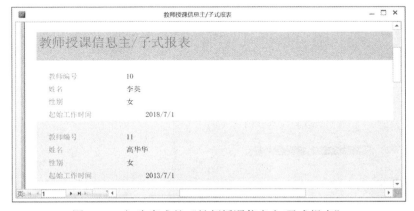

图 5-55　初步完成的"教师授课信息主/子式报表"

2．在"教师授课信息主/子式报表"中使用子报表控件创建子报表

操作步骤如下：

（1）在报表设计视图中打开作为主报表的"教师授课信息主/子式报表"，并适当地调整报表中主体节的大小，在主体节下部要为子报表的插入预留出一定的空间。

（2）确保"控件组"中的"控件向导"按钮处于按下状态，单击"控件组"中的"子窗体/子报表"按钮，然后在报表主体节中需要放置子报表的位置单击或拖动。

（3）在打开的"子报表向导"对话框之一（见图5-56）中，选择"使用现有的表和查询"选项。单击"下一步"按钮。

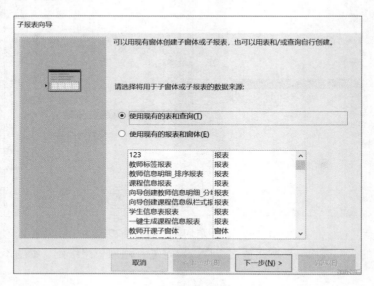

图 5-56　"子报表向导"对话框之一

（4）在打开的"子报表向导"对话框之二（见图5-57）中，确定子报表的数据源及字段，并且可以从一个或多个表和/或查询中选取字段。本题先在"表/查询"列表框中选择"课程信息表"，并从"可用字段"中选取"课程名称"字段添加到"选定字段"列表中；再从"表/查询"列表框中选择"教师开课表"，并从中选取教师编号、上课班级、上课时间、上课地点、容量5个字段。单击"下一步"按钮。

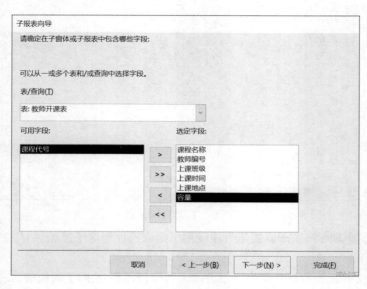

图 5-57　"子报表向导"对话框之二

（5）在打开的"子报表向导"对话框之三（见图 5-58）中，确定主报表链接到子报表的字段。本题选择"自行定义"单选按钮，并在"窗体/报表字段"第一行的下拉列表中选择"教师编号"，在"子窗体/子报表字段"第一行的下拉列表中也选择"教师编号"。单击"下一步"按钮。

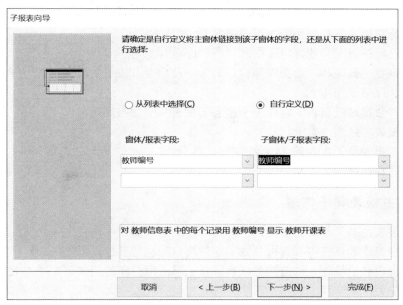

图 5-58　"子报表向导"对话框之三

（6）在打开的"子报表向导"对话框之四中，输入子报表的名称，本题输入"教师授课信息子报表"。单击"完成"按钮，子报表添加完毕。完成后的"教师授课信息主/子式报表"打印预览效果如图 5-59 所示。

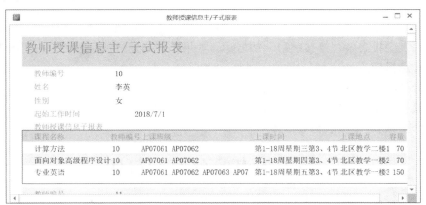

图 5-59　"教师授课信息主/子式报表"打印预览效果

　　Access 在创建主/子报表时，会在主报表中插入子报表控件，同时会将子报表以独立的报表保存下来。有时需要对子报表进行一定的设计修改，如果在主报表的设计视图中修改子报表不方便的话，可以在子报表的设计视图中对子报表单独进行再设计。

5.5.2　将已有报表作为子报表拖放到其他报表中

在 Access 中，可以在数据库窗口中直接将某个已有报表（作为子报表）拖放到其他已有报表（作为主报表）中。

操作步骤如下：

（1）在设计视图中，打开作为主报表的报表。

（2）确保已经按下了"控件组"中的"控件向导"工具。

（3）适当调整主报表和"数据库"窗口的大小及位置，使得两个窗口都直观地，不重叠地呈现在桌面上，以便于操作。

（4）激活"数据库"窗口，将作为子报表的报表从"数据库"窗口拖动到主报表的主体节中需要插入子报表的适当位置上。

（5）调整主报表及子报表的大小及布局。

（6）预览并保存报表。

5.5.3　链接主报表和子报表

如果两个报表是基于相关表创建的，并且在"关系"窗口中定义了表之间的联系，则在通过向导创建子报表或者直接将报表由"数据库"窗口拖动到其他报表中来创建子报表时，系统会自动链接主报表和子报表，该链接可以确保在子报表中打印的记录与在主报表中打印的记录保持正确的对应关系。

如果由于某些原因 Access 没有正确链接主报表和子报表，就必须手动进行链接，操作步骤如下：

（1）在设计视图中，打开已添加子报表的主报表。

（2）在设计视图中，选定子报表控件，然后单击工具栏中的"属性表"按钮，打开子报表的"属性表"窗口。

（3）在"链接子字段"属性框中，输入子报表中"链接字段"的名称；在"链接主字段"属性框中，输入主报表中"链接字段"的名称。如果不能确定链接字段，可以打开其后的"生成器"工具去选择构造。

（4）单击"确定"按钮，完成主报表和子报表的链接。

说明： 设置主报表/子报表链接字段时，链接字段并不一定要显示在主报表或子报表上，但必须包含在主报表/子报表的数据源中。

5.6　报表的预览和打印

创建报表的最终目的是要打印出美观正确、符合要求的报表。

一般来说，在打印报表之前需要先进行页面设置，即对报表的页面边距、纸张大小、打印方向等参数进行设置；页面设置完成后可以预览报表，检查报表的内容是否正确、格式是否符合要求，如果存在问题可以回到设计视图进行修改，直至打印预览达到满意效果；最后才用打印机打印出纸质的报表。

5.6.1　页面设置

在报表设计视图中，单击"报表设计工具"中"页面设置"选项卡"页面布局"组中的"页面设置"按钮，打开"页面设置"对话框，如图 5-60 所示。报表页面的各种设置都在这个对话框中进行。

图 5-60　"页面设置"对话框

在"页面设置"对话框中，有三个选项卡：

（1）"打印选项"选项卡：设置报表的上、下、左、右页边距，并确定是否只打印数据。"只打印数据"是指只打印绑定型控件中来源于表或查询中字段的数据，其他与数据源中字段数据无关的如独立标签或直线等都不打印。

（2）"页"选项卡：设置打印方向、纸张大小和所使用的打印机。

（3）"列"选项卡：设置报表的列数、列尺寸和列布局。

5.6.2　预览报表

打开报表的"打印预览"视图的操作方法如下：在报表设计视图中，单击"开始"选项卡中"视图"按钮的下拉按钮，选择"打印预览"，即可在打印预览视图查看报表，这时看到的报表与打印出来的报表是相同的。

5.6.3　打印报表

打印报表时，可以在"报表视图""设计视图""打印预览"中打开报表，也可以仅在"数据库"窗口中选定需要打印的报表。一般来说，在打印预览视图查看报表，满意之后再打印。

（1）在"打印预览"视图下打开报表，数据库窗口顶部出现"打印预览"选项卡，如图 5-61 所示。

（2）单击"打印"命令，打开"打印"对话框，如图 5-62 所示。

（3）在"打印"对话框中进行打印设置。

（4）单击"确定"按钮，就可以开始打印。

图 5-61　"打印预览"选项卡

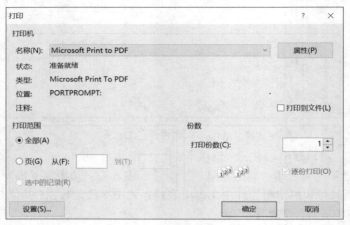

图 5-62　"打印"对话框

小　　结

报表是 Access 中专门用来查看数据、统计汇总数据及打印数据的一种工具。

Access 2013 数据库的报表有 4 种视图：报表视图、打印预览视图、布局视图、设计视图。

在报表的设计视图中，报表通常由报表页眉、页面页眉、主体、页面页脚、报表页脚 5 个节组成。对于分组报表，在报表的每个组还可添加组页眉和组页脚两个专用节。

报表可以分为以下类型：纵栏式报表、表格式报表、明细报表、汇总报表和标签报表。有时一份报表可能综合了表格式报表、明细报表、汇总报表等多种形式。

创建报表的方法有 5 种：一键生成报表、使用报表"设计视图"创建报表、创建一个空白报表、使用"报表向导"创建报表、使用标签创建报表。

自动创建报表简单方便，但不够灵活。

使用报表向导创建报表，是创建报表最常用的方法。使用报表向导创建报表的过程中，可以基于一个或多个表或查询创建报表，可以自行选择字段、添加分组级别、确定排序和汇总信息、选择报表的布局。

当通过"报表"或"报表向导"的方法创建报表不能满足应用要求时，可以首先利用向导快速创建基本报表，然后切换到设计视图进一步修改完善报表的设计。

除了用报表向导创建报表之外，用其他方式创建报表时，只能有一个数据源。如果报表所需的数据分布在多个表中，则必须先将这些数据创建在一个查询中，然后以这个查询为数据源创建报表。

在报表中可以添加计算控件，用于进行汇总计算，这是报表的重要功能之一。报表中的汇总计算主要包括求和、求平均值、求最大值和求最小值等，可以使用统计函数 Sum（求和）、Avg（求平均值）、Max（求最大值）和 Min（求最小值）来实现。

记录的排序和分组是报表的主要功能之一。报表的排序与分组有两种方法：一是利用报表向导创建排序与分组的报表，此时报表中的数据源可以来自多个表或查询；二是利用工具栏中的"分组和排序"按钮进行排序与分组设置，此时报表中的数据源只能是一个表或一个查询，如果需要涉及多个表或查询中的数据，必须先利用查询将报表中需要的数据集中到一起，然后以此查询作为报表的数据源。

报表的进一步设计包括向报表中添加计算控件、添加或修改排序与分组信息、调整控件大小和空间布局、调整报表的外观以及在报表中添加分页符和页码、添加日期和时间、添加"直线"控件、添加背景图片等。

主/子报表用于同时显示来自两个表或查询中的数据。在创建主/子报表之前，要保证主报表的数据表与子报表的数据表之间存在"一对多"的关系。

在打印报表之前一般需要先进行页面设置，页面设置完成后可以预览报表，当预览报表达到满意效果之后，最后打印出纸质的报表。

习　　题

一、选择题

1. 将数据库中的数据以设定的格式进行显示和打印，这是（　　　）对象的功能。
   A. 表　　　　　　B. 窗体　　　　　　C. 报表　　　　　　D. 查询

2. （　　　）包含了报表的开头将要如何显示，包括报表标题和创建者信息。
   A. 报表页眉　　　B. 页面页眉　　　　C. 页面页脚　　　　D. 报表页脚

3. （　　　）包含了报表的结尾将要如何显示，一般用于显示汇总信息。
   A. 报表页眉　　　B. 页面页眉　　　　C. 页面页脚　　　　D. 报表页脚

4. （　　　）包含了报表每一页底部要显示的信息，通常是当前日期、报表总页数及当前页页码的信息。
   A. 报表页眉　　　B. 页面页眉　　　　C. 页面页脚　　　　D. 报表页脚

5. 报表输出不可缺少的内容是（　　　）。
   A. 主体内容　　　B. 页面页眉内容　　C. 页面页脚内容　　D. 报表页眉

6. 在报表页眉中，一般是以大字体将该份报表的标题放在报表顶端的一个（　　　）控件中。
   A. 文本框　　　　B. 列表框　　　　　C. 标签　　　　　　D. 图像

7. 关于报表数据源设置，以下说法中正确的是（　　　）。
   A. 可以是任意对象　　　　　　　　　B. 只能是表对象
   C. 只能是查询对象　　　　　　　　　D. 只能是表对象或查询对象

8. 用来处理每条记录，其字段数据均须通过文本框或其他控件绑定显示的是（　　　）。

    A. 主体　　　　　　　B. 组页眉　　　　　　C. 页面页眉　　　　　D. 页面页脚

9. 在报表设计中，以下可以做绑定控件显示字段数据的是（　　　）。

    A. 文本框　　　　　　B. 标签　　　　　　　C. 命令按钮　　　　　D. 图像

10. 计算控件的"控件来源"属性设置的计算表达式一般以（　　）开头。

    A. "<"　　　　　　　B. "-"　　　　　　　C. ">"　　　　　　　D. "="

11. 如果设置报表上某个文本框的控件来源属性为"=2*4+1"，则打开报表视图时，该文本框显示信息是（　　　）

    A. 未绑定　　　　　　B. 9　　　　　　　　C. 2*4+1　　　　　　D. 出错

12. 要实现报表的分组统计，其操作区域是（　　　）。

    A. 报表页眉或报表页脚　　　　　　　　　B. 页面页眉或页面页脚

    C. 主体　　　　　　　　　　　　　　　　D. 分组页眉或分组页脚

13. 在报表的属性窗口中，决定报表的外观特性（如高度、宽度）的是（　　　）。

    A. "格式"属性标签　　　　　　　　　　　B. "数据"属性标签

    C. "事件"属性标签　　　　　　　　　　　D. "其他"属性标签

14. 以下关于报表的叙述正确的是（　　　）。

    A. 在报表中必须包含报表页眉和报表页脚

    B. 在报表中必须包含页面页眉和页面页脚

    C. 报表页眉打印在报表每页的开头，报表页脚打印在报表每页的末尾

    D. 报表页眉打印在报表第一页的开头，报表页脚打印在报表最后一页的末尾

15. 根据字段特性将同性质的数据记录集中在一起，称为（　　　）。

    A. 小计　　　　　　　B. 排序　　　　　　　C. 分组　　　　　　　D. 筛选

16. 如果建立报表所需要显示的数据位于多个数据表中，则必须将报表基于（　　　）来制作。

    A. 多个数据表中的相关数据组成的新表

    B. 由多个数据表中的相关数据建立的窗体

    C. 由多个数据表中的相关数据建立的查询

    D. 多个数据表中的全部数据

17. 下列关于排序和分组的说法中，不正确的是（　　　）。

    A. 有分组必有排序，反之亦然

    B. 只要有分组（添加组），就一定会有排序，默认为"升序"

    C. 有分组必有排序，但反过来说，设置排序之后，却不一定使用分组，视需求而定

    D. 排序与分组没有绝对关系

二、填空题

1. 在 Access 数据库中，专门用于打印的是＿＿＿＿＿＿＿＿。

2. 报表主要用于对数据库中的数据进行＿＿＿＿＿＿＿＿、计算、汇总和打印输出。

3. 报表只能输出数据，不能＿＿＿＿＿＿＿＿数据。

4. 在使用"报表向导"创建报表的过程中，可以控制数据输出的内容、输出对象的显示或打印格式，还可以进行数据的＿＿＿＿＿＿＿＿。

5. 如果在报表中没有排序，则报表中的记录是按照自然顺序，即数据输入的＿＿＿＿＿＿＿＿顺

序来排列显示的。

　　6. 通过使用_____功能检查报表设计，若满意可以保存报表，单击工具栏中的"保存"按钮即可。

　　7. 在报表中，若添加计算字段，计算所有教师的平均年龄，应把计算平均值的文本框控件放置在_____节中。

　　8. 报表设计中，可以通过在分组页眉或分组页脚中创建_____来显示记录的分组统计数据。

　　9. 在报表中可以对记录分组，分组必须建立在_____的基础上。

　　10. 子报表在链接到主报表之前，应当确保已经正确地建立了_____。

三、简答题

1. 报表的主要功能是什么？

2. 报表和窗体的区别是什么？

3. 报表的"设计视图"由哪几个节组成？每个节的作用是什么？

4. 报表有哪几种视图？

5. 常用的报表类型有哪些？它们各有什么特点？

6. Access 提供了哪几种创建报表的方法？它们各有什么特点？

7. 报表的主要设计方法是什么？

8. 创建主/子式报表时，主报表和子报表的数据源应具备什么关系？

第 **6** 章

宏

Access 2013 中的宏是指一个或多个操作命令，用来执行特定任务操作的集合。在数据库打开后，宏可以自动完成一系列操作，如移动窗口、预览或打印报表、数据导入导出等，这些宏操作是 Access 预先定义的一些指令。使用宏非常方便，不需要记住各种语法，也不需要编程，只需利用几个简单宏操作就可以对数据库完成一系列的操作。宏实现的中间过程完全是自动的。

本章主要内容包括：

- 宏的概念。
- 常见的宏操作。
- 独立的宏、嵌入的宏、宏组和条件宏的创建和设计。
- 宏的运行、调试与修改。

6.1 概　　述

宏（Macro）从字面上讲就是一组自动化命令的组合。它是一种特殊的代码，是一种操作代码组合，它以操作为单位，将一连串操作有机地组合起来。创建这些操作有助于自动完成一些常规的任务，例如，排序、查询和打印等操作。在 Access 中，可以通过创建宏来自动执行一系列重复的或者十分复杂的任务。宏操作命令还可以组成宏组。宏又是数据库中的一个对象，它和内置函数一样，可为应用程序的设计提供各种基本功能。宏是一种简化操作的工具，使用宏时不需要编程，只需要在宏设计窗口中将所执行的操作、参数和运行的条件输入即可。对于简单的细节工作，如打开和关闭窗体、运行报表等，一般使用宏来完成。当要进行数据库的复杂操作和维护、自定义过程的创建和使用以及错误处理时，应该使用 VBA。

6.1.1　宏的功能

Access 2013 包含宏生成器，它不需要编程，具有智能感知功能和整齐简洁的界面、主要功能包括：

（1）打开和关闭表、查询、窗体等对象。

（2）执行查询操作及数据筛选功能。

（3）设置窗体中控件的属性值。

（4）执行报表的显示、预览和打印功能。

（5）执行菜单上的选项命令。

（6）可以实现数据在应用程序之间的传送。

宏对象是由一个或一个以上的宏操作构成，每一个宏操作可以完成一个特定的数据库动作，宏实现中间过程是自动的。宏可以独立存在，但不能单独执行，必须有一个触发器。而这个触发器通常是由窗体、报表上面的控件的各种事件来担任。比如，在窗体上单击一个按钮、文本框，这个单击过程就可以触发一个宏的操作。例如，单击某个"命令按钮"验证登录、打开表、打开查询、打开窗体和打印报表等。多个宏可以成为一个宏组，执行整个宏组时将按照从上到下的顺序执行每个宏。

6.1.2　宏的分类

Access 中的宏可以分为 4 类：简单宏、条件宏、嵌入宏和宏组。

1．简单宏（独立宏）

简单宏也称操作序列宏，由一条或多条简单操作组成，运行该宏时，Access 会按照操作的顺序一条一条地执行，直至操作完成为止。这样的宏在导航窗格中可见。

2．条件宏

具有条件的宏称为条件宏。条件宏是在宏中设置条件式，用来判断是否要执行下一个宏命令。只有当条件式成立时，该宏命令才会被执行。这样可以加强宏的功能，也使宏的应用更加广泛。利用条件操作可以根据不同的条件执行不同的宏操作。

3．宏组

一个宏组由若干宏组成，即宏组是包含多个宏的集合，这些宏称为子宏。宏组中的每个宏可以单独运行，互相没有关联。

4．嵌入宏

嵌入宏是指嵌入在表、窗体或报表等对象中的宏。嵌入宏成为对象的一部分，通常用来执行对象的特定任务。嵌入宏是它们所嵌入的对象或控件的一部分。嵌入宏在导航窗格中是不可见的。

嵌入宏一般没有具体的名称，随着所嵌入的对象删除而删除。嵌入的宏只能在所嵌入对象的相关事件发生时自动执行。嵌入宏使得宏的功能更加强大、更加安全。

6.1.3　宏的操作功能

宏在 Access 2013 中提供了大量操作，用户可以从这些操作中选择，创建自己的宏。而对于这些操作，用户可以通过查看帮助，从中了解每个操作的含义和功能。例如，一些常用的宏操作能打开表、查询、窗体、报表，查找记录，显示消息框，或对窗体或报表应用筛选器等。这些宏操作几乎涵盖了数据库管理的全部细节。按照功能，宏大致可以分为对象操作类、数据导入导出类、记录操作类、数据传递类、代码执行类、提示警告类和其他类。

1．宏操作的分类

（1）打开或关闭数据库对象：包括打开表、查询、窗体、报表，保存、关闭数据库等。

（2）运行和控制流程：包括执行外部应用程序、执行 SQL 语句、执行 VBA 过程、执行宏本身、运行 Access 菜单及退出 Access 等。

（3）记录操作：包括移动记录指针、查找记录等。

（4）设置值：包括设置控制、字段或属性值，设置系统消息等。

（5）控制窗口：使得窗口最大、最小化，恢复窗口大小及调整窗口大小。

（6）导入或导出数据：包括与其他数据格式传送数据的电子表格、文本文件和其他数据库对象处理。

（7）通知或警告：包括发出警告声音、弹出信息窗口等。

（8）菜单操作：包括用于为窗体、报表添加自定义菜单栏、定义快捷菜单、设置活动窗口及菜单状态和显示或隐藏内置或自定义的命令栏等。

（9）选择对象、删除对象：包括对数据库对象的复制、删除和重命名等。

2．宏参数设置

（1）宏设计窗口，一般包含宏名、条件、操作、注释 4 个部分，其中：

① 宏名是为所创建的宏命名。

② 条件设置当前宏的运行条件。

③ 操作包含待执行的宏指令。

④ 注释为每一个操作提供注释说明，以帮助用户记忆宏的作用。

（2）操作参数，是指为当前宏指令设置相关的操作参数，宏中的每个动作是由其动作名及其参数构成的。

① 当前选定的是打开操作，要加入打开的对象名字，例如"OpenForm 教师信息表"，表示打开"教师信息表"这个窗体。

② 参数名称：与相应的宏操作匹配。例如"OpenTable 学生信息表"，表示打开的是"学生信息表"数据表。

6.1.4　常用的宏操作命令

宏是由操作组成的。一个宏操作由操作命令和操作参数两部分组成，操作命令和操作参数都是由系统预先定义好的。以下列出了 Access 中常用的宏操作及其功能。

1．记录操作类

记录操作类操作命令及其功能如表 6-1 所示。

表 6-1　记录操作类操作命令及其功能

操作命令	功　　能
GoToRecord	使打开的表、窗体或查询结果中指定的记录成为当前记录
FindRecord	查找符合指定条件的第一条记录
FindNextRecord	通常与 FindRecord 搭配使用，查找与指定数据相匹配的下一条记录

2．对象操作类

对象操作类操作命令及其功能如表 6-2 所示。

表 6-2　对象操作类操作命令及其功能

操作命令	功　　能
OpenTable	打开指定表的数据表视图、设计视图或者在打印预览窗口中显示表的记录，也可以选择表的数据输入模式
OpenQuery	打开指定查询的设计视图或者在打印预览窗口中显示选择查询的结果
OpenForm	打开窗体并可通过选择窗体的数据模式来限制对窗体中记录的操作
OpenReport	在"设计"视图或"打印预览"视图中打开报表或直接打印报表
OpenModule	在指定的过程中打开特定的 VBA 模块
SelectObject	选择指定的数据库对象，使其成为当前对象
Close	关闭指定窗口，如果没的指定窗口，Access 则关闭当前活动窗口
DelectObject	删除一个特定的数据库对象
CopyObject	将指定的数据库对象复制到不同的数据库中，或以新的名称复制到同一个数据库中
AddMenu	创建"加载项"选项卡下的自定义菜单，也可以用于创建右键快捷菜单
CancelEvent	取消一个事件
Closedatabse	关闭当前数据库

3．数据传递类

数据传递类操作命令及其功能如表 6-3 所示。

表 6-3　数据传递类操作命令及其功能

操作命令	功　　能
Requery	刷新控件的数据源，更新活动对象中特定控件的数据
SendKeys	把按键直接传递到 Acccess 或别的 Windows 应用程序
SetValue	对窗体或报表上的字段、控件或属性进行设置

4．代码执行类

代码执行类操作命令及其功能如表 6-4 所示。

表 6-4　代码执行类操作命令及其功能

操作命令	功　　能
RunApp	在 Access 中运行一个 Windows 应用程序
RunCord	调用 Visual Basic 的函数过程
RunMacro	运行一个宏对象或宏对象中的一个宏组
RunSQL	运行 Access 的动作查询，还可以运行数据定义查询

5．提示警告类

提示警告类操作命令及其功能如表 6-5 所示。

表 6-5　提示警告类操作命令及其功能

操作命令	功　　能
Beep	通过个人计算机的扬声器发出嘟嘟声
Echo	指定是否打开音响
MessageBox	显示一个包含警告信息的消息框

6. 其他类

其他类操作命令及其功能如表 6-6 所示。

表 6-6　其他类操作命令及其功能

操作命令	功　能
GotoControl	将焦点移到激活窗体或数据表中指定的字段或控件上，实现焦点转移
MaximizeWindow	使活动窗体最大化，充满 Microsoft Access 窗口
MinimizeWindow	使活动窗体最小化，成为 Microsoft Access 窗口底部的标题栏
RefreshRecord	刷新当前记录
DeleteRecord	删除当前记录
SaveRecord	保存当前记录
UndoRecord	撤销最近的用户操作
ApplyFilter	在表、窗体或报表中应用筛选以选择表、窗体或报表中显示的记录
Restore	将处于最大化或最小化的窗口恢复为原来的大小
QuitAccess	退出 Microsoft Access 系统
RestoreWindow	将处于最大化或最小化的窗口恢复为原来的大小
MoveSize	移动活动窗口或调整其大小
Hourglass	使鼠标指针在宏执行时变成沙漏形状或其他选择的图标

6.2　创　建　宏

宏的创建方法和其他对象的创建方法稍有不同。其他对象都可以通过向导和设计视图进行创建，但是宏不能通过向导创建，它只能通过设计视图直接创建。

6.2.1　宏设计窗口

打开数据库文件，单击"创建"选项卡"宏与代码"选项组中的"宏"按钮，打开宏设计窗口，宏设计窗口主要由宏工具/设计选项卡、宏设计窗口和操作目录三部分组成。

1."宏工具/设计"选项卡

宏设计工具选项卡包含三组命令，"工具"组中的命令用于宏的运行或调试；"折叠/展开"组中的命令用于宏操作参数列表的折叠或展开；"显示/隐藏"组中的命令用于打开或关闭操作目录窗口，如图 6-1 所示。

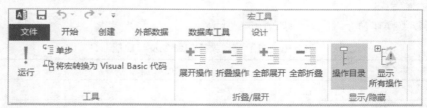

图 6-1　"宏工具/设计"选项卡

2. 宏设计窗口

宏设计窗口是宏设计的主要工作区域，在"宏设计器"窗格中，显示了"添加新操作"的组合框，可以完成添加宏操作，设置参数、删除宏、更改宏操作的顺序、添加注释以及分组等操作，如图 6-2 所示。

图 6-2　宏设计窗口

3. 操作目录窗格

操作目录窗格位于窗口的最右侧，其中列出了宏设计的所有操作命令，可以直接从操作目录中选择所需的操作命令。单击某个操作命令，在窗口底部会显示该操作命令的功能描述。在"操作目录"窗格中，以树状结构显示出"程序流程""操作"等分支，单击"+"展开按钮，显示下一层的子目录或部分宏对象。"操作目录"窗格中的主要内容如下：

（1）程序流程。

① Comment。注释是宏运行时不执行的信息，用于提高宏程序代码的可读性。

② Group。允许操作和程序流程在已命名、可折叠、未执行的块中分组，以便宏的结构更清晰、可读性更强。

③ If。通过判断条件表达式的值来控制操作的执行。如果条件表达式的值为 True，则执行逻辑块，否则就不执行逻辑块内的操作。

④ Submacro。用于在宏内创建子宏。每一个子宏都需要指定其子宏名。一个宏可以包含若干子宏，每一个子宏又包含若干操作。

（2）操作。

"操作"目录包括"窗口管理""宏命令""筛选/查询/搜索""数据导入/导出""数据库对象""数据输入操作""系统命令""用户界面命令"等 8 个子目录。展开每个子目录可以查看其中包含的操作；如果选择了一个操作，则在"操作目录"的底部会显示该操作的简短说明。若在"操作目录"窗格顶部的"搜索"框中输入相应文本，可在该窗格中快速搜索、筛选操作列表，从包含所有宏中按照输入的文本来搜索宏名称及其说明。例如，分别打开"窗口管理"和"宏命令"，会显示其包括的宏操作，如图 6-3 所示。

创建新宏时，宏操作目录将显示所有宏操作，而且所有参数都是可见的。根据宏的大小，编辑宏时可能要折叠一部分或全部宏操作（以及操作块），可单击宏名称或块名称左侧的加号（+）或减号（–）来展开或折叠。或者按上箭头键或下箭头键选择操作或块，然后按左箭头键或右箭头键折叠或展开它。也可在"设计"选项卡中的"折叠/展开"组中，单击"展开操作"或"折叠操作"项。其中不同的宏命令其结构各有不同，大多数宏操作都至少需要一个参数，可从下拉列表中选择一个值。如果参数要求键入表达式，宏内部提供了智能传感器（IntelliSense），将在键入时提示可能的值，从而帮助输入表达式内容。

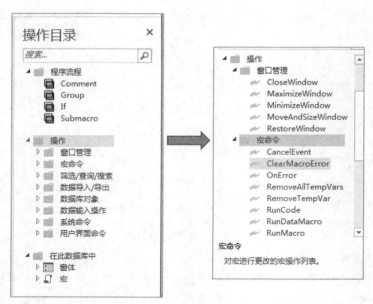

图 6-3　宏操作

6.2.2　创建独立的宏

建立独立宏的操作过程非常简单，有以下 4 部分工作：

（1）设计宏。一个宏建立起来需要满足什么功能，用户应当对此有较为仔细的思考和总结，在此基础上汇总出宏所要实现的操作，以及运行这些操作的次序。

（2）实现宏。用户以设计为依据，在宏的设计网格中按次序选择适当的宏命令，这部分操作可使用下拉菜单中的命令完成。

（3）修饰宏。每种宏操作都要求填写若干项参数，而不同的宏操作之间，参数输入的数量和形式也有不同，用户需要根据实际情况分别对其进行定义。该部分操作大部分也可以在下拉菜单中完成。

（4）测试宏。简单的宏可以直接双击测试运行，而复杂的宏或宏组则需要使用单步运行，或者连接到具体的数据库对象上测试。

经过这 4 部分工作之后，一个简单的宏就建立起来了。宏建立后会作为重要的数据库对象保存起来，但想要真正发挥宏的作用，还需要进一步的设计和工作，相关的内容将会在第 6.3 节介绍。

【例6-1】以"教师信息表"创建一个表格式的窗体"教师信息表"，再创建一个名为"男性教工"的宏，宏的功能是打开已经创建的"教师信息表"窗体，且窗体中只显示男性教师。

操作步骤如下：

（1）建立题目所要求的"教师信息表"的窗体。

（2）选择"创建"选项卡"宏与代码"组中的"宏"选项，打开宏设计器。

（3）单击"添加新操作"文本框，输入 OpenForm 操作命令，或者单击下拉按钮，在下拉列表中选择该命令，然后填写各个参数。设计界面如图 6-4 所示。

图 6-4 设计界面

（4）在宏设计窗口中，单击快速访问工具栏中的"保存"按钮，打开"另存为"对话框，输入宏名"男性教工"，再单击"确定"按钮，保存宏，结束宏的创建。

（5）选择"宏工具/设计"选项卡"工具"组中的"运行"选项，运行该宏查看效果。

【例6-2】创建多个宏，命名为"多个操作宏"，功能为依次打开表"专业信息表"、表"教师开课表"和查询"学生信息表查询"。

操作步骤如下：

（1）利用查询向导建立题目所要求的"学生信息表查询"的简单查询。

（2）选择"创建"选项卡"宏与代码"组中的"宏"选项，打开宏设计器。

（3）单击"添加新操作"文本框，输入 OpenTable 操作命令，或者单击下拉按钮在下拉列表中选择该命令，然后填写各个参数（功能为打开表"专业信息表"）。

（4）单击"添加新操作"文本框，输入 OpenTable 操作命令，或者单击下拉按钮在下拉列表中选择该命令，然后填写各个参数（功能为打开表"教师开课表"）。

（5）单击"添加新操作"文本框，输入 OpenQuery 操作命令，或者单击下拉按钮在下拉列表中选择该命令，然后填写各个参数（功能为打开查询"学生信息表查询"），效果如图 6-5 所示。

图 6-5 填写参数

（6）在宏设计窗口中，单击快速访问工具栏中的"保存"按钮，打开"另存为"对话框，输入宏名"多个操作宏"，再单击"确定"按钮，保存宏，结束多操作宏的创建。

（7）选择"宏工具/设计"选项卡"工具"组中的"运行"选项，运行该宏，查看效果。

6.2.3　创建嵌入宏

嵌入宏嵌入在窗体、报表或控件的事件中，是所嵌入对象的一部分，宏的执行与控件的事件相结合，当控件的事件发生时，执行相应的宏操作。此类宏不会显示在"导航窗格"中，但可从一些事件（例如 OnLoad 或 OnClick）调用。

由于宏将成为窗体或报表对象的一部分，因此建议使用嵌入的宏来自动执行特定的窗体或报表的任务。操作步骤如下：

（1）在"导航窗格"中，右击将包含宏的窗体或报表，在弹出的快捷菜单中选择"设计视图"命令。

（2）如果"属性表"窗格未显示，则按 F4 键打开以显示它。

（3）单击包含要在其中嵌入该宏的事件属性的控件或节，也可以在"属性表"顶部的"所选内容的类型"下拉列表选择该控件或节（或者整个窗体或报表）。

（4）在"属性表"窗格中选择"事件"选项卡。单击要为其触发宏的事件的属性框。例如，对于一个命令按钮，如果希望在单击该按钮时运行宏，则单击"单击"属性框。

【例6-3】创建嵌入宏，当窗体"教师信息表"打开时，单击"姓名"文本框，弹出提示信息"可浏览该字段，但不能修改！"。

操作步骤如下：

（1）在"教学管理"数据库中，打开窗体"教师信息表"的设计视图。右击"姓名"文本框，在弹出的快捷菜单中选择"属性"命令，打开"属性表"对话框，如图 6-6 所示。

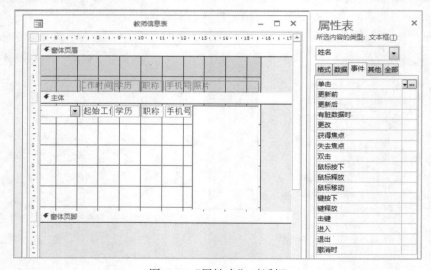

图 6-6　"属性表"对话框

（2）选择"事件"选项卡，单击"姓名"文本框的"单击"事件右侧的生成器按钮，弹出"选择生成器"对话框，选择"宏生成器"选项，然后单击"确定"按钮，如图 6-7 所示。

（3）打开"宏生成器"窗口，在"添加新操作"框中选择 MessageBox 操作命令，设置"消息"参数为"可浏览该字段，但不能修改！"，"类型"为"警告！"，如图 6-8 所示。

图 6-7 "选择生成器"对话框

图 6-8 "教师信息表：姓名：单击"窗口

（4）关闭宏设计窗口，此时"属性表"中姓名字段的"单击"事件行出现"嵌入的宏"的字样，完成嵌入宏设置。

（5）在宏设计窗口中，单击快速访向工具栏的"保存"按钮。

（6）运行"教师信息浏览"窗体，当单击"姓名"文本框时，弹出提示对话框，如图 6-9 所示。

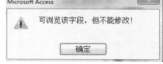

图 6-9 提示对话框

6.2.4 创建条件操作宏和宏组

有时用户可能希望仅仅在某些条件成立的情况下才在宏中执行某个或某些操作，可以使用"程序流程"中的 If 块，也可以使用 Else If 和 Else 块来扩展 If 块。

向宏添加 If 块的操作步骤如下：

（1）从"添加新操作"下拉列表中选择 If，或将其从"操作目录"窗格拖动到宏窗格中。

（2）在 If 块顶部的文本框中，输入一个决定何时执行该块的表达式。该表达式必须为布尔表达式（即其计算结果必须为 Yes 或 No）。在输入条件表达式时，可能会引用窗体或报表上的控件值。可以使用下列语法：

Forms![窗体名称]![控件名称]或[Forms]![窗体名称]![控件名称]
Reports![报表名称]![控件名称]或[Reports]![报表名称]![控件名称]

（3）向 If 块添加操作，方法是从显示在该块中的"添加新操作"下拉列表中选择操作或将操作从"操作目录"窗格拖动到 If 块中。

向 If 块添加 Else 或 ElseIf 块操作步骤如下：

（1）选择 If 块，然后在该块的右下角单击"添加 Else"或"添加 Else If"。

（2）如果要添加 Else If 块，请输入一个决定何时执行该块的表达式。该表达式必须为布尔表达式。

（3）向 Else If 或 Else 块添加操作，方法是从显示在该块中的"添加新操作"下拉列表中选择操作，或将操作从"操作目录"窗格拖动到该块中。

如果有多个宏，可将相关的宏设置成宏组，以便于用户管理数据库。使用宏组可以方便管理宏。在"导航窗格"窗口中只显示宏组名称。如果要指定宏组中的某个宏，应使用格式为：宏组名.宏名。如果直接运行宏组，则只执行最前面的宏。

下面的例 6-4 将条件宏和宏组放到一起进行设计。

【例6-4】设计一个用户登录界面，要求在"用户登录"窗体中输入用户名和密码后，单击"确定"按钮，若用户名和密码均正确，则打开在例 6-1 中建立的窗体"教师信息表"，否则，提示用户名或密码不正确，单击"取消"按钮，退出系统。

具体的操作步骤如下：

（1）打开"教学管理"数据库。

（2）设计用户登录界面。

① 单击"创建"→"窗体"→"窗体设计"按钮，打开窗体设计器。

② 创建"用户名"和"密码"文本框。使用文本框控件在窗体中添加两个文本框，并分别将文本框的标签修改为"用户名"和"密码"。

③ 创建"确定"和"取消"按钮。使用命令按钮（不用使用控件向导）控件在窗体中添加两个命令按钮，并将按钮标题修改为"确定"和"取消"，如图 6-10 所示。

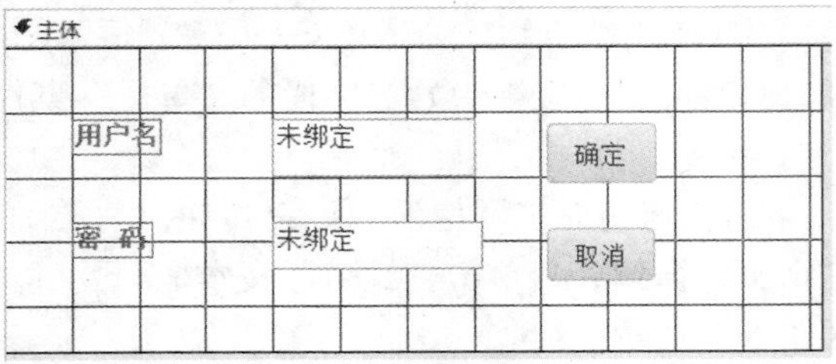

图 6-10　设计用户登录界面

④ 修改文本框属性。

a. 将"用户名"文本框的"名称"修改为 user。

b. 将"密码"文本框的"名称"修改为 password，"输入掩码"属性设置为"密码"。

⑤ 以"用户登录"为名保存窗体。

（3）设计用户登录条件宏。

① 单击"创建"→"宏与代码"→"宏"按钮，打开宏设计器。

② 创建"确定"宏。

a. 双击"操作目录"窗格中"程序流程"下的 Submacro，在宏设计窗格中显示"子宏 1"。

b. 在 sub1 的名称框中输入"确定"。

c. 双击"操作目录"窗格中"程序流程"下的 If，在宏设计窗格中添加一个"条件"设置框，再连续双击 If，在宏设计窗格中添加三个并列的 If 条件，准备构造三个条件宏，如图 6-11 所示。

d. 编辑第一个条件宏。在第一个 If 文本框中输入条件：

[Forms]![用户登录]![user]="wuyidaxue" And [Forms]![用户登录]![password]="jxglxt"

e. 在 If 条件下方的"添加新操作"下拉列表中选择第一个条件的宏操作 OpenForm，并在下方"窗体名称"下拉列表中选择窗体"教师信息表"，如图 6-12 所示。

f. 编辑第二个条件宏。在 If 文本框中输入条件：

[Forms]![用户登录]![user]<>"wuyidaxue" Or [Forms]![用户登录]![password]<>"jxglxt"

图 6-11 准备构造条件宏

图 6-12 编辑第 1 个条件宏

g. 添加第二个条件的宏操作 MessageBox，并在下方"操作参数"区中的"消息"文本框中输入"您输入的用户名或者密码错误，请重新输入！"，在"类型"下拉列表中选择"警告！"，在"标题"文本框中输入"出错提示"，如图 6-13 所示。

图 6-13 编辑第 2 个条件宏

h. 编辑第三个条件宏。在 If 文本框中输入条件：

[Forms]![用户登录]![user]="wuyidaxue" And [Forms]![用户登录]![password]="jxglxt"。

i. 添加第三个条件的宏操作 CloseWindow，并在下方"操作参数"区中的"对象类型"下拉列表中选择"窗体",在"对象名称"下拉列表中选择"用户登录",如图 6-14 所示。

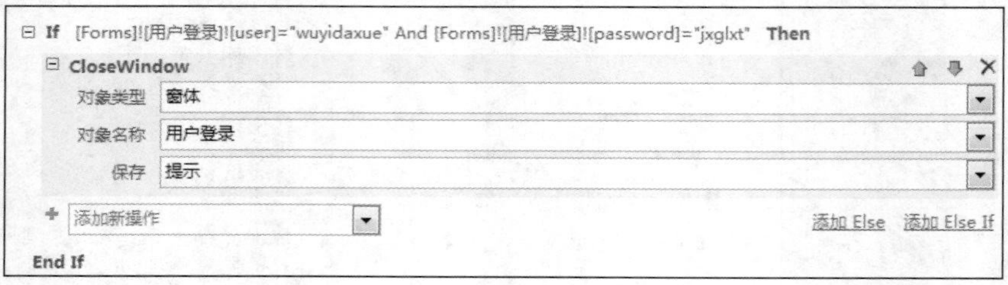

⊟ If [Forms]![用户登录]![user]="wuyidaxue" And [Forms]![用户登录]![password]="jxglxt" **Then**

⊟ CloseWindow

对象类型	窗体	▼
对象名称	用户登录	▼
保存	提示	▼

✚ 添加新操作 ▼ 　　　　　　　　　　　　　　　　　　添加 Else 　添加 Else If

End If

图 6-14　编辑第三个条件宏

提示：第一个条件 [Forms]![用 户 登 录]![user]="wuyidaxue" And [Forms]![用户登录]![password]="jxglxt"的作用是，当用户名为 wuyidaxue 且密码为 jxglxt 时，打开窗体"教师信息表"。

第 二 个 条 件 [Forms]![用 户 登 录]![user]<>"wuyidaxue" Or [Forms]![用 户 登录]![password]<>"jxglxt"的作用是，当用户名不为 wuyidaxue 或者密码不为 jxglxt 时，弹出消息提示"您输入的用户名或者密码错误，请重新输入！"。

第 三 个 条 件 [Forms]![用 户 登 录]![user]="wuyidaxue" And [Forms]![用 户 登录]![password]="jxglxt"的作用是，当用户名为 wuyidaxue 且密码为 jxglxt 时，先打开窗体"教师信息表"，然后关闭"用户登录"窗体。

③ 创建"取消"宏。

a. 双击"操作目录"窗格中"程序流程"下的 Submacro，在宏设计窗格中显示"子宏 2"。

b. 在"子宏 2"的名称框中输入"取消"。

c. 在"添加新操作"下拉列表中选择宏操作 CloseDatabase。

③ 创建"取消"宏。

a. 双击"操作目录"窗格中"程序流程"下的 Submacro，在宏设计窗格中显示"子宏 2"。

b. 在"子宏 2"的名称框中输入"取消"。

c. 在"添加新操作"下拉列表中选择宏操作 CloseDatabase。

④ 以"用户登录"为名保存宏组，然后关闭宏设计器。

（4）在"用户登录"窗体中运用条件宏。

① 在"用户登录"窗体中右击"确定"按钮，从弹出的快捷菜单中选择"属性"命令，打开命令按钮"属性表"对话框。

② 选择"事件"选项卡，在"单击"下拉列表中选择宏命令"用户登录.确定"。

③ 设置"取消"按钮的单击事件为"用户登录.取消"。

（5）设置"用户登录"窗体属性。在窗体的"属性表"对话框中选择"格式"选项卡，设置窗体的标题为"用户登录"，允许"窗体"视图，取消"滚动条""记录选择器""导航按钮""分隔线""最大最小化按钮""控制框"，并将"边框样式"设置为"对话框边框"。在"其他"选项卡中，设置"弹出方式"为"是"。

（6）保存窗体，效果如图 6-15 所示。

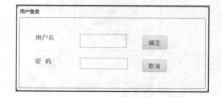

图 6-15　窗体效果

6.3　宏的运行、调试与修改

6.3.1　宏的运行

对于非宏组的宏，可直接指定该宏名运行该宏。对于宏组，如果直接指定该宏组名运行该宏时，仅运行该宏组中的第一个宏名的宏，该宏组中其他宏名所标识的宏不会被运行。如果需要运行宏组中的任何一个宏，则需要采用"宏组名.宏名"格式指定某个宏。

可以使用以下任何方法运行宏：

（1）在"导航窗格"中双击宏。

（2）在宏的设计视图中，选择"宏工具/设计"选项卡"工具"组中的"运行"命令。

（3）使用 RunMacro 或 OnError 宏操作调用宏。

（4）在对象的事件属性中输入宏名称，宏将在该事件触发时运行。

6.3.2　宏的调试

宏可以理解为一段代码，调试宏就是让代码执行，看是否出现错误，若出现错误则要去修改这段代码。对于一般程序的错误均可分为两大类：一是语法错误；二是运行错误。语法错误在编译时将不能通过，这类问题大多是一些格式、书写错误。两种错误均可通过 Access 2013 提供宏的单步执行功能，观察宏的流程及每一个操作的结果来排除错误。

1. 宏的语法错误调试

宏的语法错误比较容易调试，一般是宏名或格式错，根据系统提供的信息即可找到，也可通过单步执行进行。单步执行可用于每次执行一个宏操作。执行每个操作后，将出现一个对话框，显示关于操作的信息，以及由于执行操作而出现的任何错误代码，其步骤如下：

（1）在"设计视图"中打开宏，在"设计"选项卡的"工具"组中单击"单步"按钮，保存并关闭宏。

（2）第一次运行宏时，将打开"单步执行宏"对话框。该对话框显示关于每个操作的以下信息：宏名称、条件(对于 If 块)、操作名称、参数、错误号（错误号 0 表示没有发生错误）。执行这些操作时，单击对话框中三个按钮中的某一个，若要查看关于宏中的下一个操作的信息，单击"单步执行"按钮。图 6-16 是单步运行前面创建的"男性教工"宏的界面。

图 6-16　单步执行宏

（3）要停止当前正在运行的所有宏，则单击"停止所有宏"按钮。下一次运行宏时，单步执行模式仍然有效。

（4）要退出单步执行模式并继续运行宏，单击"继续"按钮，若在宏中最后一个操作之后单击"单步执行"按钮，则在下一次运行宏时，单步执行模式仍然有效。

（5）在运行宏时进入单步执行模式时，按 Ctrl+Break 组合键。

（6）在宏中的某个特定点进入单步执行模式时，在该点添加 SingleStep 宏操作。

（7）单步执行模式在 Web 数据库中不可用。

2．宏的运行错误和调试

宏的运行错误能编译通过，往往是结果不正确或出现死循环状态，这种错误难以确定。

建议在编写宏时向每个宏添加错误处理操作，并将这些操作永久保留在宏中。如果使用此方法，在出现错误时，Access 2013 就会显示错误的说明。这些说明可以帮助了解错误出现的位置，以便能够更快地纠正错误。使用以下过程可将错误处理子宏添加到宏中：

（1）在"设计视图"中打开宏，在宏的底部，从"添加新操作"下拉列表中选择"子宏"。

（2）在"子宏"字样右侧的框中，输入子宏的名称，如 subl，从显示在 Submacro 块的"添加新操作"下拉菜单中，选择"MessageBox"宏操作。

（3）在"消息"框中，输入"= [MacroError]. [Description]"。

（4）在宏的底部，从"添加新操作"下拉列表中选择 OnError。

（5）"转至"参数设置为"宏名"，在"宏名称"框中，输入错误处理子宏的名称（在本示例中，该宏名称为 sub1），将 OnError 宏操作拖动到宏的顶部，制作的宏包含 OnError 操作，还包含一个名为 sub1 的子宏，如图 6-17 所示。

图 6-17　子宏：Sub1

3．逻辑错误和调试

宏在运行中的错误一般属于逻辑错误。即程序运行后，得不到预期希望的结果时，则出现了逻辑错误。通常的逻辑错误不会产生提示信息，而对于某个宏操作问题出现的错误就是逻辑错误。对于这类错误，Access 2013 可使用 OnError 和 ClearMacroError 宏命令处理。在运行过程出错时，可执行特定操作来打开信息框，根据此信息框中的提示，用户可以了解出错的原因或非预期结果的操作。

6.3.3　宏的修改

在对宏进行调试的过程中，对宏操作的运行结果进行分析后，需要修改宏的内容，而修改宏仍将在宏设计窗口中进行。

操作步骤如下：

（1）打开数据库。

（2）在"导航窗格"中，单击"宏"对象，选中要修改的宏，右击在弹出的快捷菜单中选择"设计视图"命令，打开宏的"设计视图"窗口。

（3）在宏的"设计视图"窗口中，可以修改宏的操作以及相应参数，最后保存宏，结束宏的修改。

小　结

本章重点讲述了 Access 2013 宏的基本结构、宏操作步骤、调试错误的方法。通过本章制作的两个案例，说明宏命令的基本使用步骤和高级宏的使用方法，使学生初掌握窗体中通过命令按钮添加宏操作及条件宏操作与调试的方法。

习　题

一、选择题

1. 定义（　　　）有利于数据库中宏对象的管理。

　　A. 宏　　　　　　　　B. 宏组　　　　　　　C. 宏操作　　　　　　D. 宏定义

2. 有关宏操作，下列叙述错误的是（　　　）。

　　A. 使用宏可以启动其他应用程序

　　B. 宏可以包含列操作

　　C. 宏组由若干宏组成

　　D. 宏的条件表达式中不能引用窗体或报表的控件值

3. 使用宏组的目的是（　　　）。

　　A. 设计出功能复杂的宏　　　　　　　B. 设计出包含大量操作的宏

　　C. 减少程序内存消耗　　　　　　　　D. 对多个宏进行组织和管理

4. 有关宏的基本概念，以下叙述错误的是（　　　）。

　　A. 宏是由一个或多个操作组成的集合

　　B. 宏可以包含操作序列

　　C. 可以为宏定义各种类型的操作

　　D. 由多个操作构成的宏可以没有次序地自动执行一连串的操作

二、简答题

1. 什么是 Access 2013 的宏？

2. 条件宏指的是什么？

3. 宏的单步调试如何进行？

4. 宏的作用是什么？

5. 宏是 Access 的一个对象，宏操作中关于表的操作是什么？

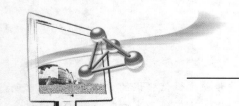

第 **7** 章

VBA 编程与模块

Access 2013 拥有一个功能强大的编程工具——VBA（Visual Basic for Application），用户可以使用 VBA 开发出功能比较完善的数据库系统，VBA 的编程功能能够胜任宏力所不及的工作。VBA 程序设计是一种面向对象的程序设计，在面向对象的程序设计中，用户先得到一个面向对象的模型，模型中常用的术语是对象、属性、方法和事件等。Access 2013 应用程序由表、查询、窗体、报表、页、宏和模块等对象构成，许多的操作及程序都已封装在这些对象中，因此 VBA 的程序设计是面向对象的程序设计。用户在 VBA 中不仅可以直接使用这些对象，还可以针对对象进行进一步的编程。

本章主要内容包括：

● VBA 编程环境。
● VBA 编程的基本概念。
● VBA 程序设计基础。
● VBA 程序控制语句。
● 面向对象程序设计的基本概念。
● VBA 模块的创建、过程调用和参数传递。
● VBA 常用操作。
● VBA 的数据库编程技术。
● VBA 程序调试与错误处理。

7.1 VBA 的编程环境

VBA（Visual Basic for Application）是微软系列软件的内置编程语言。编程语言是用户和计算机进行信息交流的媒介。使用编程语言可以设计计算机程序，控制计算机完成用户要求的各项操作功能。VBA 程序由称为"过程"的程序段组成，过程中的语句按照解决问题的逻辑顺序依次排列。执行 VBA 程序时，计算机会自动按照过程中各条语句的语义从过程头执行到过程尾。

VBA 的语法与独立运行的 Visual Basic 编程语言互相兼容。当某个特定的任务不能用其他 Access 对象实现，或实现起来较为困难时，可以利用 VBA 语言编写代码，完成这些特殊的、复杂的操作。

7.1.1　打开 VBE 窗口

VBA 的开发界面称为 VBE（Visual Basic Editor），是编辑 VBA 代码时使用的界面。VBE 提供了完整的开发和调试工具，可用于创建和编辑 VBA 程序。

在 Access 2013 中，打开 VBE 窗口有以下几种方法：

（1）在数据库中，单击"数据库工具"选项卡"宏"组中的 Visual Basic 按钮。

（2）在数据库中，单击"创建"选项卡→"宏与代码"组中的 Visual Basic 按钮。

（3）创建新的标准模块。单击"创建"选项卡 "宏与代码"组中的模块按钮，则在 VBE 编辑器中创建一个空白模块。

（4）如果已有一个标准模块，可选择"导航窗格"窗口上的"模块"对象，在模块对象列表中双击选中的模块，则在 VBE 编辑器中打开该模块。

（5）对于属于窗体或报表的模块可以打开窗体或报表的设计视图，单击"属性表"窗格"事件"选项卡中某个事件框右侧的"生成器"按钮，打开"选择生成器"对话框，选择其中的"代码生成器"选项，单击"确定"按钮即可。

7.1.2　VBE 窗口简介

VBE 窗口主要由标准工具栏、工程资源管理器窗口、代码窗口、属性窗口、立即窗口等组成，如图 7-1 所示。通过单击工具栏中"视图"主菜单可以打开各个窗口。

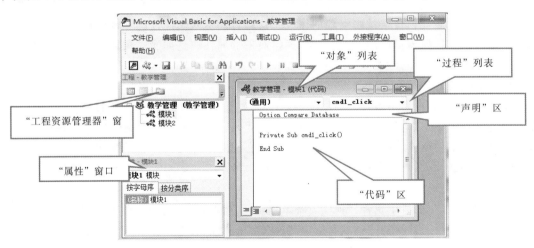

图 7-1　VBE 窗口

1．VBE 工具栏

VBE 工具栏如图 7-2 所示。

图 7-2　VBE 工具栏

各工具按钮的功能如表 7-1 所示。

表 7-1　各工具按钮的功能

按钮	名　称	功　能
	视图 Microsoft Office Access	切换到 Access 的数据库窗口
	插入模块	用于插入新模块
	运行子过程/用户窗体	运行模块中的程序
	中断	中断正在运行的程序
	重新设置	结束正在运行的程序
	设计模式	在设计模式和非设计模式之间切换
	工程资源管理器	用于打开工程资源管理器
	属性窗口	用于打开属性窗口
	对象浏览器	用于打开对象浏览器
行4,列1	行列	代码窗口中光标所在的行号和列号

2. 工程窗口

工程窗口，也称工程资源管理器，其中的列表框中列出了在应用程序中用到的模块文件。可单击"查看代码"按钮显示相应的代码窗口，或单击"查看对象"按钮，显示相应的对象窗口，也可单击"切换文件夹"按钮，隐藏或显示对象文件夹。

3. 属性窗口

属性窗口中列出了所选对象的各种属性，分"按字母序"和"按分类序"两种格式查看属性。可以直接在属性窗口中编辑对象的属性，这种方法称对象属性的一种"静态"设置方法。此外，还可以在代码窗口内用 VBA 代码编辑对象的属性，这属于对象属性的"动态"设置方法。为了在属性窗口中显示 Access 类对象，应先在设计视图中打开对象。

4. 代码窗口

在 VBE 窗口菜单栏中选择"视图"菜单中的"代码窗口"命令，即可打开代码窗口。可以使用代码窗口来编写、显示以及编辑 VBA 程序代码。实际操作时，在打开各模块的代码窗口后，可以查看不同窗体或模块中的代码，并且在它们之间做复制以及粘贴的动作。双击工程窗口上的一个模块或类，相应的代码窗口就会显示出来。

5. 立即窗口

在 VBE 窗口菜单栏中选择"视图"菜单中的"立即窗口"命令，即可打开立即窗口。立即窗口是用来进行快速计算的表达式计算、简单方法的操作及进行程序测试的工作窗口。在代码窗口中编写代码时，要在立即窗口打印变量或表达式的值，可以使用 Debug.Print 语句。在立即窗口中使用"?"或 Debug.Print 语句显示表达式的值。

6. 本地窗口

在 VBE 窗口菜单栏中选择"视图"菜单中的"本地窗口"命令，即可打开本地窗口。在本地窗口中，可自动显示出所有在当前过程中的变量声明及变量值。

7. 监视窗口

在 VBE 窗口菜单栏中选择"视图"菜单中的"监视窗口"命令，即可打开监视窗口。监视窗口用于调试 Visual Basic 过程，通过在监视窗口增添监视表达式的方法，程序可以动态了解一些变量或表达式的值的变化情况，进而对代码的正确与否有清楚的判断。

7.2　VBA　模　块

模块就是由 VBA 声明的一个或多个过程组成的代码集合。

7.2.1　模块的概念

在 Access 2013 系统中，将表、查询、窗体、报表和宏等对象结合起来，不用编写程序代码就可以建立数据库管理系统。但宏只能处理一些简单的操作，有一定的局限性，如果欲实现功能灵活和更加完善的控制功能，需要使用编写程序模块来实现。

1. 模块与过程

模块是 Access 2013 数据库 6 个对象之一，每个模块可以定义若干"过程"，过程用于完成一个相对独立的操作，以单元的形式存储在模块中，即模块就是由 VBA 通用声明、一个或多个过程组成的集合。过程分 Sub 子过程和函数过程两种类型。函数过程执行一系列操作后返回一个函数值，子过程只执行一个或多个操作，而不返回数值。模块具有很强的通用性，通过窗体、报表对象可以调用模块内部的过程。模块可以在模块对象中出现，也可以作为事件处理代码出现在窗体和报表里，模块构成了一个完整的 Access 2013 功能区开发环境。

2. 模块的功能

（1）维护数据库，可以将事件过程创建在窗体或报表的定义中，通过窗体或报表访问数据库，更有利于数据库维护。

（2）创建自定义函数，使用这些自定义函数完成相应的任务。

（3）能够提示详细的错误信息，不仅可显示错误提示信息，还有较好的用户交互界面。对用户的下一步操作提供帮助。

（4）执行系统级的操作，能应用 Windows 系统函数和数据通信，完成系统中的文件处理。

3. 模块的分类

模块包括标准模块、类模块和对象模块三种，按调用关系也可分为通用模块和事件模块。标准模块是指当多个窗体共同执行一段代码时，为了避免重复，创建独立公用代码模块。

（1）一般标准模块内部含有应用程序、允许其他模块访问的过程和声明，可以包含变量、常数、类型、外部过程和全局声明或模块级声明，此外还可以建立包含共享代码与数据的类模块。

【例7-1】建立一个标准模块，运行时显示"欢迎来到五邑大学"。

操作步骤如下：

① 在数据库中，单击"创建"选项卡 "宏与代码"组中的 "模块"按钮。

② 输入代码，如图 7-3 所示。

图 7-3　输入代码

③ 单击"保存"按钮，为模块起名"建立标准模块"。

④ 单击标准工具栏中的"运行子过程"命令，数据库窗口显示相应信息。

（2）用类模块创建的对象可被应用程序内的过程调用。标准模块只包含代码，而类模块既包含代码又包含数据。窗体模块和报表模块都属于类模块，它们从属于各自的窗体和报表。窗体模块和报表模块的作用范围仅限于本窗体或本报表内部，具有局部特性，模块中变量的生命周期随窗体或报表的打开而开始，随窗体或报表的关闭而结束。

【例7-2】建立一个类模块，创建图 7-4 所示窗体，单击"开始"按钮时，显示"欢迎来到五邑大学"。

图 7-4　窗口效果

操作步骤如下：

① 在数据库中，创建窗体，设置窗体属性，使"记录选择器按钮""导航按钮""分隔线"均不显示。

② 选择命令按钮控件，右击并在弹出的快捷菜单中选择"事件生成器"命令，在"选择生成器"对话框中选择"代码生成器"。

③ 在事件过程中输入代码，如图 7-5 所示。

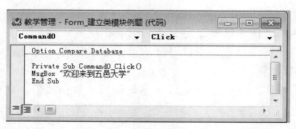

图 7-5　输入代码

（3）对象模块是指在窗体对象中为响应事件而执行的程序段。事件模块是指在窗体、报表控件属性中的过程代码，它只能在窗体和报表中出现。而通用模块与事件属性无关，只由事件模块直接或间接调用。它既可在窗体、报表中出现，也可在模块对象中出现。若程序过程不与任何 Access 对象相关联，则这些模块只能是通用模块。

4．模块的结构

无论是类模块还是标准模块，其结构都包含以下两部分：

（1）模块声明部分：放置本模块范围的声明，如 Option 声明、变量及自定义类型的声明。

（2）过程（函数）定义部分：放置实现过程或函数功能的 VBA 代码。类模块中的过程大部分是事件过程，也可以包含仅供本模块调用的过程和函数。标准模块中的过程和函数均为通用过程，可以供本模块或其他模块中的语句调用。

5．将宏转换为 VBA 代码

在 Access 中，宏的每个操作在 VBA 中都有等效的代码。

独立宏可以转换为标准模块，嵌入在窗体、报表及控件事件中的宏可以转换为类模块。

将宏转换为 VBA 代码的方法有以下两种：

（1）打开要转换的宏，在宏设计视图中，单击功能区"宏工具／设计"选项卡"工具"组中的"将宏转换为 Visual Basic 代码"按钮，打开"转换宏"对话框，单击"转换"按钮，如图 7-6 所示。

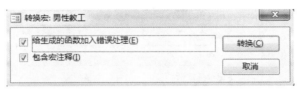

图 7-6　转换宏

（2）打开窗体或报表设计视图，单击"设计"选项卡"工具"组中的"将窗体的宏转换为 Visual Basic 代码"命令。

7.2.2　对象、属性、事件和方法

VBA 是 Access 系统内置的 Visual Basic（VB）语言，VB 语言是可视化的、面向对象、事件驱动的高级程序设计语言，采用面向对象的程序设计思想。在面向对象的程序设计中，基本概念包括对象、属性、事件、方法等。

1．对象

对象(Object)是描述客观事物的实体。VBA 中的应用程序是由许多对象组成的，如表、窗体、查询等。

Access 2013 中除数据库的 6 个对象外，还提供一个 DoCmd 重要对象，它是除窗体、控件外用得最多的一个对象。使用该对象不仅可完成打开数据库表、调用宏、关闭窗体等操作，还可以在 VBA 中运行 Access 的操作。DoCmd 对象的常用方法有：

DoCmd. OpenForm"techer"：表示打开当前数据库中的 techer 窗体。

DoCmd. SelectObject acForm, "techer"，True；表示选择当前数据库中 techer 窗体。

DoCmd. Close acForm，"techer"，acSaveYes：表示关闭当前 techer 窗体。

DoCmd. DeleteObject"techer"：表示删除数据库中的 techer 表。

2．属性

对象的属性(Property)描述对象的具体特征。在 VBA 代码中,对象属性的引用方式为：

对象名.属性=属性值

例如，Text1.FontSize =20：表示设置文本框字体大小为 20 磅。

Label1 .Caption="教师情况登记表"：表示设置标签 Label1 的标题。

VBA 编程中，根据对象进行设置，最常用对象有窗体、标签、文本框和按钮，它们的属性说明如表 7-2~表 7-5 所示。

表 7-2　窗体常用属性

窗体属性	作　　用
AutoCenter	用于设置窗体打开时是否放置屏幕中部
BorderStyle	用于设置窗体的边框样式
Caption	用于设置窗体的标题内容
CloseButton	用于设置是否在窗体中显出"关闭"按钮
ControlBox	用于设置是否在窗体中显出控制框
MinMaxButtons	用于设置是否在窗体显出"最小化"和"最大化"按钮
NavigationButtons	用于设置是否显出导航按钮
Picture	用于设置窗体的背景图片
RecordSelector	用于设置是否显出记录选定器
ScrollBars	用于设置是否显出滚动条
RecordSource	用于设置窗体的数据来源
OrderBy	用于设置窗体中记录的排序方式
Allow Additions	用于设置窗体中的记录是否可以添加
AllowDeletions	用于设置窗体中的记录是否可以删除
AllowEdits	用于设置窗体中的记录是否可以编辑
AllowFilters	用于设置窗体中的记录是否可以筛选

表 7-3　文本框常用属性

文本框属性	作　　用
Caption	设置标签上要显示的文字
BackColor	用于设置文本框的背景颜色
ForeColor	用于设置文本框的前景"字体"颜色
Name	用于设置文本框的名称
Locked	用于设置文本框是否可编辑
Value	用于设置文本框中显示的内容
Visible	用于设置文本框是否可见
Text	用于设置在文本框中显示的文本（要求文本框先获得焦点）。
InputMask	用于设置文本框的输入掩码。若将 InputMask 属性设为"密码"，则在该文本框中输入的任何字符都将以原字符保存，但显示为星号（＊）

表 7-4　标签常用属性

标签属性	作　　用
BackColor	用于设置标签的背景颜色
ForeColor	用于设置标签的前景（字体）颜色
Width	用于设置标签的宽度
Height	用于设置标签的高度
Visible	用于设置标签是否显示
Name	用于设置标签的名称

表 7-5　命令按钮常用属性

命令按钮属性	作　用
Caption	设置命令按钮上要显示的文字
Cancel	用于设置命令按钮是否也是窗体上的"取消"按钮
Default	用于设置命令按钮是否是窗体上的默认按钮
Enabled	用于设置命令按钮是否可用
Picture	用于设置命令按钮上要显示的图形

3．事件和方法

事件（Event）是指发生在一个对象上且能够对该对象动作所识别，也称对象对外部操作的响应。例如，单击某个命令按钮就产生该按钮的"单击"（Click）事件，当某个对象发生某一事件后，就会驱动系统去执行预先编好与这一事件相对应的一段程序。事件的发生通常是用户操作的结果。

在 Access 2013 中，使用宏对象和编写 VBA 事件代码来设置事件属性，完成指定动作或用来处理窗体、报表或控件的事件响应。

常用的事件有鼠标单击、按任意键、对象打开或关闭及多种操作类型的事件。具体内容，如表 7-6~表 7-11 所示。

（1）窗体的常用事件如表 7-6 所示。

表 7-6　窗体常用事件

事　件　动　作	动　作　说　明
OnLoad	窗体加载时发生的事件
OnUnLoad	窗体卸载时发生的事件
OnOpen	窗体打开时发生的事件
OnClose	窗体关闭时发生的事件
OnClick	窗体单击时发生的事件
OnDblClick	窗体双击时发生的事件
OnMouseDown	窗体鼠标按下时发生的事件
OnKeyPress	窗体上键盘按键时发生的事件
OnKeyDown	窗体上键盘按下键时发生的事件
Activate	窗体取得控制焦点成为活动窗口时发生的事件
Deactivate	窗体由活动状态转为非活动状态时发生的事件
BeforeDelConfrm	窗体在删除记录之前是否删除这条记录发生的事件
AferDelConfirm	窗体在删除记录之后是否删除这条记录发生的事件
GotFocus	对象由没有焦点的状态转为有焦点的状态
LostFocus	对象失去焦点时发生的事件
Delete	删除记录的指令之时发生的事件
BeforeInsert	窗体执行一个插入记录的操作之前发生的事件
AfterInsert	窗体执行一个插入记录的操作之后发生的事件
BeforeUpdate	窗体数据被修改前或焦点转移时产生的事件
AfterUpdate	用户在控件的输入得到认可后产生的事件
Resize	窗口大小被改变时发生的事件

（2）报表的常用事件如表 7-7 所示。

表 7-7　报表的常用事件

事 件 动 作	动 作 说 明
OnOpen	报表打开时发生的事件
OnClose	报表关闭时发生的事件
Activate	报表取得控制焦点成为活动窗口时产生的事件
Deactivate	报表由活动状态转为非活动状态时发生的事件
Open/Close	报表打开或关闭时发生的事件
Print	报表将付诸打印之时发生的事件

（3）按钮的常用事件如表 7-8 所示。

表 7-8　按钮的常用事件

事 件 动 作	动 作 说 明
OnClick	按钮单击时发生的事件
OnDblClick	按钮双击时发生的事件
OnEnter	按钮获得输入焦点之前发生的事件
OnGetFocus	按钮获得输入焦点时发生的事件
OnMouseDown	按钮上鼠标按下时发生的事件
OnKeyPress	按钮上键盘按键时发生的事件
OnKeyDown	按钮上键盘按下键时发生的事件

（4）标签的常用事件如表 7-9 所示。

表 7-9　标签的常用事件

事 件 动 作	动 作 说 明
OnClick	标签单击时发生的事件
OnDblClick	标签双击时发生的事件
OnMouseDown	标签上鼠标按下时发生的事件

（5）文本框的常用事件如表 7-10 所示。

表 7-10　文本框的常用事件

事 件 动 作	动 作 说 明
BeforeUpdate	文本框内容更新前发生的事件
AferUpdate	文本框内容更新后发生的事件
OnEnter	文本框输入焦点之前发生的事件
OnGetFocus	文本框获得输入焦点时发生的事件
OnLostFocus	文本框失去输入焦点时发生的事件
OnChange	文本框内容更新时发生的事件
OnKeyPress	文本框内键盘按键时发生的事件
OnMouseDown	文本框内鼠标按下键时发生的事件
Change	当对象的数据发生改变时发生的事件

（6）复选框的常用事件如表 7-11 所示。

表 7-11　复选框的常用事件

事 件 动 作	动 作 说 明
BeforeUpdate	复选框更新前发生的事件
AferUpdate	复选框更新后发生的事件
OnEnter	复选框获得输入焦点之前发生的事件
OnClick	单击时发生的事件
OnDblClick	复选框双击时发生的事件
OnGetFocus	复选框获得输入焦点时发生的事件

方法是系统事先设计好的，可以完成一定操作的特殊过程，是附属于对象的行为和动作。在需要使用的时候可以直接调用。其调用格式为：对象名.方法名。

例如，

Set wyu = New ADODB . Recordset：表示新建一个操作记录的实例 wyu。

wyu.Open SQL, conn：表示使用 Open 方法打开数据库中的表。

Text0. SetFocus：表示将光标插入点移入 Text0 文本框内。

7.3　VBA 程序设计基础

VBA 是 Microsoft Office 套装软件的内置编程语言，其语法与 Visual Basic 编程语言互相兼容。在 Access 程序设计中，当某些操作不能用其他 Access 对象实现或实现起来很困难时，就可以利用 VBA 语言编写代码，完成这些复杂任务。

7.3.1　程序书写规则

1．程序书写规定

通常将一个语句写在一行中，但当语句较长，一行写不下时，也可以利用续行符（下画线）"_"将语句接续到下一行中。例如：

```
a= 10 * x + 7 * y + z / 5
```

可写为

```
a = 10 * x + 7 * y_
            + z / 5
```

有时需要在一行中写几句代码，这时需要用到冒号 "："将不同的几个语句分开。例如：

```
Text1.Value = "Hello world" : Text1.backColor = 250
```

2．注释语句

注释语句用于对程序或语句的功能给出解释和说明。通常一个好的程序都会有注释语句，这对程序的后续维护有很大的好处。

在 VBA 程序中，注释的内容被显示成绿色文本。可以通过以下两种方式添加注释。

（1）使用 "'"（单引号），格式如下：

```
'注释语句
```

这种注释语句可以直接放在其他语句之后而无须分隔符。

（2）使用 Rem 语句，格式如下：

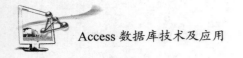
Rem 注释语句

这种注释语句需要另起一行书写，也可以放在其他语句之后，但需要用冒号 ":" 隔开。

3．书写格式

利用空格、空行、缩进使得程序层次分明。

7.3.2　变量与常量

1．常量

VBA 在运行时其值始终保持不变的量。常量有直接常量、符号常量、系统常量和内部常量。

（1）日期常量：放在双引号内，日期/时间型常量放在一对#内。例如：

```
#2020 -02-11 20:25:00 pm#'有效的日期型数据
#02/11/2020#              '有效的日期型数据
#02 -11 -2020 20:30:00#   '有效的日期型数据
```

（2）符号常量：用标识符保存一个常量值，一般使用 Const 语句定义常量。例如：

```
Const Pi =3.14
```

（3）系统常量：True 和 False、Yes 和 No、On 和 Off 和 NULL。

（4）内部常量：通常指明对象库常量，来自 Access 库的常量以 ac 开头，来自 ADO 库的常量以 ad 开头，而来自 Visual Basic 库的常量则以 vb 开头。例如：acForm、adAddNew、vbCurrency。

2．变量

变量是程序运行期间内值可以改变的量。变量在使用前应该进行声明，用 Dim 或 Static 语句显式声明局部变量。

（1）变量名的命名规则。

变量命名时应遵循以下准则：

① 变量名必须以英文字母开头，可以包含字母、数字或下画线字符 "_"。

② 变量名不能包含空格、标点符号等字符。

③ 变量名的长度不能超过 255 个字符，且变量名不区分大小写。如 NewVar 和 newvar 代表的是同一个变量。

④ 不能在某一范围内的相同层次中使用重复的变量名。

⑤ 变量的名字不能是 VBA 的关键字（如 For、To、Next、If、While 等）。

（2）变量的声明。

在程序中使用变量之前，首先需要声明，让 VBA 知道程序中要使用的变量名称、数据类型和所占用内存空间的大小。

变量声明的方式有隐式声明和显式声明。

① 隐式声明。隐式声明是在程序中不做变量类型的声明。例如，某个变量 TotalCount 在前面的语句中没有被使用过，而在程序中遇到以下的语句，那么 VBA 就对 TotalCount 做隐式声明。

```
TotalCount = 60
```

该赋值语句将一个单精度数 60 赋给变量 TotalCount，因此这个变量被隐式声明为单精度型变量。

② 显式声明。显式声明是在使用变量前声明变量的数据类型，显式声明中使用以下关键字：

Dim：定义独立变量，只能在所在过程中访问独立变量，每次调用过程，VBA 都要重新声明独立变量，完成过程后，变量失效，变量中的值消失。

Global：定义全局变量，可以在程序的任何过程中访问该全局变量，变量值的变化是连续的。

Static：定义静态变量，与独立变量类似，但每次调用过程时 VBA 不重新声明和初始化静态变量，可作为计数器的变量。

一般情况下，在程序中使用显式声明，VBA 检查并确认程序中所使用的变量是正确的。对变量进行显式声明的方法是：在程序的声明部分（在声明任何变量之前）加入以下语句：Option Explicit。

【例】7-3】声明变量。

```
Option Explicit          '显式地声明变量
Dim MyVar As Integer     '声明变量
Dim MyInt As Integer     '声明变量
MyVar=15                 '给变量赋值
MyInt=15                 '给变量赋值
```

语句中的"As 类型"子句是可省略的。如果使用该子句，就可以定义变量的数据类型。未定义时默认变量的类型为变体型（Variant）。

VBA 中允许不事先声明而直接使用变量，若添加语句 Option Explicit，则使用的变量必须事先声明，否则 VBA 会发出警告信息。强制实现变量先定义后使用也可以通过菜单实现，方法是在 VBE 窗口中，选择"工具"→"选项"命令，在打开的对话框中选中"要求变量声明"复选框，如图 7-7 所示。

声明语句用于命名和定义常量、变量、数组和过程。在定义了这些内容的同时，也定义了其作用范围，即局部、模块或全局。与使用的关键字（Dim、Public、Static 或 Global）有关。

（3）变量的作用域。

在 VBA 编程中，变量定义的位置和方式不同，则它存在的时间和起作用的范围也有所不同，这就是变量的作用域与生命周期。VBA 中变量的作用域分为下列 3 种：

① 全局变量（Public）。在标准模块的所有过程之外的起始位置声明的变量称为全局变

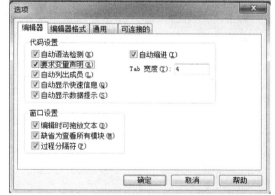

图 7-7　"选项"对话框

量，在标准模块的变量声明区域，用 Public... As 关键字声明的变量的作用域就属于全局范围。在数据库系统的所有地方都可使用，即可被本应用程序的任何过程或函数访问。

② 局部变量（Local）。在模块的过程内部声明的变量称为局部变量，一般在过程内用 Dim 语句或用 Private 语句声明。在子过程或函数过程中声明的变量或直接使用的变量，作用域都属于局部范围。局部变量仅在该过程范围中有效。包括在窗体对象、报表对象、模块对象之内定义的变量，不能跨越所在对象。要在过程的运行时永远保留局部变量的值，可以用 Static 关键词代替 Dim 定义静态变量。

③ 模块级变量（Module）。在模块中的所有过程之外的起始位置声明的变量称为模块级变量。在模块级变量声明区域，用 Dim...As 关键字声明的变量的作用域就属于模块范围。模块级变量仅在该模块范围中有效，不能跨越所在对象。此变量只能在模块的开始位置定义。

（4）变量的生命周期。

① 变量的生命周期是指变量在运行时有效的持续时间。变量的持续时间是指从变量声明语句所在的过程第一次运行到代码执行完毕并将控制权交回调用它的过程为止的时间。

② 每次子过程或函数过程被调用时，以 Dim... As 语句声明的局部变量，会被设定默认值，数值类型变量的默认值为 0，字符串型变量的默认值为空字符串（""）， 布尔型变量的默认值为 False。这些局部变量，有着与子过程或函数过程等长的持续时间。

例如，在一个标准模块中不同级别的变量声明：

```
Public Pa As integer        '全局变量
Private Mb As string        '窗体/模块级变量
Sub  F1()
  Dim Fa As integer         '局部变量
  …
End Sub
Sub F2()
  Dim Fb As Single          '局部变量
  …
End Sub
```

7.3.3 数据类型

VBA 一般用变量保存计算的结果，进行属性的设置，指定方法的参数以及在过程间传递数值。为了高效率地执行，VBA 为变量定义了一个数据类型的集合。在 Access 里，很多地方都要指定数据类型，包括过程中的变量、定义表和函数的参数等。

1．标准的数据类型

VBA 支持多种数据类型，表 7-12 列出了 VBA 程序中的标准数据类型，以及它们所占用的存储空间和取值范围。

表 7-12 VBA 支持的标准数据类型

数据类型	类型标识	符号	所占字节数	范　　围
字符型	Byte	无	1B	0~ 255
布尔型	Boolean	无	2B	True 或 False
整型	Integer	%	2B	−32 768 ~ 32 767
长整型	Long	&	4B	−2 147 483 648~2 147 483 647
单精度	Single	!	4B	负数：−3.402 823E38 ~ −1.401 298E−45 正数：1.401 298E − 45 ~ 3.402 823E38
双精度	Double	#	8B	负数：−1.797 693 134 862 32E308 ~ −4.940 656 458 412 47E− 324 正数：4.940 656 458 412 47E− 324 ~ 1.797 693 134 862 32E308
货币型	Currency	@	8B	−922 337 203 685 477.580 8~922 337 203 685 477.580 7
日期型	Date	无	8B	1000 年 1 月 1 日到 9999 年 12 月 31 日
字符型	String	$	与字符串长有关	0~ 65 535 个字符
对象型	Object	无	4B	任何对象引用
变体型	Variant	无	根据分配确定	

2．用户自定义的数据类型

当需要使用一个变量来保存包含不同数据类型字段的数据表的一条或多条记录时，用户自定义数据类型就特别有用。

用户自定义数据类型可以在 Tye...End Type 关键字间定义，定义格式如下：

```
Type 自定义类型名
    元素名 As 类型
    …
    [元素名 As 类型]
End Type
```

例如，定义一个学生信息的数据类型如下：

```
Type Student
    SNo As string
    SName As String
    SAge As Integer
End Type
```

上述例子定义了由 SNo（学号）、SName（姓名）、SAge（年龄）三个分量组成的名为 Student 的数据类型。

一般用户定义数据类型时，首先要在模块区域中定义用户数据类型，然后用 Dim、Public 或 Static 关键字来定义此用户类型变量。

用户定义类型变量的取值，可以指明变量名及分量名，两者之间用句点分隔。

【例7-4】声明一个学生信息类型的变量 Stu，并操作分量。

```
Dim Stu As Student  '定义一个学生信息类型变量stu
Stu.SNo=" 3219004577"
Stu.SName="张三"
Stu.SAge=18
```

可以用关键字 With 简化程序中的重复部分。例如，为上面 Stu 变量赋值：

```
with Stu
  .SNo= "3219004577"    '注意分量名前用的英文句点
  .sName="张三"
  .SAge=18
End with
```

7.3.4　标识符及运算符的使用

1．关键字 Dim 或 Static 的区别

Dim 声明：随过程的调用而分配存储单元，每次调用都对变量初始化；过程体结束，变量的内容自动消失，存储单元释放。

Static 声明：Static 声明的变量，也称静态变量。静态变量在程序运行过程中一直保留其值，即每次调用过程，变量保持原来的值。

2．注释语句

有两种方式：

（1）使用 Rem 语句。

（2）用英文单引号 "'"。

注释语句可写在某语句的后面，也可单独一行，若把 Rem 语句写在某语句的后面的同一行时，要在该语句与 Rem 之间用 ":" 分隔。

例如：

```
a=2      :Rem x 为方程的系数
q=b*b-4 *a *C      '求一元二次方程判别式
```

3. 常用运算符

常用的运算符包含算术运算符、关系运算符、逻辑运算符、连接运算符。其中，"+"用于连接字符串，"&"可将几个不同类型的值连接成一个字符串。常用运算符如表 7-13 所示。

表 7-13　常用运算符

类　别	运　算　符	含　义
算术运算符	+	加法运算
	−	减法运算
	*	乘法运算
	/	除法运算
	^	乘方运算
	\	整除运算
	Mod	模运算
关系运算符	=	等于
	<	小于
	>	大于
	<=	小于等于
	>=	大于等于
	<>	不等于
连接运算符	&和+	连接字符串
逻辑运算符	AND	与
	EQV	相等
	IMP	蕴涵
	NOT	否
	OR	或
	XOR	异或

4. 运算符的使用

（1）Like 运算符。

Like 用于字符串匹配运算符。

格式："目标串" Like "匹配串"　　'结果为逻辑值

例如：

```
"wyu" Like "w *"       '结果为:True
"wyu" Like " w[ *]u"   '结果为:False
```

（2）Is 运算符。

Is 用于判断一个表达式的值是否为空（NULL），Is 和 NULL 保留字联用。

格式：　Is Null （表达式)或 Not IsNull （表达式)

例如：在 text1 文本框中，若没输入数据，提示"输入数据不能为空"，否则显示数据。

```
If IsNull (Text1) Then
  MsgBox"输入数据不能为空"
Else
  MsgBox (Textl.Value)
End If
```

（3）In 运算符。

In 用于判断一个表达式的值是否在一个指定范围的值之内。

格式：表达式[Not]In(Valuel,Value2,...)

例如，判断系别是否在计算机、通信工程和工商管理三个系之中。

```
系别 In("计算机","通信工程","工商管理" )
```

（4）Between... And...运算符。

Between 用于判断一个表达式的值是否在两个数所确定的范围之内。

格式：表达式[Not]Between Value1 And Value2

例如，表示 $100 \geqslant X \geqslant 0$ 中的语句。

```
X Between 0 And 100
```

（5）!运算符。

"!"为取得一个对象的子集、子对象和属性，而且要求这些子集、子对象是由用户定义的，子属性是 Access 内部定义的。"!"运算符之后总是用方括号"[]"将内容括起来。

例如：　Forms![库存表]![入库 日期].Height

库存表为窗体名，入库日期为控件名。它们前面用"!"， 是因为它们是用户自己定义的。Height 前用"."，因为是 Access 系统定义的控件属性。

（6）表达式。

表达式是指用运算符将常量、变量、函数等连接起来的式子，书写在一行上。表达式由变量、常量、函数、运算符和圆括号组成。其书写规则：

- 运算符不能相邻。例如，a+ –b 是错误的。
- 乘号不能省略。例如，x 乘以 y 应写成 x*y。
- 括号必须成对出现（均使用圆括号）。
- 表达式从左到右在同一基准上书写，无高低、大小之分。

表达式可分为算术表达式、关系表达式和逻辑表达式等。

算数表达式由算数运算符和数值型数据组成。例如：x*y+5、a*a+(b-sqrt(x))

关系表达式由关系运算符及其操作数组成。例如：x > y、a < (x*y+5)

逻辑表达式由逻辑运算符及其操作数组成。例如：x>y And a<(x*y+5)

（7）赋值语句。

格式：[Let]变量名=表达式

功能：计算右端的表达式，并把结果赋值给左端的变量。Let 为可选项。符号"="称为赋值号。

赋值号"="左边的变量可以是对象的属性，但不能是常量。如：

```
a=b+1      '正确
3=b+1      '错误
```

7.3.5 VBA 的常用函数及常用控件

1. VBA 函数

Access 2013 为用户提供了大量函数，根据函数返回值类型，可以将函数分为日期/时间函数、数学函数、文本函数、类型转换函数、逻辑测试函数、消息函数和其他函数几大类。

（1）数学函数，如表 7-14 所示。

表 7-14　数学函数

函数名	含　　义	实　　例	结　　果
Abs(N)	取绝对值	Abs(−3.5)	3.5
Cos(N)	余弦函数	Cos(0)	1
Sin(N)	正弦函数	Sin(0)	0
Tan(N)	正切函数	Tan(0)	0
Exp(N)	e^N	Exp(3)	20.086
Log(N)	自然对数	Log(10)	2.3
Sqr(N)	平方根	Sqr(9)	3
Rnd[(N)]	产生随机数	Rnd	[0,1)之间的数
Round(N)	四舍五入取整	Round(−3.5) Round(3.5)	−4 4
Fix(N)	取整	Fix(−3.5) Fix(3.9)	−3,3
Int(N)	取小于或等于 N 的最大整数	Int(−3.5) Int(3.5)	−4,3

（2）转换函数。转换函数用于数据类型或形式的转换，包括整型、浮点型、字符串型之间以及与 ASCII 码字符之间的转换，如表 7-15 所示。

表 7-15　转换函数

函数名	含　　义	实　　例	结　　果
Asc(C)	字符转换成 ASCII 码值	Asc("A")	65
Chr(N)	ASCII 码值转换成字符	Chr$(65)	"A"
Lcase$(C)	大写字母转为小写字母	Lcase$("ABC")	"abc"
Ucase(C)	小写字母转为大写字母	Ucase("abc")	"ABC"
Val(C)	数字字符串转换为数值	Val("123AB")	123
Str(N)	数值转换为字符串	Str(123.45)	"123.45"

说明：

① Str 函数将非负数值型转换成字符型值后，在字符串的左边增加一个数值的符号位（半角空格）。

② Val 将数字字符串转换成数值时，当遇到字符串中第一个非数字字符，则停止转换。

（3）字符串函数，如表 7-16 所示。

表 7-16　字符串函数

函数名	含　义	实　例	结　果
Left(C,N)	取字符串左边 n 个字符	Left("ABCDE",3)	"ABC"
Right(C,N)	取字符串右边 n 个字符	Right("ABCD",3)	"BCD"
Len(C)	字符串长度	Len("AB 教育")	4
Mid(C,N1[,N2])	取字符子串,从第 N1 个开始向右取 N2 个字符，默认到 C 结尾	Mid("ABCDE",2,3)	"BCD"
Trim(C)	去掉字符串两边空格	Trim("　ABCD　")	"ABCD"
Space(N)	产生 N 个空格的字符串	Space(3)	"　　　"

（4）日期函数，如表 7-17 所示。

表 7-17　日期函数

函数名	含　义	实　例	结　果
Date	返回系统日期	Date	2020/2/15
Now	返回系统日期和时间	Now	2020/2/15 8:56:05 PM
Time	返回系统时间	Time	8:56:05 PM

2．功能语句

（1）Beep：产生一次蜂鸣。

（2）DeleteControl：从一个窗体中删除一个指定控件。例如：

DeleteControl "Form1", "Text1"

'从 Form1 窗体中删除 Text1 控件

（3）DeleteReportControl：从一个报表中删除一个指定控件。例如：

DeleteReportControl "Report1 ", "Text3" ' 删除报表 Report1 中的 Text3 控件

（4）Docmd：执行一个宏操作。

（5）Option Compare：设置进行字符串比较运算时是否区分大小写。

（6）Resume：完成错误信息处理。例如：

Resume [0]

'返回到最近一次出现错误代码行继续执行

Resume Next

'返回到最近一次出现的错误代码行的下一句继续执行

Resume 行号

3．VBA 编程常用控件

VBA 编程常用控件如表 7-18 所示。

表 7-18　VBA 编程常用控件

控件英文名	控件中文名
BoundObjectFrame	绑定对象框
CheckBox	复选框
ComboBox	组合框
CommandButton	命令按钮
CustomControl ActiveX	（自定义）控件

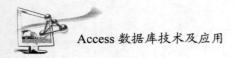
续表

控件英文名	控件中文名
Image	图像
Label	标签
Line	线条
ListBox	列表框
ObjectFrame	未绑定对象框或图表
OptionButton	选项按钮
OptionGroup	选项组
Page	页
PageBreak	分页符
Rectangle	矩形
Subform	子窗体/子报表
TabCtl	选项卡
TextBox	文本框
ToggleButton	切换按钮

7.3.6 VBA 程序流程控制语句

VBA 中有三种控制结构：顺序结构、分支结构和循环结构。

1．顺序结构

顺序结构就是各语句按书写的顺序依次执行。图 7-8 所示为一个顺序结构的流程图。

在一般的程序设计语言中，顺序结构的语句主要是赋值语句、输入/输出语句等。

【例7-5】顺序结构。

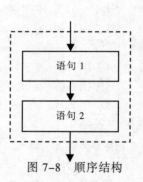

图 7-8　顺序结构

```
Private Sub Say_HelloWorld(Cancel As Integer)
  Dim strMsg As String,strTitle As String
  Dim intStyle As Integer
  strMsg = "Hello World!"
  intStyle = vbOKOnly
  strTitle = "First VBA Program"
  MsgBox strMsg,intStyle,strTitle
End Sub
```

其中：

（1）第 1、第 2 条语句是变量声明。

（2）第 3~5 条语句是赋值语句。

（3）第 6 条语句是显示一个消息框，显示变量 strMsg 中的内容。

（4）这 6 条语句在 Private...End Sub 之间，表示一个程序子过程，将按顺序执行。

2．分支结构

分支结构是对条件进行判断，根据判断结果选择不同的分支执行。

本书主要介绍 If...Else...EndIf 和 Select...Case...End Select 语句。

（1）单分支结构 If...Then。语句形式如下：

① If <表达式> Then
　　<语句块>
End If

② If <表达式> Then <语句>

其中：

① 表达式：一般为关系表达式、逻辑表达式，也可为算术表达式。表达式的值按非零为 True，零为 False 进行判断。

② 语句块：可以是一条或多条语句。若用简单形式②表示，则只能有一条语句或语句间用冒号分隔，而且必须在一行上书写。

③ 上述语句的作用是当表达式的值为 True 时，执行 Then 后面的语句块（或语句），否则不做任何操作，其流程如图 7-9 所示。

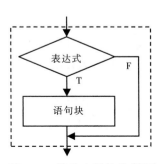

图 7-9　单分支结构流程图

【例7-6】已知两个数 x 和 y，比较它们的大小。如果 x<y，则互换二者的值，使得 x>y。

```
Private Sub Compare(x As Integer,y As Integer)
Dim t As Integer
  If x<y Then
    t=x
    x=y
    y=t
  End If
End Sub
```

（2）双分支 If...Then...Else 语句。

语句形式如下：

① If <表达式> Then
　　　<语句块 1>
　　Else
　　　<语句块 2>
　　End If

② If <表达式> Then <语句 1> Else <语句 2>

该语句的作用是当表达式的值为非零（True）时，执行 Then 后面的语句块（或语句 1），否则执行 Else 后面的语句块 2（或语句 2），其流程如图 7-10 所示。

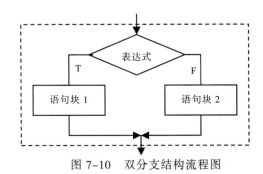

图 7-10　双分支结构流程图

【例7-7】计算分段函数

$$y = \begin{cases} \sin x + \sqrt{\dfrac{x^2+1}{x}}, & x \neq 0 \\ \cos x - x^3 + 3x, & x = 0 \end{cases}$$

```
Private Sub Calculate_y(x As Single)
    Dim y As Single
    If x<>0 Then
      y=sin(x)+sqr((x*x+1)/x)
```

```
    Else
        y=cos(x)-x^3+3*x
    End If
    MsgBox y
End Sub
```

（3）多分支结构 If...Then...ElseIf

双分支结构只能根据条件的 True 或 False 决定处理两个分支之一。当实际处理的问题有多种条件时，就要用到多分支结构。

语句形式如下：

```
If <表达式 1> Then
    <语句块 1>
ElseIf <表达式 2> Then
    <语句块 2>
…
[Else
    <语句块 n+1>]
End If
```

该语句的作用是根据表达式的值来确定执行哪个语句块，VBA 顺序测试表达式 1、表达式 2……一旦遇到表达式值为非零（True），则执行该条件下的语句块，然后执行 End If 后的语句。其流程如图 7-11 所示。

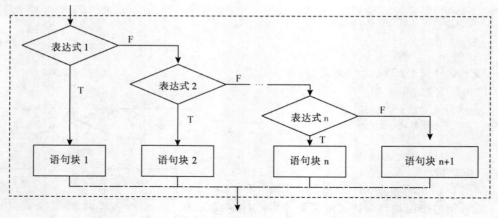

图 7-11　多分支结构流程图

【例7-8】将某课程的百分制成绩 mark 转换为对应的五级制成绩 grade，转换的规则如下：mark>=90 为优，80<=mark<90 为良，70<=mark<80 为中，60<=mark<70 为及格，mark<60 为不及格。

```
Private Sub Translate(mark As Single)
    Dim grade As String
    If mark >= 90 Then
      grade = "优"
    ElseIf 80 <= mark And mark < 90 Then
      grade = "良"
    ElseIf 70 <= mark And mark < 80 Then
      grade = "中"
    ElseIf 60 <= mark And mark < 70 Then
```

```
    grade = "及格"
  Else
    grade = "不及格"
  End If
     MsgBox grade
  End Sub
```

（4）多分支 Select…Case…End Select

Select Case 语句是多分支结构的另一种表示形式。语句的形式如下：

```
Select Case <变量或表达式>
Case <表达式列表 1>
    <语句块 1>
Case <表达式列表 2>
    <语句块 2>
…
[Case Else
    <语句块 n+1>]
End Select
```

其中：

① 变量或表达式：可以是数值型或字符串表达式。

② 表达式列表 i：必须与“变量或表达式”的类型相同，可以是下面 4 种形式之一。

- 表达式。
- 一组用逗号分隔的枚举值。
- 表达式 1 To 表达式 2（包含表达式 1 和表达式 2 的值）。
- Is 关系运算符表达式（配合关系运算符来指定一个数值范围）。

Select 语句的作用是根据<变量或表达式>的取值与各 Case 子句中的值的比较结果决定执行哪一组语句块。如果有多个 Case 子句的值与测试值匹配，则根据自上而下判断原则，只执行第一个与之匹配的语句块，其流程如图 7-12 所示。

【例 7-9】用 Select Case 语句改写例 7-8（分数为整数）。

```
Private Sub Translate(mark As Integer)
    Dim grade As String
    Select Case mark
    Case 90 To 100
      grade = "优"
    Case 80 To 89
      grade = "良"
    Case 70 To 79
      grade = "中"
    Case 60 To 69
      grade = "及格"
    Case 0 To 59
      grade = "不及格"
    End Select
    MsgBox grade
End Sub
```

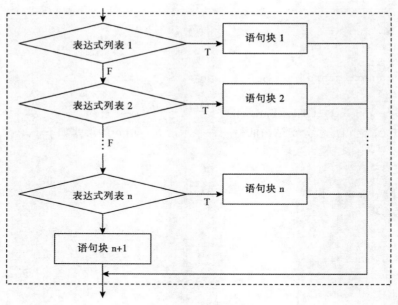

图 7-12　Select Case 语句流程图

3. 循环结构

所谓循环结构就是按规定的条件，重复执行某些操作。VBA 提供的循环结构主要有以下两种类型。

（1）For...Next 结构。

For...Next 结构是计数型循环语句，用于控制循环次数预知的循环结构。

语句形式如下：

```
For <循环控制变量 = 初值> To <终值> [Step 步长]
    <循环体>
Next <循环控制变量>
```

其中：

① 循环控制变量：必须为数值型。

② 步长：当步长为正，初值应于或等于终值；若步长为负，初值应大于或等于终值；步长的默认值为 1.

③ 循环体：可以是一条或多条语句。

For...Next 循环结构的执行过程如下：

① 循环控制变量被赋初值。

② 判断循环控制变量的值是否超过终值。若未超过终值，执行循环体；否则，结束循环，执行 Next 的下一条语句。

③ 循环控制变量加步长，转②，继续循环。

其执行流程如图 7-13 所示。

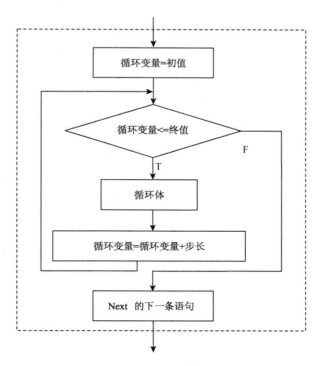

图 7-13　For…Next 语句流程图

【例 7-10】计算 1+2+…+100 的值。

```
Private Sub SumUp()
    Dim i As Integer
    Dim sum As Integer
    sum=0
    For i=1 To 100
      sum=sum+i
    Next i
    MsgBox sum
End Sub
```

（2）Do…Loop 循环结构。

Do…Loop 循环用于控制循环次数未知的循环结构，Do…Loop 循环结构有两种形式：

形式 1：

```
Do [{While|Until} <条件>]
    循环体
Loop
```

形式 2：

```
Do
    循环体
Loop [{While|Until} <条件>]
```

其中：

① 形式 1 为先判断后执行，有可能一次也不执行循环体中的语句；形式 2 为先执行的判断，至少执行循环体一次，这两种形式的执行流程如图 7-14 和图 7-15 所示。

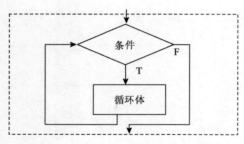

图 7-14　Do While...Loop 语句流程图

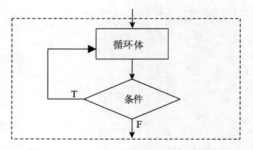

图 7-15　Do...Loop While 语句流程图

② 关键字 While 用于指明条件为 True 时就执行循环体中的语句；Until 的作用正好相反。

③ 当省略{While|Until} <条件>子句，即循环结构仅由 Do...Loop 关键字构成时，表示无条件循环，这时循环体内应该有 Exit Do（或 GoTo）语句，以退出循环，否则为死循环。

【例7-11】将例 7-10 改写为 Do...Loop 循环结构。

```
Private Sub SumUp()
    Dim i As Integer
    Dim sum As Integer
    sum=0
    i=1
    Do While i<=100
      sum=sum+i
      i=i+1
    Loop
    MsgBox sum
End Sub
```

7.3.7　过程调用和参数传递

1. 函数过程的定义

自定义函数过程的形式如下：

```
[Public|Private] Function 函数过程名(形参列表) [As 类型]
    局部变量或常数定义
    语句块 1
    函数名=表达式
     Exit Function
    语句块 2
    函数名=表达式
End Function
```

其中：

（1）Public 表示函数过程是全局的、公有的，可被程序中的任何模块调用；Private 表示函数是局部的、私有的，仅供本模块中的其他过程调用。若缺省表示全局。

（2）函数过程名命名规则同变量名的命名规则。

（3）As 类型：函数返回值的类型。

（4）形参列表形式：形参名 1 [As 类型],形参名 2 [As 类型],...

（5）函数名是有值的，所以在函数体内至少要对函数名赋值一次。

【例7-12】编写一个函数过程，求两个数的最大公约数。

```
Function gcd(ByVal m As Integer,ByVal n As Integer) As Integer
    Dim t As Integer
    Dim r As Integer
    If m<n Then
      t=m
      m=n
      n=t
    End If
    r=m Mod n
    Do While(r<>0)
      m=n
      n=r
      r=m Mod n
    Loop
    gcd=n
End Function
```

2．函数过程的调用

函数过程的调用形式如下：

函数过程名 (实参列表)

其中，实参是传递给过程的变量或表达式。

【例7-13】调用例 7-12 中的求最大公约数函数过程。

```
Sub Button1_Click()
    Dim x As Integer,y As Integer,z As Integer
    x=124
    y=24
    z=gcd(x,y)
End Sub
```

3．子过程的定义

子过程的形式如下：

[Public|Private] Sub 子过程名 (形参列表)
　　局部变量或常数定义
　　语句块 1
　　 Exit Sub
　　语句块 2
End Sub

注意：因为子过程名没有值，所以过程名也就没有类型，也就不能在子过程体内对子过程名赋值。

4．子过程的调用

子过程的调用通过一条独立的调用语句来实现，有两种形式：

① Call 子过程名 (实参列表)

② 子过程名 (实参列表)

5．参数传递

（1）形参和实参。

形式参数，简称形参，是在用户自定义函数过程、子过程过程名后圆括号内出现的变量名，多个形参用逗号分隔。

实际参数，简称实参，是在调用上述过程时，在过程名后的参数，其作用是将它们的数据（值或地址）传送给被调用的过程对应的形参变量。

（2）传地址与传值。

实参和形参的结合有两种方法，即传地址（ByRef）和传值（ByVal）。

传值方式需要在形参前加关键字 ByVal，表明该参数是传值方式。例如：

```
Private Sub S(ByVal a As Integer)
    …
End Sub
```

按传值方式传递参数时，系统将实参的值传递给对应的形参后，实参与形参断开联系，即形参的值的改变不会影响实参。

传地址方式需要在形参前加关键字 ByRef 或省略关键字，表明该参数是传地址方式。例如：

```
Private Sub S(ByRef a As Integer)
    …
End Sub
```

按传地址方式传递参数时，要求实际参数必须是变量名，此时实参与形参共用同一个存储单元，即形参的值的改变会影响实参的值。

（3）传值和传地址的选用规则。

传值和传地址的选用一般考虑以下两点：

① 若要将被调过程中的结果返回给主调程序，则形参必须是传地址方式。此时实参必须是同类型的变量名，而不能是常量或者表达式。

② 若不希望过程修改实参的值，则应选用传值方式，这样可以增加程序的可靠性和便于调试，减少各过程间的关联。因为过程体内对形参的改变不会影响实参。

7.4 数　　组

7.4.1 数组的概念

1. 数组存储

数组的实质是内存中一片连续存储空间，该连续存储空间由一组具有数据类型的子空间组成，每个子空间对应一个变量，称为数组的一个元素，也称数组元素变量。数组元素在数组中的序号称为下标。数组的声明方式和其他的变量是一样的，可以使用 Dim、Static、 Private 或 Public 语句来声明。系统通过数组名和相应的下标即可访问数组元素。若数组的大小被指定，则它是个固定大小数组。若程序运行时数组的大小可以被改变，则它是个动态数组。数组的优点是用数组名代表逻辑上相关的一批数据。

数组下标从 0 还是从 1 开始，可由 Option Base 语句确定。如果 Option Base 没有指定为 1，则数组下标从 0 开始到 n。

例如，数组 Array

2	3	4	5	6	7

下标

(0)	(1)	(2)	(3)	(4)	(5)

在声明数组时，不指定下标的上界，即括号内为空，则数组为动态数组。动态数组可以在执行代码时改变大小。动态数组声明后，可以在程序中用 ReDim 语句重新定义数组的维数以及每个维的上界。重新声明数组，数组中存在的值会丢失。若要保存数组中原先的值，可以使用 ReDim Preserve 语句来扩充数组。

2．数组特性(数组中的每个数据称为元素)

（1）每个元素类型相同，占用同样大小的存储空间。

（2）数组中的元素在内存中连续存放。

（3）通过下标可访问数组中的每个元素。下标的类型可以是整数、常量、变量或算术表达式。

（4）数组分为一维数组、二维数组和多维数组。

7.4.2　数组的声明

数组在使用前，必须显式声明，可以用 Dim 语句来声明数组。

1．一维数组声明

Dim　数组名([下标下界 to] 下标上界)　[As 数据类型]

下标必须为常数，不允许是表达式或变量。如果不指定下界，那么下界的默认值为 0。

例如：

Dim a(6) As Integer　　　　　　'定义了一个一维数组，占据 7 个整型变量空间

Dim b(1 to 5) As Integer　　　'定义了一个一维数组，占据 5 个整型变量空间

说明：

（1）定义数组时，下标的下界值和上界值必须是常量或符号常量，不能使用变量。

Dim x (n)

或

n= Inputbox("输入 n")

Dim x(n)As Single

均是错误的声明。

（2）引用数组元素时，下标不得超出所定义的下界和上界，否则程序的执行将被中断，同时系统报错。

（3）使用数组时，用 LBound()和 UBound()函数可得到该数组下标的下界和上界值。

2．二维数组声明

Dim<数组名> (下标1,下标2) As.数据类型

或

Dim　数组名([下标1下界 to] 下标1上界,[下标2下界 to] 下标2上界)　[As 数据类型]

上标、下标必须为常数，不允许是表达式或变量。如果不指定下界，那么下界的默认值为 0。

例如：

Dim c(2,3) As Integer

该语句声明了一个二维数组 c，它包含 12 个元素，每个元素都是一个整型变量。

c(0,0)	c(0,1)	c(0,2)	c(0,3)
c(1,0)	c(1,1)	c(1,2)	c(1,3)
c(2,0)	c(2,1)	c(2,2)	c(2,3)

说明：

（1）下标 1 指定行，下标 2 指定列，若省略定义下标值，则下标值默认为 0。

（2）二维数组在内存的存放顺序是"先行后列"，上面的数组 c(2, 3)存放顺序是：

c(0,0) → c(0,1) → c(0,2) → c(0,3)

c(1,0) → c(1,1) → c(1,2) → c(1,3)

c(2,0) → c(2,1) → c(2,2) → c(2,3)

例如：

```
Dim d(0 To 3,0 To 4) As Long
```

等价于

```
Dim d(4,5)As Long
```

7.4.3　数组的使用

数组声明后，数组中的每个元素都可以当作简单变量来使用。

例如，e(3)是一个数组元素，其中 e 为数组名，3 是下标。在使用数组元素时，必须把下标放在一对紧跟在数组名之后的括号中。e(2)是一个数组元素，e2 是一个简单变量。

【例7-14】输入任意 5 个学生的成绩，输出大于平均成绩的数据。

操作步骤如下：

创建一空白窗体，添加一文本框，将"名称"属性改为 Text0，附属标签为"5 个学生的成绩"，用于显示 5 个成绩；添加一文本框，将"名称"属性改为 Text1，附属标签为"大于平均数的值"，用于显示大于平均成绩的数；添加命令按钮，将"标题"属性改为"开始"，"名称"属性改为 Command1，如图 7-16 所示。

图 7-16　窗体

进入代码设计窗口，编写事件过程，如图 7-17 所示。

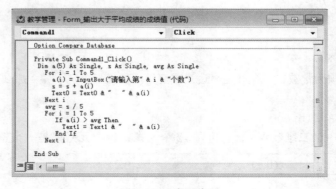

图 7-17　编写代码

7.5　VBA 的数据库编程

前面介绍的是 Access 数据库对象处理数据的方法和形式，要开发出更具有实际应用价值的 Access 数据库应用程序，还应当了解和掌握 VBA 的数据库编程方法。

7.5.1　数据库常用接口

通过数据访问接口，可以在 VBA 代码中处理打开的或没有打开的数据库、表、查询、字段、索引等对象，可以编辑数据库中的数据。也就是说数据的管理和处理完全代码化。

在 VBA 中主要提供了三种数据访问接口：

（1）ODBC API（Open DataBase Connectivity API，"开放式数据库连接）是一种关系数据源的接口界面。ODBC 基于 SQL（Structured Query Language），把 SQL 作为访问数据库的标准，一个应用程序通过一组，通用代码访问不同的数据库管理系统。

使用 ODBC 方法进行连接数据库时，微软提供了开放服务结构，并建立了一组对数据库的访问标准 API，这些 API 利用 SQL 来完成其大部分任务。目前操作系统支持 VBA、C 语言、Java 等多种语言连接数据库，这些程序要访问一个数据库，首先必须用 ODBC 管理器注册一个数据源，管理器根据数据源提供的数据库位置、数据库类型及 ODBC 驱动程序等信息，建立起 ODBC 与具体数据库的联系。只要应用程序将数据源名提供给 ODBC，ODBC 就能建立起与相应数据库的连接，其使用步骤如下：

① 设置连接字符串。

② 实例化 Command 连接对象。

③ 执行 Open 方法打开连接。

④ 执行 SQL 语句。

⑤ 将查询操作结果赋给 GridView，输出表格中的一行数据源。

⑥ 绑定 GridView。

⑦ 关闭连接。

（2）DAO（Data Access Object，数据访问对象）是一种面向对象的界面接口，提供一个访问数据库的对象模型，用其中定义的一系列数据访问对象实现对数据库的各种操作。使用 DAO 的程序编码非常简单。VBA 通过 DAO 和数据引擎既可以识别 Access 本身的数据库，也可以识别外部数据库，如 VFP（Visual FoxPro）、文本文件数据库和 Microsoft Excel 等。

DAO 模型是设计关系数据库系统结构的对象类的集合，它们提供了管理关系型数据库系统所需的全部操作的属性和方法，这其中包括对数据库连接、创建定义表、字段和索引命令、建立表之间的关系、定位和查询数据库等。

（3）ADO（ActiveX Data Objects，Active 数据对象）是基于组件的数据库编程接口。ADO 实际是一种提供访问各种数据类型的连接机制，是一个与编程语言无关的 COM（Component Object Model）组件系统。

ADO 是一个组件对象模型，模型中包含了一系列用于连接和操作数据库的组件对象。系统已经完成了组件对象的类定义，只需在程序中通过相应的类类型声明对象变量，就可以通过对象变量来调用对象方法、设置对象属性，以此来实现对数据库的各项访问操作，如图 7-18 所示。

图 7-18　通过 ADO 实现数据库访问操作

ADO 模型对象包含的对象如表 7-19 所示。

表 7-19　ADO 模型包含的对象

对　象	作　　用
Connection	建立与数据库的连接，通过连接可以从应用程序中访问数据源
Command	在建立与数据库的连接后，发出命令操作数据源
Recordset	与连接数据库中的表或查询相对应，所有对数据的操作基本上都是在记录集中完成的
Field(s)	对记录集中的字段数据进行操作，包括定义和创建 ADO 对象实例变量、返回 Select 语句记录集、采用 Delete（删除）、Update（更新）、Insert（插入）记录操作。
Error	表示程序出错时的扩展信息

7.5.2　使用 ADO 连接数据库

1. 设置 ADO 连接

在使用 ADO 之前，必须引用包含 ADO 对象和函数的库。其引用设置方法如下：

（1）进入 VBA 编程环境。

（2）选择"工具"→"引用"命令，打开"引用"对话框。

（3）在"可使用的引用"列表框中，选择 Microsoft ActiveX Data Objects 2.6 Library 选项，单击"确定"按钮，如图 7-19 所示。

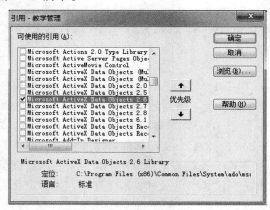

图 7-19　设置引用

2. 创建对象变量

定义连接对象变量：

```
Dim cn As ADODB.Connection
```

定义记录集对象变量：

```
Dim rs As. ADODB.RecordSet
```

定义字段对象变量：

```
Dim fs As. ADODB.Field
```

3．对象变量赋值

```
cn.Open  <连接串等参数>        '打开一个连接
rs.Open  <查询串等参数>        '打开一个记录集
set  fs=…                     '设置字段引用
```

4．通过对象的方法和属性进行操作

（1）Command 对象。

Command 对象主要用来执行查询命令，获得记录集。其常用属性和方法如表 7-20 和表 7-21 所示。

表 7-20　Command 对象常用属性

名　　称	含　　义
ActiveC onnection	指明 Connection 对象
CommadnText	指明查询命令的内容，可以是 SQL 语句

表 7-21　Command 对象常用属性

名　　称	含　　义
Excute	执行 CommandText 属性中定义的查询语句

（2）Record 对象。

通过 Record 对象可以读取数据库中的记录，进行添加、删除、更新和查询操作。其常用属性和方法如表 7-22 和表 7-23 所示。

表 7-22　Record 对象常用属性

名　　称	含　　义
Bof	如果为真，指针指向记录集的顶部
Eof	如果为真，指针指向记录集的底部
RecordCount	返回记录集对象中记录的个数
Filter	设置筛选条件过滤出满足条件的记录

表 7-23　Record 对象常用方法

名　　称	含　　义
AddNew	添加新记录
Delete	删除当前记录
Find	查找满足条件的记录
Move	移动记录指针位置
MoveFirst	指针定位在第一条记录
MoveLast	指针定位在最后一条记录
MoveNext	指针定位在下一条记录
MovePrevious	指针定位在上一条记录
Update	将 Recordset 对象中的数据保存到数据库
Close	关闭连接或记录集

说明：RecordSet 记录集的 BOF 和 EOF 属性用于判断记录指针是否处于有记录的正常置。

① 记录指针将指向最后一条记录之后，EOF 属性为 True。

② 记录指针将指向第一条记录之前，BOF 属性为 True。

③ BOF 和 EOF 属性的值均为 True 时，表示记录集为空。

对记录集进行添加、删除、修改操作后，要调用记录集对象的 Update 方法对后台数据库的内容进行相应的更新。

【例7-15】若记录集的 EOF 属性为 True，则回到首记录。

```
Private Sub Command3_ Click()
    rs Teacher.MoveNext
      If rsTeacher.EOF Then
        rsTeacher.MoveFirst
    End If
End Sub
```

【例7-16】若记录集的 EOF 属性为 True，则回到末记录。

```
Private Sub Command3_ Click()
    rsTeacher.MoveNext
    If rsTeacher.EOF Then
      rsTeacher.MoveLast
    End If
End Sub
```

5. 操作后的收尾工作

```
Rs.Close                    '关闭记录集
Set rs=Nothing              '回收记录集对象变量占有的内存
cnn. Close                  '关闭连接
Set cnn=Nothing             '释放连接
```

【例7-17】使用 ADO 编程，完成对表"课程信息表"记录的添加、查找、删除功能。

操作步骤如下：

（1）创建图 7-20 所示窗体，建立 4 个文本框，"名称"属性分别改为 txt 课程代号、txt 课程名称、txt 学分、txt 考核，附加标签的标题分别为"课程代号""课程名称""学分""考核"。建立 4 个命令按钮，"名称"属性分别改为 cmd 添加、cmd 删除、cmd 查找、cmd 退出。

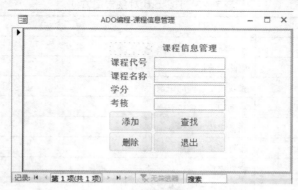

图 7-20　窗体

（2）在 VBA 代码窗口中，声明模块级变量。

```
Dim cnn As ADODB.Connection     '建立连接对象用于数据库连接
Dim rs As ADODB.Recordset       '建立记录集对象用于存放记录
Dim temp As String
```

（3）在窗体加载时，为对象变量赋值，打开表"课程信息表"，清空 4 个文本框。

```
Private Sub Form Load()
Set cnn=CurrentProject . Connection                    '打开与数据源的连接
Set rs=New ADODB. Recordset
temp="Select * From 课程信息表"
rs.open temp, cnn, adopenKeyset, adLockoptimistic  '打开记录集
txt 课程代号.Value=""
txt 课程名称.Value=""
txt 学分.Value=""
txt 考核.Value=""
End Sub
```

（4）进行添加操作时，"课程名称""课程代号""学分"对应的文本框不能为空，并且输入的新课程代号不能与"课程信息表"表中的重复。使用 AddNew 方法可以使记录集处于添加状态：使用 Update 方法将记录集中的数据保存到数据库中；使用 CancleUpdate 方法取消添加。"添加"事件代码如下：

```
Private  sub cmd 添加_Click()
Dim aok As Integer
If   txt 课程代号.Value="" or txt 课程名称.Value="" or txt 学分.value="" Then
MsgBox "您输入的数据不能为空，请重新输入!", vbOKOnly, "错误提示! "
txt 课程代号.SetFocus
Else
rs.Close
temp="select * from 课程信息表 where 课程代号='"& txt 课程代号&"'"
rs. open temp, cnn, adopenKeyset, adLockOptimistic
If rs. RecordCount > 0 Then
MsgBox  "输入的课程号重复，请重新输入",vbOKOnly, "错误提示!"
txt 课程代号. SetFocus
txt 课程代号. Value=""
    Else
    rs . AddNew               '使记录集处于添加状态
    rs("课程代号")=txt 课程代号.Value
    rs("课程名称")=txt 课程名称.Value
    rs("学分")=txt 学分.Value
    rs("考核")=txt 考核.Value
    aok=msgbox("确认添加? ",vbokcancle,"确认提示")
    If aok=1 Then
    rs.Update    '更新记录集，将更新写回数据库
    Else
    rs.CancelUpdate    '取消添加
    End If
txt 课程代号.Value =""
txt 课程名称.Value =""
txt 学分.Value=""
txt 考核.Value=""
    End If
End If
En Sub
```

（5）查找事件代码如下：

```
Private  Sub Cmd 查找_ Click()
  Dim strsearch As String
```

```
strsearch=InputBox("请输入要查找的课程号", "查找输入")
temp="select * from 课程信息表 where 课程代号='"& strsearch &"'"
rs.Close
rs.Open temp,cnn, adOpenKeyset, adLockOptimistic
If Not rs.EOF Then
   MsgBox "找到了!"
   txt 课程代号.Value=rs("课程代号")
   txt 课程名称 Value=rs("课程名称")
   txt 学分.Value=rs("学分")
   txt 考核.Value=rs("考核")
Else
MsgBox "没找到!"
End If
End Sub
```

（6）删除事件代码如下：

```
Private Sub cmd 删除_Click()
  Dim strsearch As String
  strsearch=InputBox("请输入要查找的课程号", "查找输入")
  temp="select * from 课程信息表 where 课程代号='"& strsearch&"'"
  rs.Close
  rs.open temp,cnn,adOpenKeyset,adLockoptimistic
  If Not rs.EOFThen
    MsgBox "找到了!"
    txt 课程代号.Value=rs("课程代号")
    txt 课程名称 Value=rs("课程名称")
    txt 学分.Value=rs("学分")
    txt 考核.Value=rs("考核")
    If MsgBox("确定要删除该记录内容吗?", vbYesNo, "确认")=vbYes  Then
      rs.Delete             '删除记录
      txt 课程代号.Value=""
      txt 课程名称.Value=""
      txt 学分.Value=""
      txt 考核.Value=""
    End If
  Else
    MsgBox "没找到!"
  End If
End Sub
```

（7）退出事件代码如下：

```
Private Sub cmd 退出_Click()
rs.Close               '关闭记录集
cnn.Close              '关闭连接
Set rs=Nothing   '回收记录集对象变量占用的内存
Set cnn=Nothing  '回收连接对象变量占用的内存
DoCmd.Close
End Sub
```

7.5.3 利用 DAO 实现访问数据库表

【例7-18】使用 DAO 技术，完成对"教学管理. ACCDB"表教师年龄加 1 操作。其代码如下：

```
Sub SetAgePlus1()
dim we as DAO.Workspace .                           '工作区对象
```

```
dim db as DAO.Database                              '数据库对象
dim rs as DAO.Recordset                             '记录集对象
dim fd as DAO.Field                                 '字段对象
set ws=DBEngine.Workspace (0)
set db=ws.OpenDatabase(".\教学管理 .accdb")         '打开数据库.
set rs=db.OpenRecordSet("教师信息表")              '返回"学生表"记录集
set fd=rs.Fields("年龄")                            '设置"年龄"字段,
Do while not rs.eof                                 '对记录集用循环结构进行遍历
rs.edit                                             '设置为"编辑"状态
fd=fd+1                                             '年龄+1
rs.update                                           '更新记录,保存年龄值
rs.movenext                                         '记录指针移动至下一条
   Loop                                             '关闭并回收对象变量
   rs.close
   db.close
   set rs=Nothing
   set db=Nothing
End sub
```

7.5.4　利用 ADO 技术实现访问数据库表

【例7-19】使用 ADO 技术，完成对"教学管理.ACCDB"表教师年龄加 1 操作。其代码如下：

```
Sub SetAgePlus1()
dim cn as New ADODB.Connection .                    '连接对象
dim rs as New ADODB.RecordSet                       '记录集对象
dim fsas ADODB.Field                                '字段对象
dim strConnect as String                            '连接字符串
dim strSQL as String                                '查询字符串
strconnect=".\教学管理.accdb'                       '连接数据库
cn.Provider="Microsoft.jet.oledb.4.0"              '设置数据提供者
cn.open strconnect                                  '打开与数据源的连接
strSQL="select 年龄 from 教师信息表"               '设置查询语句
rs.open strSQL,cn,adOpenDynamic,adLock0pt imistic,adCmdText
set fd=rs.Fields("年龄")
Do while not rs .eof                                '对记录集用循环结构进行遍历
fd=fd+1                                             '年龄+1
rs.Update                                           '更新记录,保存年龄值
rs.movenext                                         '记录指针移动至下一条
```

7.6　VBA 程序的调试

7.6.1　常见错误类型

编写程序不可避免地会发生错误，常见的错误有如下三种。

1. 语法错误

语法错误是指输入了不符合程序设计语言语法要求的代码，如 If 语句的条件后面忘记写 Then，Dim 写成了 Din 等。Access 的代码编辑窗口是逐行检查的，如果在输入时发生了此类错误，编辑会随时指出，并将出现错误的语句用红色显示。

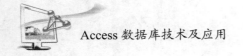

2．运行错误

运行错误是指在程序运行中发现的错误。例如，数据传递时类型不匹配，试图打开一个不存在的文件等，系统会在出现错误的地方停下来，并打开代码窗口，给出运行时错误提示信息告知错误类型。修改了错误以后，选择"运行"→"继续"命令，继续运行程序，也可以选择"运行"→"重新设置"命令退出中断状态。

3．逻辑错误

逻辑错误是指程序运行时没有发生错误，但程序没有按照所期望的结果执行。产生逻辑错误的原因很多，一般难以查找和排除，有时需要修改程序的算法来排除错误。

7.6.2　程序代码颜色说明

从代码窗口中可以看到，程序代码中每一行的每一个单词都具有自己的颜色，这样用户可以从复杂的代码中轻松地辨别出程序的各个部分。代码行中各种颜色所代表的含义为：

（1）绿色：表示注释行，它不会被执行，只用于对代码进行说明。

（2）蓝色：表示 VBA 预定义的关键字名。

（3）黑色：表示存储数值的内容，如赋值语句、变量名。

7.6.3　调试方法

为了发现代码中的错误并及时改正，VBA 提供了调试工具。使用调试工具，不仅能帮助处理错误，而且可以观察无错代码的运行状况。

1．Debug.Print 语句

在 VBA 中添加 Debug. print 语句可以对程序的运行实行跟踪。

例如，程序中有变量 x，如果程序调试过程中要对变量 x 进行监视，就可以在适当位置加上以下语句：

```
Debug.Print  x
```

在程序调试的过程中，在立即窗口中就会显示 x 的当前值。在一个程序代码中可以使用多个 Debug. Print 语句，也可对同一个变量使用多个 Debug. Print 语句。

2．设置断点

在程序中人为设置断点，当程序运行到设置断点的语句时，会自动暂停运行，将程序挂起，进入中断状态。可以在任何执行语句和赋值语句处设置断点，但不能在声明语句和注释处设置断点，也不能在程序运行时设置断点，只有在程序编辑状态或程序处于挂起状态时才可以设置断点。

（1）设置断点。

在代码编辑窗口中将光标移到要设置断点的行，按 F9 键或单击"调试"工具栏中的"切换断点"按钮设置断点，也可以在代码编辑窗口中单击要设置断点的那一行语句左侧的灰色边界标识条来设置。

（2）取消断点。

可以再次单击编辑窗口左侧的灰色边界标识条取消断点。

3．单步跟踪

单步跟踪即每执行一条语句后都进入中断状态。通过单步执行每一条语句，可以及时、准确地跟踪变量的值，从而发现错误。

单步跟踪的方法是将光标置于要执行的过程内，单击"调试"→"逐语句"按钮或按 F8 键，执行当前语句（用黄色亮条显示），同时将程序挂起。

4．设置监视点

如果设置了监视表达式，一旦监视表达式的值为真或改变，程序也会自动进入中断状态。设置监视表达式的方法如下：

（1）选择"调试"→"添加监视"命令，打开"添加监视"对话框。

（2）在"模块"下拉列表框中选择被监视过程所在的模块；在"过程"下拉列表框中选择要监视的过程；在"表达式"文本框中输入要监视的表达式。

（3）在"监视类型"选项区域中选择监视类型。

（4）设置完监视表达式后屏幕上会出现监视窗口。

5．跟踪嵌套过程。

若调用另外某几个过程、模块或窗体，可以用"调用堆栈"从下往上显示已执行的模块、窗体名称和过程名称。操作方法如下：

按 Ctrl+L 组合键，用鼠标选中某个过程，显示。这时，代码窗口显示出该过程，光标处于即将调用下一个过程的调用语句处。

此时，按 Shift+F9 组合键，用"快速监视"命令或按 Ctrl+G 组合键打开立即窗口，可以显示有关变量。

7.7　VBA 与 宏

7.7.1　VBA 与宏的区别

宏相当于 VBA 里面的 Sub 过程，即没有返回值的函数，宏的用途是自动化频繁使用的序列或者是获得一种更强大抽象能力的一个快捷键。它和 VBA 均属于 Access 的编程工具，编程时，可以在 VBA 代码中执行宏，也可以在宏操作中使用 VBA 代码。VBA 能对数据进行复杂的操作和分析，若要在 Access 2013 代码中运行宏操作，可使用 DoCmd 对象及其方法。

VBA 可以访问操作系统函数并支持文档打开时自动执行宏。在 Access 中，通过宏或者用户界面可以完成多项任务。而在其他数据库系统中，要完成相同的任务就必须通过编程实现。

使用宏还是使用 VBA 取决于需要完成的任务。对于简单的细节工作，如打开和关闭窗体、运行报表等，使用宏是一种很方便的方法，它可简捷迅速地将已经创建的数据库对象联系在一起。可认为宏是用 VBA 代码编写的函数模块，它不需要记住各种语法，通过"宏"名即可调用完成相应的任务。但对于下列情况，应该使用 VBA 而不要使用宏。

（1）维护数据库。

（2）使用内置函数或自行创建函数。

（3）处理错误消息。

7.7.2 在 VBA 中执行宏

在 VBA 代码中，使用 DoCmd 对象的 RunMacro 方法，可以执行已创建好的宏。

1. 语法格式

```
DoCmd.RunMacro MacroName [,Repea tCount] [,RepeatExpression]
```

2. 说明

MacroName：必选项，表示当前数据库中要执行的宏名称。

RepeatCount：可选项，表示要执行宏的次数，省略时只运一次宏。RepeatCount 是一个整数值。

RepeatExpression：可选项，在每次执行宏时进行计算，当结果为 False（值为 0）时，停止执行宏。RepeatExpression 是一个数值型表达式。

小　　结

本章讲述了 Access 2013 的模块操作及使用，包括模块、函数的建立方法、数据类型、常量、变量与表达式、常用函数、事件和方法、VBA 程序结构、数组及变量的作用域。重点讲述了 VBA 的程序控制流程，详细说明过程在条件、多分支选择和循环中的使用方法，还讲解了 VBA 与宏的联合使用及 VBA 编程与其他数据库引擎操作。书中引用的大量 VBA 过程示例、函数运算、过程与函数的调用，以边操作边讲解的方法进行贯穿。

练　　习

一、选择题

1. VBA 中定义符号常量可以用（　　　）关键字。

  A. Const   B. Dim   C. Public   D. Static

2. 下列变量名中，合法的是（　　　）。

  A. 4A   B. BC-1   C. ABC 1   D. private

3. InputBox 函数的返回值类型是（　　　）。

  A. 数值   B. 字符串

  C. 变体   D. 视输入的数据而定

4. 已知程序段：

```
Sub subl ()
  s=0
  For i=1 To 10 Step 2
    s=s +i
    i=i*2
  Next i
  MsgBox "i="& i & "s="& s
End Sub
```

当循环结束后，变量 i 和变量 s 的值为（　　　）。

  A. i=10 s=11   B. i=22 s= 15   C. i=15 s=22   D. i=15 s= 16

5. 已定义好有参函数 f(m)，其中形参 m 是整型量。下面调用该函数,传递实参为 5，将返回的函数值赋给变量 t。以下正确的是 (　　　)

　　A. t=f(m)　　　　　B. t=Call f(m)　　　C. t=f(5)　　　　　D. t=Call f(5)

6. 定义了二维数组 A (2 to5, 5)，则该数组的元素个数为 (　　　)

　　A. 25　　　　　　B. 36　　　　　　　C. 20　　　　　　D. 24

7. 在有参函数设计时，要想实现某个参数的 "双向" 传递，就应当说明该形参为 "传址" 调用形式。其设置选项是 (　　　)。

　　A. ByVal　　　　　B. ByRef　　　　　C. Optional　　　　D. ParamArray

8. 在窗体中有一个文本框 Textl，编写事件代码如下：

```
Private Sub Form_ Click()
  x=val(InputBox("输入 x 的值"))
  y=1
  IF x<>0 Then y=2
  Text1.Value =y
End Sub
```

打开窗体运行后，在输入框中输入整数 12，文本框 Textl 中输出的结果是 (　　　)。

　　A. 1　　　　　　B. 2　　　　　　　C. 3　　　　　　　D. 4

9. VBA 的逻辑值进行错误处理的语句结果是 (　　　)。

　　A. 0　　　　　　B. -1　　　　　　　C. 1　　　　　　　D. 任意值

10. VBA 中没有定义的数据类型是 (　　　)。

　　A. Variant　　　　B. Object　　　　C. Decimal　　　　D. Char

11. 下列调用该过程的形式中，正确的是 (　　　)。

　　A. sub1(10, 20)　　　　　　　　B. Call subl

　　C. Call subl 10，20　　　　　　D. Call sub1(10，20)

二、判断题

1. 使用 Rem 语句可以定义函数。　　　　　　　　　　　　　　　　　　(　　　)

2. 所有隐含声明变量都为 Variant 类型。　　　　　　　　　　　　　　(　　　)

3. 若程序中添加 Option Explicit 语句，在 VBA 中不需要声明变量。　(　　　)

4. Sub 或 Function 过程中的语句可以利用命名参数来传递值给被调用的过程。(　　　)

5. Variant 类型变量比大多数其他类型的变量需要更多的内存资源。　(　　　)

6. 若声明为动态数组，则可以在执行代码时改变数组大小。　　　　　(　　　)

7. 如果一个 Function 过程没有参数，则它的 Function 语句不必包含一个空的圆括号。

　　　　　　　　　　　　　　　　　　　　　　　　　　　　　　　(　　　)

8. Dim X As Integer 语句声明变量 X 是一个整型，其范围介于-32 768 ~32 767 之间。

　　　　　　　　　　　　　　　　　　　　　　　　　　　　　　　(　　　)

三、简答题

1. Access 2013 中模块的过程有哪几种?语法格式分别是什么?

2. Access 2013 的模块分哪几类?通常加入的 Sub 过程名... End Sub 属于哪类?

3. Access 2013 中条件选择有哪几种形式?

4. 在 Select Case 中，若要求条件分数（字段名为 grade）在 80 ~99 之间，则应如何表示?

5. 模块过程中的循环有哪几种形式?分别写出语法格式。

第 **8** 章

数据库安全

数据库中的数据对于企业来说至关重要，不允许任何非法的修改或删除，因此，数据库管理软件必须考虑安全问题。Access 2013 提供了一些工具来确保数据库的安全，具体如下：数据库密码、数据库的备份、数据库的压缩与修复。本章将说明如何使用这些工具。

本章主要内容包括：

● 设置数据库密码。

● 数据库的备份。

● 数据库的压缩和修复。

8.1 设置数据库密码

若数据库设置了密码，只有输入正确的密码才能打开数据库，访问里面的各类对象。如果未经授权，没有正确的密码，则不能访问数据库。

1. 加密

要设置数据库密码，必须在独占方式下打开数据库，如图 8-1 所示。

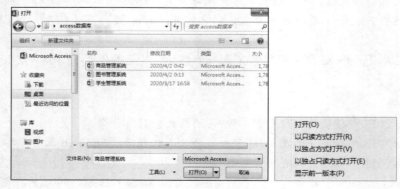

图 8-1 以独占方式打开数据库

（1）单击"打开"按钮右边的箭头，在下拉列表中选择"以独占方式打开"选项。

（2）在文件打开后，单击"文件"，在右边的窗口中单击"用密码进行加密"，打开图 8-2 所示的对话框。

（3）在"密码"文本框中输入密码，在"验证"文本框中再次输入相同的密码，注意密码区分大小写。然后单击"确定"按钮，打开警告对话框，如图 8-3 所示，在对话框中单击"确定"按钮。

图 8-2 "设置数据库密码"对话框

图 8-3 警告对话框

以后再次打开数据库时，将会要求输入密码。

注意：必须记住数据库密码，一旦忘记，将无法找回，就无法使用数据库。

2．撤销密码

可以撤销为数据库设置的密码。具体操作如下：

首先仍要"以独占方式打开"数据库，然后单击"文件"，在右边的窗口中单击"解密数据库"。打开图 8-4 所示的对话框，输入已设置的数据库密码，然后单击"确定"按钮即可删除密码。

图 8-4 "撤销数据库密码"对话框

8.2 数据库的备份

为防止系统因操作失误或系统故障而导致数据丢失、破坏，需要定期对数据库文件进行备份，一旦发生意外，可以还原整个数据库。备份的步骤如下：

（1）选择"文件"菜单中的"另存为"命令，打开如图 8-5 所示的界面。

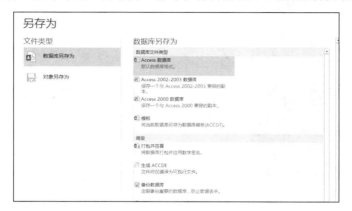

图 8-5 另存为界面

（2）单击"高级"下的"备份数据库"，再单击"另存为"按钮，打开图 8-6 所示的对话框，选择要保存的路径，界面上可以看到已自动添加了默认的文件名，该名字是由原始数据库的名字和备份时的日期合并而成，也可以更改文件名，最后单击"保存"按钮，完成备份。

图 8-6　备份界面

8.3　数据库的压缩和修复

随着数据库中数据记录的不断增加及新对象的创建，数据库文件的体积是不断增大的。即使是删除数据，也只是为数据记录添加删除标记，并没有真正删除，这样会产生很多碎片，导致数据库的性能下降，对象打开速度会变慢，查询时间变长，甚至出现数据库打不开的情况。因此，需要对数据库进行压缩和修复，清理数据库文件中的磁盘碎片空间。

注意：压缩过程并不是在压缩数据，而是消除未使用的空间，从而缩小数据库文件。

操作步骤如下：

（1）打开数据库文件，选择"文件"→"信息"命令，在右侧窗格中单击"压缩和修复数据库"按钮，如图 8-7 所示，在压缩数据库的同时进行修复。Access 将在数据库文件所在的目录下创建已压缩和已修复数据库的副本。

图 8-7　压缩和修复数据库

（2）也可以单击"数据库工具"下的"压缩和修复数据库"按钮，达到同样的效果。

如果想要在数据库关闭时自动压缩和修复数据库，可按如下步骤：

首先打开数据库文件，然后选择"文件"→"Access 选项"命令，在打开的对话框中选择"当前数据库"，在右侧窗格中选择"关闭时压缩"复选框，最后单击"确定"按钮，如图 8-8 所示。

图 8-8　自动压缩和修复数据库

对于该数据库文件，每次关闭时会自动执行压缩处理，删除不必要的空间。

注意：以上设置仅影响当前打开的数据库。

小　　结

本章主要介绍了 access 数据库的密码设置、数据备份、数据库压缩与修复。通过这些工具，可以确保数据库的安全。

习　　题

一、选择题

1. 为数据库设置密码时，数据库应该以（　　　）方式打开。

　　A. 共享　　　　　　　B. 只读　　　　　　C. 独占　　　　　D. 独占只读

2. 在更改数据库密码之前，一定要先（　　　）数据库。

　　A. 进入　　　　　　　B. 退出　　　　　　C. 恢复原来的设置　D. 编辑

3. 下列（　　　）不属于压缩和修复数据库的作用。

　　A. 减少数据库占用空间　　　　　　　　B. 提高数据库打开速度

　　C. 清理磁盘碎片　　　　　　　　　　　D. 美化数据库

二、简答题

1. Access 为数据库提供了哪些安全保护措施？

2. 为数据库建立了密码后，使用其中的表还要输入密码吗？

第 9 章
应用系统开发实例

本章以教学管理为例，详细介绍设计和开发一个完整的数据库应用系统的全过程。

本章主要内容包括：

- 系统需求分析及功能描述。
- 数据库设计及表间关系的建立。
- 查询、窗体和报表的设计。
- 创建宏和 VBA 程序设计。
- 系统配置和运行。

9.1　需　求　分　析

需求分析简单地说就是分析用户的需求，它是设计数据库应用系统的起点。

需求分析的任务是通过详细调查现实世界要处理的对象的实际业务流程（如教学管理，图书管理），了解用户的各种需求（数据需求、完整性约束条件、数据处理和安全性等）。

需求分析的方法，就是要到用户那里去进行调查研究，与用户进行反复的沟通和交流，充分地听取用户的意见。例如，将要利用计算机处理的数据有哪些？数据之间的相互联系如何？用户的输入输出要求是什么？需要什么样式的报表打印？具体的安全性要求、系统的风格如何？等等，都需要了解清楚。

需求分析的目的，能够较为准确地描述出用户的实际需求，以及规划出系统的总体实施方案，然后在此基础上设计数据库及其功能要求。

如果需求分析阶段未能准确地反映出用户的实际需求，那么将直接影响到后面各个阶段的设计的合理性，甚至会推倒重来，前功尽弃，因此必须重视系统需求分析阶段的工作。

9.1.1　系统需求分析

本章以我们最为熟悉的高校的"教学管理"为例，介绍数据库应用系统开发的全过程。首先，从系统需求分析为工作的起点。经过对用户需求的了解和调研，得出教学管理系统包括的基本信息应有院系信息、教师信息、教师任课信息、学生信息、课程信息、学生选课及成绩信息等。

用户对本系统的具体要求如下：

（1）能全面管理与教学相关的各类主体，如院系信息、教师信息、教师任课信息、学生信息、课程信息、学生选课及成绩信息等。

（2）通过使用本系统能方便地维护（包括插入、删除、修改等）各基本信息表。

（3）能按条件查询基于某信息表的所需信息。

（4）能实现基于多个表的连接查询。

（5）能实现基于单个表或多个表的统计功能。

（6）需要时能即时进行输出与打印。

（7）系统具有界面美观、操作方便等特点。

9.1.2　系统功能描述

依据系统需求分析阶段得出的各项基本信息，以及用户对本系统的具体要求，再根据教学管理的实际业务流程，对教学管理系统的功能描述如下：

（1）能对各基本信息表的数据进行输入、修改、删除、添加、查询、报表打印等基本操作。

（2）能实现各类基本查询。包括学生情况查询、选课及成绩查询、课程查询、任课教师情况等基本查询操作。

（3）能实现统计查询。包括生源地人数分布及统计、学生选课及成绩情况统计（包括平均成绩、不及格门数等）、各院系学生人数统计、各院系任课教师情况统计等操作。

（4）具有报表打印功能。包括学生基本情况报表、课程成绩报表、个人成绩单等报表输出。

按照结构化程序设计的要求，针对系统的各项功能，规划出系统的功能模块图，如图 9-1 所示。

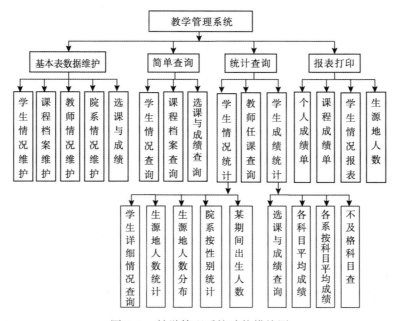

图 9-1　教学管理系统功能模块图

如果把这个图比作一棵倒挂的树，那么最上面的一层（教学管理系统）相当于树根，称为主控模块。它的下面是 4 个并列的一级模块，相当于树枝，依次为：基本表数据维护、简单查询、统计查询、报表打印，这些模块都属于控制模块，即只起控制转向（承上启下）的作用，并不完成具体的操作任务。也就是说，只有位于各控制模块下面的最下层的模块（相当于树叶），才是完成具体操作任务的功能模块。通过这种方法设计的系统，便于修改、维护和以后扩充功能。

9.1.3　系统集成方式

为了系统数据的安全起见，避免用户直接运行数据库的各种对象，需建立系统的管理菜单，以方便用户操作。

经过考虑，根据系统功能描述所得出的功能模块图的要求，本系统采用"窗体菜单"的形式，供用户根据需要打开相应的窗体、查询与统计、报表打印等，完成相应的操作功能。

例如，将主控模块"教学管理系统"设计成主窗体，在主窗体中把各一级模块设计为命令按钮，如图 9-2 所示。系统运行时，通过单击这些命令按钮，去打开相应的各下级模块窗体。这样依次自顶向下逐级进行设计，让中间模块只起控制作用，最下级模块才完成具体的操作任务。

图 9-2　"窗体菜单"形式的主控模块窗体

9.2　系 统 实 现

系统实现是指根据需求分析阶段得出的用户需求，选择一种数据库管理系统，通过计算机实现其所需的功能。

9.2.1　数据库设计

数据库设计是数据库应用系统开发成败的关键，这里每个阶段的设计工作都应引起重视。下面进行数据库各阶段的设计。

1. 概念结构设计

将需求分析阶段得到的用户需求抽象为概念模型的过程就是概念结构设计，它是整个数据库设计的关键。根据需求分析阶段的结果得知，本系统需要管理的实体信息有院系信息、教师信息、教师任课信息、学生信息、课程信息、学生选课及成绩信息等。

经过分析，对各实体的属性，各实体集之间的联系及其属性，通过 E-R 方法来描述，得到本系统的概念模型（也称 E-R 模型），如图 9-3 所示。

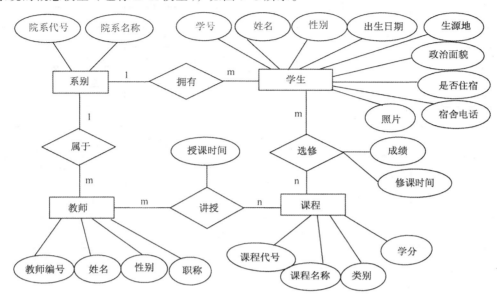

图 9-3　实体及其联系的 E-R 图

2. 逻辑结构设计

将概念结构设计得到的概念模型转化为某数据库管理系统能够实现的数据模型，称为逻辑结构设计。下面将概念结构设计中得到的 E-R 模型转换为关系模型，得到各关系模式（带下画线的为主键）如下：

系别（<u>院系代号</u>，院系名称）

教师（<u>教师编号</u>，姓名，性别，职称，院系代号）

学生（<u>学号</u>，姓名，性别，出生日期，生源地，院系代号，政治面貌，是否住宿，宿舍电话，照片）

课程（<u>课程代号</u>，课程名称，类别，学分）

讲授（<u>教师编号，课程代号</u>，授课时间）

选修（<u>学号，课程代号</u>，成绩，修课时间）

3. 物理结构设计

物理结构设计的任务是为上一阶段得到的数据库的逻辑结构选择合适的存储模式，确定在物理设备上的存储结构和存取方法。根据上面的逻辑结构设计，得到数据库的物理结构设计，如表 9-1 至表 9-6 所示。

表 9-1　学生情况

字 段 名	字 段 类 型	字 段 大 小	主键/外键
学号	短文本	10	主键
姓名	短文本	10	
性别	短文本	2	
出生日期	日期/时间		

字 段 名	字 段 类 型	字 段 大 小	主键/外键
生源地	短文本	10	
院系代号	短文本	2	外键
政治面貌	短文本	8	
是否住宿	是/否		
宿舍电话	短文本	7	
照片	OLE 对象		

表 9-2　系别

字 段 名	字 段 类 型	字 段 大 小	主键/外键
院系代号	短文本	2	主键
院系名称	短文本	16	

表 9-3　教师情况

字 段 名	字 段 类 型	字 段 大 小	主键/外键
教师编号	短文本	9	主键
姓名	短文本	10	
性别	短文本	2	
职称	短文本	8	
院系代号	短文本	2	外键

表 9-4　课程档案

字 段 名	字 段 类 型	字 段 大 小	主键/外键
课程代号	短文本	8	主键
课程名称	短文本	20	
类别	短文本	4	
学分	数字	单精度型	

表 9-5　选课及成绩

字 段 名	字 段 类 型	字 段 大 小	主键/外键
学号	短文本	10	学号与课程代号
课程代号	短文本	8	合为主键
成绩	数字	单精度型	
修课时间	短文本	50	

表 9-6　讲授

字 段 名	字 段 类 型	字 段 大 小	主键/外键
教师编号	短文本	9	教师编号与课程代号合为主键
课程代号	短文本	8	
任课时间	短文本	11	

4．数据库实现

数据库实现的任务是根据物理结构设计的结果，选择一种数据库管理系统，在计算机中建立起实际的数据库结构，录入数据，进行测试和试运行的过程。

我们以 Access 应用程序为数据库管理系统环境，设计与开发"教学管理"系统。下面是在 Access 应用程序环境中的具体操作步骤。

打开 Access 应用程序，根据上面的物理结构设计，建立名为"教学管理.accdb"的数据库。

（1）建立空数据库。

操作步骤如下：

① 选择"开始"→"所有程序"→Microsoft Office 2013→Access 2013 命令，在随后打开的"Microsoft Access"窗口中，选择"文件"→"新建"命令。

② 在弹出的"可用模板"窗格中选择"空白桌面数据库"，输入文件名为"教学管理"，单击"创建"按钮，即可建好一个新的空数据库。

（2）创建新表

操作步骤如下：

① 在已创建的"教学管理"数据库窗口中，单击"导航窗格"中的"表"对象，如图 9-4 所示。

图 9-4　创建"表"对象的窗口信息

② 单击"创建"选项卡"表格"组中的"表设计"按钮，在表设计视图中，按照物理结构设计的各信息表（表 9-1~表 9-6），分别创建它们对应的各个字段的名称、数据类型、大小、主键等。

③ 各个信息表创建完毕后的数据库窗口如图 9-5 所示。

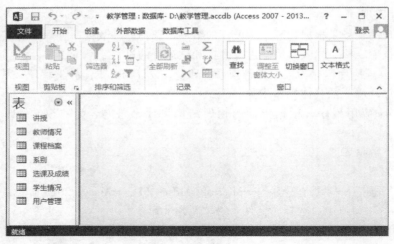

图 9-5 "教学管理"数据库窗口中的各数据表

（3）建立表间关系

操作步骤如下：

① 打开"教学管理.accdb"数据库，单击"数据库工具"选项卡，在功能区的"关系"组中单击"关系"按钮，弹出"关系"窗口。

② 在"关系工具"中，单击"关系"组的"显示表"按钮。

③ 从弹出的"显示表"对话框中，分别选择各表，将它们添加到关系窗口中，关闭该对话框。

④ 分别将各个表的主键拖到相应的外键上，并实施参照完整性，就建立起了各表之间的表间关系，如图 9-6 所示。

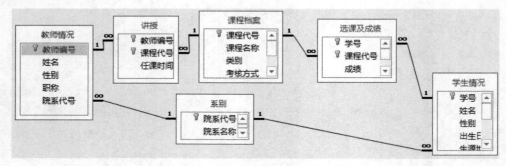

图 9-6 "教学管理"数据库中的表间关系

（4）输入数据

操作步骤如下：

① 在数据库窗口中，单击"导航窗格"中的"表"对象，在表对象列表框中双击欲输入数据的表。

② 在打开的"数据表视图"窗口中输入数据。例如，已输入"选课及成绩"表的数据如图 9-7 所示。

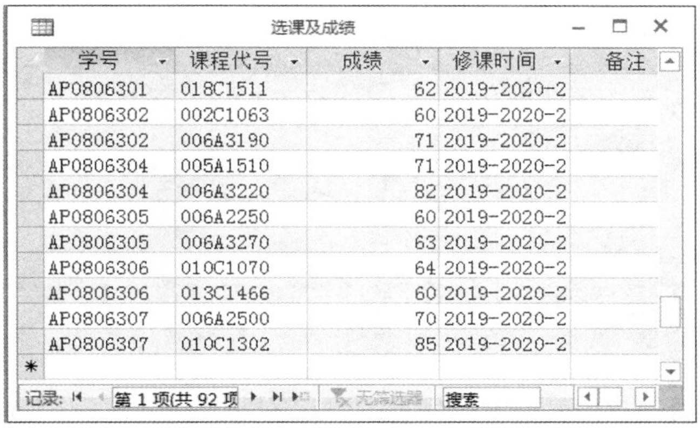

图 9-7　"选课及成绩"表的输入数据

说明：

需将各数据表的数据逐个输入。当然，如果已经在其他场合，例如，Excel 中或其他应用程序中准备好了数据，那就可以用导入的方式获取外部数据。

输入数据是比较花时间的。原始数据总是需要有人把它们输入到计算机中去的，不管输入数据的方式如何，总归是要有人来做这项工作的。因此，原始数据是数据库系统最核心和最重要的资源，输入的数据应该随时做好备份，以防数据出现不测或打不开时能够及时恢复。

对于经常与数据库应用系统有输入/输出数据联系的人员来说，应养成一种职业习惯，随时做好原始数据的备份。我们必须清楚，这些原始数据如果被破坏，是不可能像其他软件那样可以通过副本找回来的，而只能通过备份数据来恢复。

9.2.2　查询设计

在准备好了数据表以及输入相应的数据以后，就可以根据功能要求，对这些数据进行处理了。

数据库的查询，就是按给定的要求从指定的数据源中查找符合条件的记录。查询的数据源既可以来自一个表，也可以来自多个相关联的表，还可以是其他查询。

根据前面的系统功能描述所得出的功能模块图的要求，本系统的查询分为简单查询、统计查询。这里的简单查询，是指只涉及一个基本表的数据的单表查询，而统计查询涉及数据的统计以及多个相关联表的复杂查询。

1．简单查询

创建学生情况查询的操作步骤如下：

（1）已创建的"教学管理"数据库窗口中，单击"创建"选项卡"查询"组中的"查询向导"按钮。

（2）在打开的"新建查询"对话框中，选择"简单查询向导"，如图 9-8 所示，单击"确定"按钮。

（3）在打开的"简单查询向导"对话框中，选择"学生情况"表为数据源，选择所有字段，单击"完成"按钮。

（4）保存查询，命名为"学生情况查询"。完成后

图 9-8　"新建查询"对话框

的设计视图如图 9-9 所示。

图 9-9 "学生情况查询"的设计视图

可以同样的方式建立"选课及成绩查询""课程档案查询""教师情况查询",不再赘述。

2．统计查询

（1）生源地人数统计（单表带统计的选择查询）

操作步骤如下：

① 在已创建的"教学管理"数据库窗口中，单击"创建"选项卡"查询"组中的"查询设计"按钮。

② 在打开的"显示表"对话框中选择"学生情况"表为数据源，单击"添加"按钮，关闭该对话框。

③ 在查询设计视图中双击"学生情况"表中的"生源地""学号"字段，将它们添加到设计网格中。

④ 单击工具栏中的"总计"按钮Σ，随后的设计网格中会出现"总计"行。

⑤ 在"总计"行的"学号"字段列选择"计数"，并将"学号"字段名改为"人数:学号"，如图 9-10 所示。

⑥ 保存查询，命名为"生源地人数统计"。

⑦ 单击"运行"按钮，即可得到所需的查询结果，如图 9-11 所示。

图 9-10 "生源地人数统计"的设计视图　　　　图 9-11 "生源地人数统计"运行结果

（2）学生成绩查询（多表选择查询）。

操作步骤如下：

① 在数据库窗口中，单击"创建"选项卡"查询"组中的"查询向导"按钮。

② 在"简单查询向导"对话框之一中，选择"学生情况"表中的"学号""姓名"字段，"选课及成绩"表中的"课程代号""成绩"字段，"课程档案"表中的"课程名称"字段，单击"下一步"按钮。

③ 在"简单查询向导"对话框之二中，确定为"明细查询"，即取默认值，单击"下一步"按钮。

④ 在"简单查询向导"对话框之三中，指定查询的标题为"学生成绩查询"，选择对话框中的"请选择是打开查询还是修改查询设计"项下面的单选按钮"修改查询设计"，单击"完成"按钮。

⑤ 在打开的查询设计视图中，将"课程名称"字段列拖移到"成绩"字段列的前面。完成后的设计视图如图 9-12 所示。

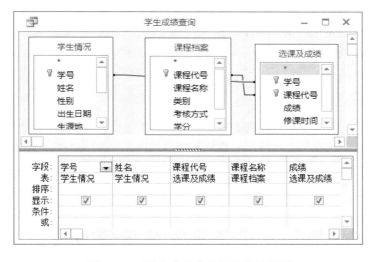

图 9-12　"学生成绩查询"的设计视图

（3）各院系不及格课程名单查询（多表带条件的选择查询）。

操作步骤如下：

① 在数据库窗口中，单击"创建"选项卡"查询"组中的"查询设计"按钮。

② 在打开的"显示表"对话框中选择"系别""学生情况""课程档案""选课及成绩"4个表为数据源，关闭该对话框。

③ 在查询设计视图中双击"系别"表中的"院系名称"字段，"学生情况"表中的"学号""姓名"字段，"课程档案"表中的"课程名称"字段，"选课及成绩"表中的"成绩"字段，将它们添加到设计网格中。

④ 在设计网格的"条件"行的"成绩"字段列输入条件表达式"<60"。

⑤ 保存查询，命名为"各院系不及格课程名单"。完成后的设计视图如图 9-13 所示。

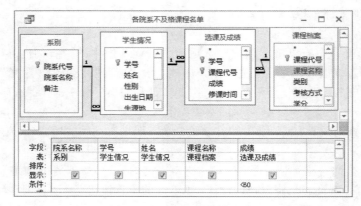

图 9-13 "各院系不及格课程名单"的设计视图

（4）各院系按课程的平均成绩查询（多表带统计的选择查询）。

操作步骤如下：

① 在数据库窗口中，单击"创建"选项卡"查询"组中的"查询设计"按钮。

② 在打开的"显示表"对话框中选择"系别""学生情况""课程档案""选课及成绩"4个表为数据源，关闭该对话框。

③ 在查询设计视图中双击"系别"表中的"院系名称"字段，"课程档案"表中的"课程名称"字段，"选课及成绩"表中的"成绩"字段，将它们添加到设计网格中。

④ 单击工具栏中的"总计"按钮∑。

⑤ 在"总计"行的"成绩"字段列选择平均值，并在成绩字段名前添加"平均成绩:"。

⑥ 右击"成绩"列字段，在弹出的快捷菜单中选择"属性"命令，设置"成绩"字段为1位小数。

⑦ 保存查询，命名为"各院系按课程的平均成绩查询"。完成后的设计视图如图 9-14 所示。

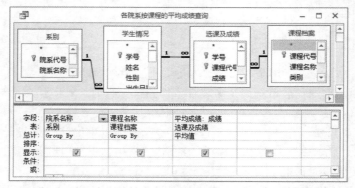

图 9-14 "各院系按课程的平均成绩查询"的设计视图

（5）某期间出生的学生查询（参数查询）。

操作步骤如下：

① 在数据库窗口中，单击"创建"选项卡"查询"组中的"查询设计"按钮。

② 在打开的"显示表"对话框中选择"学生情况"表为数据源，关闭该对话框。

③ 在查询设计视图中双击"学生情况"表中的"学号""姓名""性别""出生日期""生源地"字段，将它们添加到设计网格中。

④ 在设计网格的"出生日期"列的条件行输入"Between [起始日] And [截止日]"，作为参数查询的条件。

⑤ 在设计网格的"排序"行的"出生日期"列选择"升序"。

⑥ 保存查询，命名为"某期间出生的学生查询"。完成后的设计网格如图 9–15 所示。

图 9–15　"某期间出生的学生查询"的设计网格

⑦ 单击"运行"按钮，需输入查询的参数值输入"起始日""截止日"，如图 9–16 所示。查询运行的结果如图 9–17 所示。

图 9–16　输入学生的"出生日期"的参数值

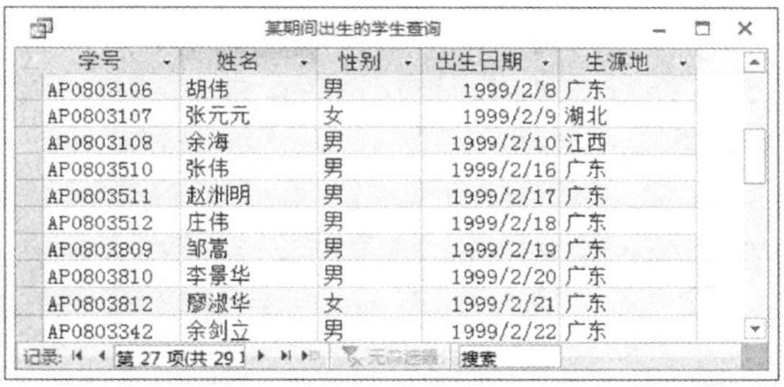

图 9–17　"某期间出生的学生查询"运行结果

（6）各院系人数生源地分布查询（交叉表查询）。

操作步骤如下：

① 在数据库窗口中，单击"创建"选项卡"查询"组中的"查询设计"按钮。

② 在打开的"显示表"对话框中选择"学生情况""系别"两个表为数据源，关闭该对话框。

③ 在查询设计视图中双击"系别"表中的"院系名称"字段，"学生情况"表中的"生源地"字段，双击"学号"字段两次，将它们添加到设计网格中。

④ 在"查询工具"的"设计"项中，单击功能区"查询类型"组中的"交叉表查询"按钮，设计网格中会出现"总计"行和"交叉表"行。

⑤ 在"交叉表"行将"院系名称"字段作为行标题，"生源地"字段作为列标题，第一个"学号"字段作为值，并在这个"学号"字段名前加上"学号之计数："，第二个"学号"字段作为行标题，并在这个"学号"字段名前加上"院系人数："。

⑥ "总计"行的两个"学号"字段列都选择"计数"。

⑦ 保存查询，命名为"各院系人数生源地分布查询"。完成后的设计视图如图 9–18 所示。

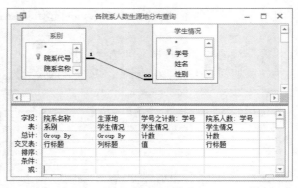

图 9-18 "各院系人数生源地分布查询"的设计视图

9.2.3 窗体设计

一个数据库应用系统不仅数据结构设计要合理，而且应该有一个对用户友好的操作界面，这个界面需要通过窗体来实现，也就是说，使用户对数据库的操作都通过窗体来进行。

将主控模块"教学管理系统"设计成主窗体。在主窗体中，把各一级模块设计为命令按钮。在系统运行时，通过单击这些命令按钮，打开相应的窗体完成其操作任务。我们就按这个基本思想来进行窗体的设计。

在本系统中，对窗体设计的原则是从最下级模块逐级向上进行的。也就是说，首先介绍最下级模块窗体的创建，然后再介绍上级控制模块窗体的创建。

1. 最下级模块窗体的创建

（1）各院系按课程的平均成绩查询窗体。

这个窗体的创建需要用前面创建的"各院系按课程的平均成绩查询"作为数据源。

操作步骤：

① 在数据库窗口中，单击"创建"选项卡"窗体"组中的"窗体向导"按钮。

② 在"窗体向导"对话框之一中，选择"各院系按课程的平均成绩查询"为数据源，并选择所有字段，如图 9-19 所示，单击"下一步"按钮。

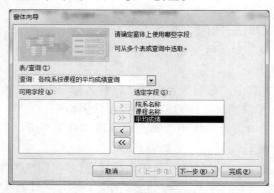

图 9-19 "窗体向导"对话框之一中的"各院系按课程的平均成绩查询"的数据源

③ 在"窗体向导"对话框之二中，选择"布局"为"纵栏表"，单击"下一步"按钮。

④ 在"窗体向导"对话框之三中，指定窗体标题为"各院系按课程的平均成绩查询"，单击"完成"按钮。完成后的窗体设计视图如图 9-20 所示。

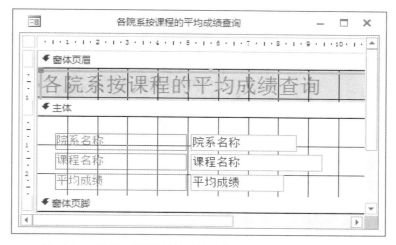

图 9-20　"各院系按课程的平均成绩查询"的窗体设计视图

（2）学生成绩查询窗体。

这个窗体的创建需要用前面创建的"学生成绩查询"作为数据源。这个窗体设计的操作步骤如下：

① 在数据库窗口中，单击"创建"选项卡，单击功能区"窗体"组中的"窗体向导"按钮。

② 在"窗体向导"对话框之一中，选择"学生成绩查询"为数据源，并选择所有字段，单击"下一步"按钮。

③ 在"窗体向导"对话框之二中，确定查看数据的方式为"通过学生情况""带有子窗体的窗体"，如图 9-21 所示，单击"下一步"按钮。

④ 在"窗体向导"对话框之三中，确定子窗体使用的布局为"数据表"，如图 9-22 所示，单击"下一步"按钮。

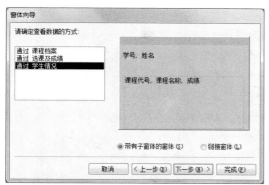

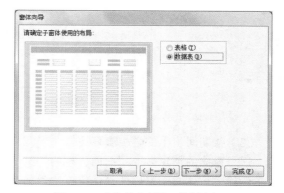

图 9-21　"窗体向导"对话框之二　　　　　　图 9-22　"窗体向导"对话框之三
中的查看数据方式　　　　　　　　　　　　中的子窗体布局

⑤ 在"窗体向导"对话框之四中，指定窗体标题为"学生成绩查询主窗体"，子窗体为"选课及成绩子窗体"，如图 9-23 所示，单击"完成"按钮。

图 9-23 "窗体向导"对话框之四中的指定窗体标题

下面再打开窗体设计视图，对窗体进行进一步设计。具体操作步骤如下：

① 在数据库窗口中，单击"导航窗格"中的"窗体"对象，在窗体对象列表框中右击"学生成绩查询主窗体"，在弹出的快捷菜单中选择"设计视图"命令。

② 单击功能区"工具"组中的"属性表"，在弹出的"窗体"属性表框中，将窗体的"记录选择器"属性设置为"否"，"弹出方式"属性设置为"是"。

完成后的窗体设计视图如图 9-24 所示。

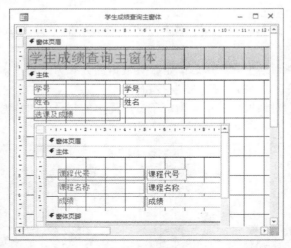

图 9-24 "学生成绩查询"的窗体设计视图

（3）某期间出生的学生查询窗体。

这个窗体的创建需要用前面创建的"某期间出生的学生查询"为数据源。

设计主窗体与子窗体的具体操作步骤如下：

① 在数据库窗口中，单击"创建"选项卡"窗体"组中的"窗体设计"按钮。

② 在快捷菜单里单击"窗体页眉/页脚"，窗体中增加了窗体页眉和页脚。

③ 单击"控件"组中的"文本框"按钮，在窗体页眉中添加两个文本框，修改文本框的标签分别为"起始日期"和"终止日期"，名称分别为 Textstart 和 Textend。

④ 单击功能区"控件"组中的"子窗体"按钮，在窗体的"主体"网格中拖放鼠标。

⑤ 在打开的"子窗体向导"对话框之一中，选择"使用现有的表和查询"单选按钮，如

图 9-25 所示，单击"下一步"按钮。

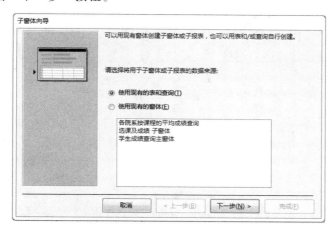

图 9-25 "子窗体向导"对话框之一中的数据源

⑥ 在"子窗体向导"对话框之二中，选择查询为数据源，单击"某期间出生的学生查询"，选择所有字段，单击"下一步"按钮。

⑦ 在"子窗体向导"对话框之三中，指定子窗体名为"某期间出生的学生查询子窗体"，单击"完成"按钮。

⑧ 保存窗体为"某期间出生的学生主窗体"。

⑨ 再打开"某期间出生的学生查询 子窗体"设计视图，调整子窗体的大小，设置子窗体属性："记录选择器""导航按钮"属性都设为"否"，"滚动条"属性设为"只水平"，不允许编辑、删除、添加、输入。再保存子窗体。

最后，再调整或添加主窗体的其他控件，设计好的"某期间出生的学生主窗体"运行效果如图 9-26 所示。从图中最下边的导航按钮可以看到，最右边增加记录的那个按钮是变灰的。也就是说，在这个窗体中，只可以通过查询得到显示的数据，而不能添加新数据。运行时，只要在文本框中分别输入起始日期和终止日期，按 Enter 键后，就能在子窗体中看到符合条件的人员名单。但要达到这个效果，还需进行以下的查询修改。

图 9-26 "某期间出生的学生主窗体"的运行效果

将前面设计的参数查询"某期间出生的学生查询"作为这里"某期间出生的学生主窗体"

的数据源时，需对其中的条件参数作修改。操作步骤如下：

① 在数据库窗口中，单击"导航窗格"中的"查询"对象，右击"某期间出生的学生查询"，在弹出的快捷菜单中选择"设计视图"命令。

② 在打开的查询设计视图的网格中，将"条件"行中的"出生日期"列修改为 Between [Textstart] And [Textend]。

③ 以原名保存查询。完成后的查询设计网格如图 9-27 所示。

字段:	学号	姓名	性别	出生日期		生源地
表:	学生情况	学生情况	学生情况	学生情况		学生情况
排序:				升序		
显示:	☑	☑	☑	☑		☑
条件:				Between [Textstart] And [Textend]		
或:						

图 9-27 "某期间出生的学生查询"的条件修改后的设计网格

（4）学生情况维护窗体。

这是针对"学生情况"基本数据表维护创建所需要的窗体，这个窗体需要用到的数据源是"学生情况"表。这个窗体创建的操作步骤如下：

① 在数据库窗口中，单击"创建"选项卡"窗体"组中的"窗体设计"按钮。

② 单击"工具"组中的"添加现有字段"按钮，选择"学生情况"表为数据源，将"学生情况"表中的各字段拖到窗体的"主体"网格中。

③ 在快捷菜单里单击"窗体页眉/页脚"，窗体中增加了窗体页眉和页脚。

④ 在窗体页眉中添加标签为"学生情况维护"，并设置其字体为隶书，字号为 22。

接着进行下面的设计。

"添加记录"按钮，具体操作步骤如下：

① 单击功能区"控件"组中的命令"按钮"，在窗体页眉中单击拖放鼠标。

② 在打开的"命令按钮向导"对话框之一中，在左边的"类别"列表框中选择"记录操作"，在右边的"操作"列表框中，选择"添加新记录"，如图 9-28 所示，单击"下一步"按钮。

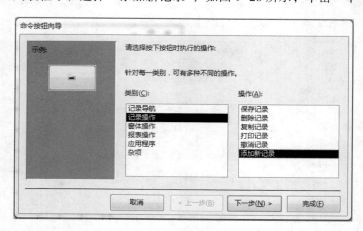

图 9-28 "命令按钮向导"对话框之一中的"类别"和"操作"

③ 在"命令按钮向导"对话框之二中，单击"文本"选项，如图 9-29 所示，单击"下一步"按钮。

图 9-29　"命令按钮向导"对话框之二中的"文本"选择

④ 在"命令按钮向导"对话框之三中，确定命令按钮的名称，单击"完成"按钮。

"删除记录"按钮，与"添加记录"按钮的操作步骤基本相同，只需将上面步骤②中的选择"添加新记录"更改为选择"删除记录"即可。

"关闭窗体"按钮，具体操作步骤如下：

① 单击"控件"组的命令"按钮"，在窗体页眉中单击拖放鼠标。

② 在打开的"命令按钮向导"对话框之一中，在左边的"类别"框中选择　"窗体操作"，在右边的"操作"框中，选择"关闭窗体"，单击"下一步"按钮。

③ 在"命令按钮向导"对话框之二中，单击"文本"选项，单击"下一步"按钮。

④ 在"命令按钮向导"对话框之三中，确定命令按钮的名称，单击"完成"按钮。

设置窗体属性，单击功能区"工具"组中的"属性表"按钮，在打开的"属性表"框中，将窗体的"记录选择器"、"分隔线"属性都设置为"否"，"自动居中"属性设为"是"，"最大最小化按钮"属性设置为"无"，"关闭按钮"属性设置为"否"，"弹出方式"属性设置为"是"。

美化窗体，调整窗体网格的大小、调整控件对象的位置、添加边框线等。

完成窗体设计后，保存窗体名为"学生情况维护"。完成后的窗体设计视图如图 9-30 所示。

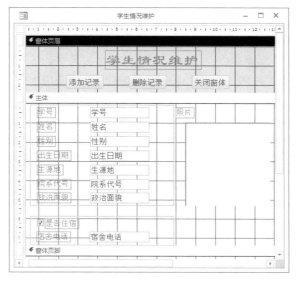

图 9-30　"学生情况维护"的窗体设计视图

对于涉及基本表数据维护需要创建的窗体，还有"教师情况维护""教师讲授课程维护""课程档案维护""选课及成绩维护"它们的设计与操作方法与上面创建"学生情况维护"窗体的操作相同，不再赘述。

上面介绍的窗体设计都是系统的最下级模块，它们都是完成具体操作任务的窗体。一个系统的功能越多，最下级模块需要设计的窗体数目越多。根据系统功能，本系统还有一些最下级模块的窗体需要建立，建立这些窗体的操作方法和步骤与上面介绍的类似，因此不再一一列举，留给读者自己完成。

2．控制模块窗体的创建

在以下的介绍中，需要事先建立起所需的宏。

（1）基本表数据维护窗体。

在系统功能中，"基本表数据维护"是一个控制模块。因此，在这个模块的窗体中，创建的主体对象应该是起控制转向作用的命令按钮。具体操作步骤如下：

① 在数据库窗口中，单击"创建"选项卡"窗体"组中的"窗体设计"按钮。

② 在快捷菜单里单击"窗体页眉/页脚"，窗体中增加了窗体页眉和页脚。

③ 在窗体页眉中添加标签为"基本表数据维护"，并设置其字体为隶书，字号为 22。

④ 在窗体页眉中添加两个文本框，分别显示当前的系统日期和系统时间。

接着再进行下面的设计。

创建"打开窗体"的命令按钮，具体操作步骤如下：

① 单击"控件"组中的命令"按钮"，在窗体的"主体"网格中单击拖放鼠标。

② 在打开的"命令按钮向导"对话框之一中，在左边的"类别"框中选择 "窗体操作"，在右边的"操作"框中，选择"打开窗体"，单击"下一步"按钮。

③ 在"命令按钮向导"对话框之二中，选择"学生情况维护"窗体，单击"下一步"按钮。

④ 在"命令按钮向导"对话框之三中，选中"打开窗体并显示所有记录"，即选择默认值，单击"下一步"按钮。

⑤ 在"命令按钮向导"对话框之四中，单击"文本"选项，并将文本框的内容更改为"学生情况维护"，单击"下一步"按钮。

⑥ 在"命令按钮向导"对话框之五中，确定命令按钮的名称，单击"完成"按钮。

按照类似的操作方法和步骤，在窗体中分别再创建"选课及成绩维护""课程档案维护""教师情况维护""教师讲授课程维护"4 个命令按钮，这里不再赘述。

创建"返回主页"的命令按钮，具体操作步骤如下：

① 单击"控件"组中的命令"按钮"，在窗体的"主体"网格中单击拖放鼠标。

② 在打开的"命令按钮向导"对话框之一中，在左边的"类别"框中选择 "杂项"，在右边的"操作"框中，选择"运行宏"，单击"下一步"按钮。

③ 在"命令按钮向导"对话框之二中，选择"基本数据维护窗体返回主页"宏，单击"下一步"按钮。

④ 在"命令按钮向导"对话框之三中，单击"文本"选项，并将文本框的内容更改为"返回主页"，单击"下一步"按钮。

⑤ 在"命令按钮向导"对话框之四中，确定命令按钮的名称，单击"完成"按钮。

设置窗体属性，将窗体的"最大最小化按钮"属性设置为"无"，"关闭按钮"属性设置为
"否"，"自动居中"属性设置为"是"，"弹出方式"属性设置为"是"，将记录选择器、导航按
钮、分隔线属性都设置为"否"。

　　美化窗体，调整窗体网格大小、设置标签上的文字、调整控件对象的位置、添加边框线、
设置背景色等。

　　将窗体保存为"基本表数据维护"。完成后的窗体设计视图如图 9-31 所示。

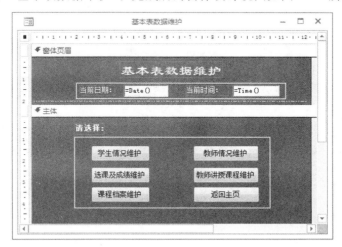

图 9-31　"基本表数据维护"的窗体设计视图

　　对于另外的几个控制模块窗体，如"简单查询""统计查询""报表打印"等的设计方法和
操作步骤与"基本表数据维护"窗体类似，这里不再赘述。

　　（2）主控模块窗体。

　　窗体及美化效果的设计，具体操作步骤如下：

　　① 在数据库窗口中，单击"创建"选项卡，单击功能区"窗体"组中的"窗体设计"
按钮。

　　② 在弹出的"窗体设计视图"中，拖放窗体主体网格至适当大小。

　　③ 单击功能区"工具"组中的"属性表"按钮，在打开的"属性表"框中，选择"主体"
对象，设置其背景色（本系统选择的色号为#22B14C）。

　　④ 单击功能区"控件"组中的"图像"按钮，在窗体的主体网格中单击拖放鼠标。

　　⑤ 在打开的"插入图片"对话框中选择一个图形文件，单击"确定"按钮。

　　⑥ 适当调整图片的大小和位置。

　　⑦ 将记录选择器、导航按钮、分隔线、关闭按钮属性都设置为"否"，"最大最小化按钮"
属性设置为"无"，"弹出方式"属性设置为"是"。

　　命令按钮的设计，具体操作步骤如下：

　　① 单击功能区"控件"组中的命令按钮，在窗体的主体网格的适当位置单击拖放鼠标。

　　② 在打开的"命令按钮向导"对话框之一中，在左边的"类别"框中选择"杂项"，在
右边的"操作"框中，选择"运行宏"，单击"下一步"按钮。

　　③ 在"命令按钮向导"对话框之二中，选择"基本表数据维护宏"，单击"下一步"按钮。

　　④ 在"命令按钮向导"对话框之三中，单击"文本"选项，并将文本框的内容更改为"基

本表数据维护",单击"下一步"按钮。

⑤ 在"命令按钮向导"对话框之四中,确定命令按钮的名称,单击"完成"按钮。

⑥ 再分别设计另外的几个命令按钮,如:简单查询、统计查询、报表打印、关闭本系统、退出 Access,其操作步骤与上面的"基本表数据维护"命令按钮类似,这里不再赘述。

⑦ 将窗体保存为"主页"。完成后的窗体设计视图如图 9-32 所示。

图 9-32　主控窗体"主页"的窗体设计视图

9.2.4　报表设计

1. 学生成绩报表

设计学生成绩报表,操作步骤如下:

(1)在数据库窗口中,单击"创建"选项卡,单击功能区"报表"组中的"报表向导"按钮。

(2)在打开的"报表向导"对话框之一中,选择"学生成绩查询"为数据源,并选择所有字段,如图 9-33 所示,单击"下一步"按钮。

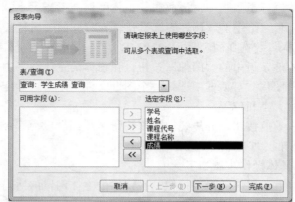

图 9-33　"报表向导"对话框之一中的"学生成绩查询"为数据源

(3)在"报表向导"对话框之二中,确定查看数据的方式为"通过学生情况",如图 9-34 所示,单击"下一步"按钮。

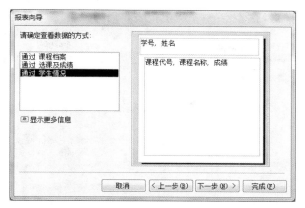

图 9-34　"报表向导"对话框之二中的查看数据方式

（4）在"报表向导"对话框之三中，如图 9-35 所示，不添加分组级别，直接单击"下一步"按钮。

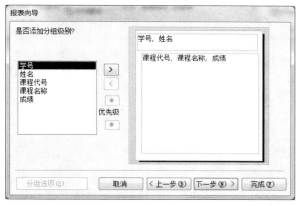

图 9-35　"报表向导"对话框之三中的分组级别为"学号"

（5）在"报表向导"对话框之四中，选择按"课程代号"升序排序，并单击"汇总选项"按钮。

（6）在"汇总选项"对话框中，指定汇总项为成绩的"平均值"，其余项目采用默认值，如图 9-36 所示，单击"确定"按钮，回到"报表向导"对话框之四，单击"下一步"按钮。

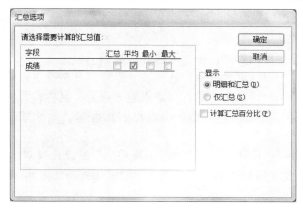

图 9-36　"汇总选项"对话框

（7）在"报表向导"对话框之五中，指定报表布局为"块"，如图 9-37 所示，单击"下一步"按钮。

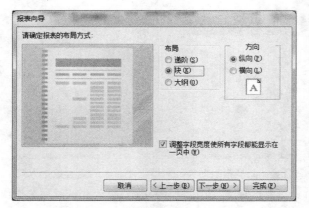

图 9-37 "报表向导"对话框之五中的报表布局

（8）在"报表向导"对话框之六中，指定报表标题为"学生成绩报表"，单击"完成"按钮。完成后的报表设计视图如图 9-38 所示。

图 9-38 "学生成绩报表"的报表设计视图

2．学生情况报表

设计学生情况报表步骤如下：

（1）在数据库窗口中，单击"创建"选项卡"报表"组中的"报表向导"按钮。

（2）在打开的"报表向导"对话框之一中，选择"学生情况"表为数据源，并选择所有字段，单击"下一步"按钮。

（3）在"报表向导"对话框之二中，取消分组级别，单击"下一步"按钮。

（4）在"报表向导"对话框之三中，选择按"学号"升序排序，单击"下一步"按钮。

（5）在"报表向导"对话框之四中，指定报表布局为"纵栏表"，单击"下一步"按钮。

（6）在"报表向导"对话框之五中，指定报表标题为"学生情况报表"，单击"完成"按钮。

（7）对报表进行进一步设计。打开"学生情况报表"的设计视图，设置报表标题居中，并适当调整控件的位置。完成后的"学生情况报表"的设计视图如图 9-39 所示。

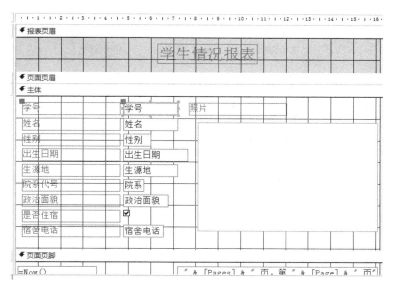

图 9-39　"学生情况报表"的报表设计视图

　　根据需要，采用同样的操作方法和步骤，创建"课程档案报表""生源地人数统计报表""教师情况报表"等。这里不再赘述。

9.2.5　创建宏

　　Access 中的宏是指一个或多个操作命令的集合，其中的每个操作命令实现特定的功能。本系统中，根据操作的需要以及从提高数据库的安全性角度考虑，也需要设计一些宏。例如，当需要用到"生源地人数统计"这个查询来作为"生源地人数统计"窗体或报表的数据源时，就需对查询数据的修改、编辑权限作某些限制，比如，要求在窗体的查询数据是"只读"的。类似这样的问题，通过宏就可方便地解决。

　　根据本系统的实际需要，创建了图 9-40 所示的多个宏。

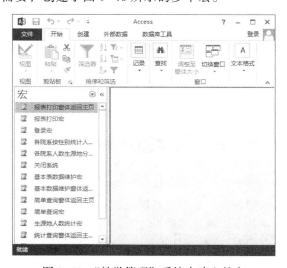

图 9-40　"教学管理"系统中建立的宏

下面介绍本系统所使用的主要的几个宏的创建方法。

1. 生源地人数统计宏

这个宏设计所涉及的数据来源于已建立的查询"生源地人数统计"。具体操作步骤如下：

（1）数据库窗口中，单击功能区的"宏与代码"组的"宏"按钮。

（2）在打开的宏设计视图中，单击"添加新操作"按钮，打开下拉列表，选择 OpenQuery 宏。

（3）在"查询名称"下拉列表框中选择"生源地人数统计"，"数据模式"下拉列表框中选择"只读"，如图 9-41 所示。

图 9-41 "生源地人数统计宏"的宏设计视图

（4）保存宏，命名为"生源地人数统计宏"。

"各院系人数生源地分布查询宏""各院系按性别统计人数查询宏"的设计与"生源地人数统计宏"的设计类似，只需对查询名称作相应的选择即可，留给读者完成。

2. 学生成绩查询宏

这个宏设计所涉及的数据来源于已建立的"学生成绩查询主窗体"。具体操作步骤如下：

（1）在数据库窗口中，单击功能区的"宏与代码"组的"宏"按钮。

（2）在打开的宏设计视图中，单击"添加新操作"按钮，打开下拉列表，选择 OpenForm 宏。

（3）在"操作参数"区域中，"窗体名称"项选择"学生成绩查询主窗体"，"数据模式"项选择"只读"，其余的为默认值，如图 9-42 所示。

（4）保存宏，命名为"学生成绩查询宏"。

3. 基本表数据维护宏

这个宏涉及的是窗体的关闭与打开。具体地说，就是当单击主控窗体的命令按钮"基本表数据维护"时，能关闭当前的主控窗体"主页"，同时打开下一级窗体"基本表数据维护"。具体操作步骤如下：

（1）在数据库窗口中，单击"宏与代码"组的"宏"按钮。

图 9-42 "学生成绩查询宏"的宏设计视图

（2）在打开的宏设计视图中，单击"添加新操作"按钮，打开下拉列表，选择 Close Windows 宏。

（3）在"对象类型"框中选择"窗体"，"对象名称"框中选择"主页"。

（4）单击"宏设计视图"中的"添加新操作"按钮，打开下拉列表，选择 OpenForm 宏。

（5）在"窗体名称"框中选择"基本表数据维护"。

（6）保存宏，命名为"基本表数据维护宏"。完成后的"宏设计视图"如图 9-43 所示。

"简单查询宏""统计查询宏""报表打印宏"的设计与"基本表数据维护宏"的设计类似，只需将打开窗体的名称作相应的选择即可，这里不再一一介绍。

4．基本表数据维护窗体返回主页

这个宏涉及的也是窗体的关闭与打开。具体地说，就是当单击当前"基本表数据维护"窗体中的命令按钮"返回主页"时，能返回到上一级的主控窗体"主页"，同时关闭当前的"基本表数据维护"窗体。具体操作步骤如下：

（1）在数据库窗口中，单击"宏与代码"组的"宏"按钮。

（2）在打开的宏设计视图中，单击"添加新操作"按钮，打开下拉列表，选择 Close Windows 宏。

（3）在"对象类型"框中选择"窗体"，"对象名称"框中选择"基本表数据维护"。

（4）再单击"宏设计视图"中的"添加新操作"按钮，打开下拉列表，选择 OpenForm 宏。

（5）在"窗体名称"框中选择"主页"。

（6）保存宏，命名为"基本表数据维护窗体返回主页"。完成后的宏设计视图如图 9-44 所示。

图 9-43 "基本表数据维护宏"的
宏设计视图

图 9-44 "基本表数据维护窗体返回主页"的
宏设计视图

5．登录宏

这个宏的作用是在用户登录系统前建立一种认证的方式，合法的用户名以及有相应登录密码的用户才能进入系统，对数据库进行操作。具体操作步骤如下：

（1）在数据库窗口中，单击"宏与代码"组的"宏"按钮。

（2）在打开的宏设计视图中，单击"添加新操作"按钮，打开下拉列表，选择 Open Form 宏。

（3）在"窗体名称"下拉列表框中选择"用户登录"。

（4）保存宏，命名为"登录宏"。完成后的宏设计视图如图 9-45 所示。

6．关闭系统

这个宏的作用是在主控窗体中单击"关闭系统"按钮时，将主控窗体关闭，但不关闭数据库。具体的操作步骤如下：

（1）在数据库窗口中，单击"宏与代码"组的"宏"按钮。

（2）在打开的宏设计视图中，单击"添加新操作"按钮，打开下拉列表，选择 Close Windows 宏。

（3）在"对象类型"下拉列表框中选择"窗体"，"对象名称"下拉列表框中选择"主页"。

（4）保存宏，命名为"关闭系统"。完成后的宏设计视图，如图 9-46 所示。

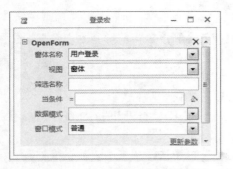

图 9-45 "登录宏"的宏设计视图

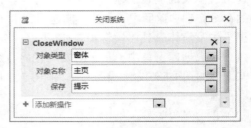

图 9-46 "关闭系统"的宏设计视图

9.2.6 VBA 程序设计

为了数据的安全起见，通常不允许无关人员操作用户的数据库系统。这时，可采用登录窗体时检测用户名和密码的合法性。检测所需的命令代码就需要用 VBA 编程来实现。

需要说明的是，为了提高系统的通用性和灵活性，这里的用户名和密码都放在名为"用户管理"的数据表中，而不是放在程序代码中。这个表共有三个字段（见图 9-47 所示）：用户 ID{自动编号}、用户姓名{短文本,10}、密码{短文本,8}，将"用户 ID"字段定义为主键。

图 9-47 "用户管理"表的设计视图

这个表是独立的。也就是说，它与本系统中的其他数据表无关联关系，因此没有在前面一起介绍。

1. "用户登录"窗体的设计思想

在登录窗体中，通过组合框（名称为 Combo0）选择用户名，通过文本框（名称为 TxtPwd）接收用户的输入信息，判定密码的合法性。为了隐藏所输入的密码，需将文本框的"输入掩码"属性设置为"密码"。这个窗体的设计视图如图 9-48 所示。

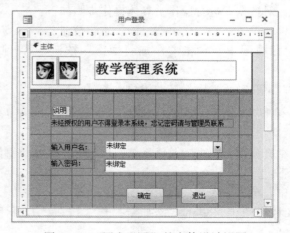

图 9-48 "用户登录"的窗体设计视图

运行这个登录窗体时，当用户选择了用户名和输入密码后，单击"确定"按钮（名称为cmdOk），系统即开始检测密码。

2. "用户登录"窗体的设计

（1）窗体主体设计。

操作步骤如下：

① 在数据库窗口中，单击"创建"选项卡"窗体"组的"窗体设计"按钮，调整窗体的主体网格，窗体的"弹出方式"属性设置为"是"。

② 在窗体中放一个组合框，在打开的"组合框向导"对话框之一中，选择"使用组合框获取其他表或查询中的值"单选按钮，如图 9-49 所示，单击"下一步"按钮。

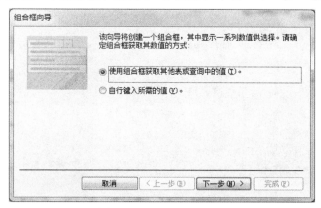

图 9-49　"组合框向导"对话框之一获取数值的方式

③ 在"组合框向导"对话框之二中，选择"用户管理"表，单击"下一步"按钮。

④ 在"组合框向导"对话框之三中，选定字段为"用户姓名"，单击"下一步"按钮。

⑤ 在"组合框向导"对话框之六中，指定组合框标签为"输入用户名:"，单击"完成"按钮。单击功能区"工具"组中的"属性表"按钮，将组合框的名称属性更改为 Combo0。

⑥ 在窗体中放一个文本框，将文本框的"名称"属性更改为 TxtPwd，"输入掩码"属性设置为"密码"，并将其标签的"标题"属性更改为"输入密码:"。

⑦ 在窗体中放一个标签到主体网格的最上面，用于显示本系统的标题"教学管理系统"，字体为隶书，字号为 22。

⑧ 在窗体中放一个命令"按钮"，将其标题更改为"确定"，名称更改为 cmdOk。

⑨ 在窗体中放一个命令"按钮"，将其标题更改为"退出"，名称更改为 cmdCancel。

⑩ 在窗体中放一些标签（用于给出系统操作的提示信息），再放一些图片（美化窗体效果）。完成后的设计视图如图 9-48 所示。

（2）"确定"按钮的命令代码。

具体操作步骤如下：

① 在窗体设计视图中，单击"确定"按钮（其名称为 cmdOk）。

② 单击功能区"工具"组的"查看代码"按钮，进入代码编辑窗口。

③ 书写以下命令代码：

```
Option Compare Database
Option Explicit
Private Sub Combo0_NotInList(NewData As String,Response As Integer)
    Response=acDataErrContinue
End Sub
```

```
Private Sub cmdOk_Click()
    If IsNull(Me.Combo0) Then
        MsgBox "请输入您的用户名! ",vbQuestion
        Exit Sub
    End If
    If IsNull(Me.TxtPwd) Then
        MsgBox "请输入密码! ",vbQuestion
        Exit Sub
    End If
    If login = True Then
        Me.TimerInterval = 0
        DoCmd.Close acForm,Me.Name
        DoCmd.OpenForm "主页"
    Else
        MsgBox "对不起，您输入的密码不正确!",vbCritical
        Exit Sub
    End If
End Sub
Public Function login() As Boolean
    Dim TableName As String
    TableName="用户管理"
    Dim rstDB As Database
    Dim rst As Recordset
    Set rstDB=DBEngine.Workspaces(0).Databases(0)
    Set rst=rstDB.OpenRecordset(TableName, dbOpenTable)
    Do Until rst.EOF
      If rst("密码")=Me.TxtPwd And rst("用户ID")=Val(Me.Combo0) Then
        login=True
        Exit Do
      Else
        rst.MoveNext
      End If
    Loop
    rst.Close
    rstDB.Close
  End Function
```

说明：

以上命令代码的功能是，通过组合框 Combo0 选择用户名，如果用户名为空，则弹出消息框"请输入您的用户名!"。如果密码正确，则打开"主页"窗体，不正确则弹出消息框，提示"对不起，您输入的密码不正确!"，需确认后重新输入密码。用户选择的用户名和输入的密码都是和数据表"用户管理"中的数据进行比对，正确则打开窗体，不正确则不能进入本数据库系统。

（3）"退出"按钮的命令代码。

操作步骤如下：

① 在窗体设计视图中，单击"退出"按钮（其名称为 cmdCancel）。

② 单击功能区"工具"组的"查看代码"，进入代码编辑窗口。

③ 书写以下命令代码:

```
Private Sub cmdCancel_Click()
    DoCmd.Quit acQuitSaveNone
End Sub
```

9.2.7 系统配置和运行

本系统经过前面的一系列设计后,完成了系统功能模块所需的各个要求。但是,对用户来说,此时的系统运行起来还不方便。用户需先打开数据库窗口,找到主控模块窗体,才能运行这个系统。所以,为了方便用户操作,应该再作一些系统配置。

1. 设置"启动"窗体

具体操作步骤如下:

(1)打开数据库,选择"文件"→"选项"命令。

(2)在打开的"Access 选项"对话框中,单击"当前数据库"项,在"应用程序选项"区域中,将"显示窗体"下拉列表框中选择为"用户登录"窗体,如图 9-50 所示,单击"确定"按钮。

图 9-50 数据库的"启动"属性设置

(3)将"用户登录"窗体的"模式"属性修改为"是"。

2. 运行系统

具体操作步骤如下:

(1)在资源管理器窗口中,双击数据库名称,例如,"教学管理.accdb"。

(2)系统弹出"用户登录"窗口,供用户选择"用户名"和输入"密码"。

(3)单击"确定"按钮,系统将用户名和密码,与已存储在"用户管理"数据表中的信息进行比对。若一致,则允许进入系统,否则会弹出错误提示信息。

小　　结

本章以教学管理为背景,详细介绍了如何设计、开发一个完整的数据库应用系统。系统开发过程中涉及前面所学的数据表设计、查询设计、窗体设计、报表设计、宏及 VBA 程序的设计,通过该系统达到对所学知识的综合应用。

习　　题

1. 完整实现本章的教学管理系统。

2. 建立一个图书管理系统。要求设计相关的数据库表、查询、窗体和报表，主要功能
包括：

（1）图书档案管理。

（2）借书证的发放管理。

（3）图书的借阅登记管理。

第 **10** 章

实　验

实验 1　数据库及数据表的操作

一、实验目的
- 掌握创建数据库的方法。
- 掌握创建数据表的方法。
- 掌握数据表的编辑方法。
- 掌握设置字段属性的方法。

二、实验内容

1. 在自己的文件夹中新建一个名为"商品管理.accdb"的空的数据库。

2. 将 Datasource.accdb 数据库中的所有数据表导入到"商品管理.accdb"数据库中。

3. 使用设计视图，在"商品管理.accdb"数据库中创建一个名为"订单信息"的数据表，该表中的字段属性设置如表 10-1 所示，字段的其他属性使用默认值。

表 10-1　"订单信息"表字段属性

字段名称	数据类型	字段大小	主　键	其　他
订单编号	短文本	6	是	
订购日期	日期/时间			格式：长日期
商品编号	短文本	6		
数量	数字	长整型		
销售员编号	短文本	2		
实付金额	货币			
送货日期	日期/时间			格式：短日期

4. 将"订单信息"表中的"订购日期"字段的"默认值"设置为系统当前日期。

5. 将"订单信息"表中"实付金额"字段的"验证规则"设置为">=0"；"验证文本"

设置为"实付金额应大于等于 0"。

6. 设置"订单信息"表中的"订购日期"字段的"格式"为"长日期","送货日期"字段的"格式"为"短日期",其他属性采用系统默认值。

7. 手动设置"订单信息"表中的"订单编号"字段的"输入掩码",要求订单编号共 6 位长,第一位必须是字母（A~Z），后面的 5 位必须是数字。

8. 将"订单信息"表中 "订单编号""订购日期""商品编号""数量""销售员编号"字段设置为必填字段。

9. 利用查阅向导,将"订单信息"表中 "商品编号"字段的数据类型更改为"查阅向导,数据来源选择"商品信息"表中的两个字段"商品编号"和"商品名称",并按"商品编号"进行升序排序,并保证两个字段都能显示,可用字段选择"商品编号"。其他选择默认值。

10. 在"订单信息"表的设计视图下,在其"属性表"中设置验证规则为"[订购日期]<=[送货日期]";设置"验证文本"为"日期有误"。

11. 根据实际情况在"商品管理"数据库各个表之间建立正确的关系,要求实施参照完整性。

12. 通过复制"商品信息"表的结构（不包括数据）,创建一个名为"新商品"的表,新建一个和"商品信息"表结构完全一样的数据表。

13. 将"商品信息"数据表导出为一个 Excel 文件。

14. 通过将"销售员信息 1.xlsx"导入到数据库中,创建一个名为"销售员信息 1"的数据表。

实验 2 查 询

一、实验目的
- 掌握使用查询向导创建查询的方法。
- 掌握使用查询设计器创建查询的方法。
- 掌握查询中的计算。
- 掌握交叉表查询、参数查询、操作查询及其他查询的创建方法。

二、实验内容

1. 建一个选择查询,命名为"广东男员工",要求查询出所有的籍贯为广东的男员工信息,显示字段包括:员工编号、姓名、性别、出生日期、籍贯。要求查询结果按照出生日期的降序排列。

2. 建一个选择查询,命名为"财务部工资情况",要求查询出财务部所有人在 2018 年 2 月及 3 月的工资信息,显示字段包括:员工编号、姓名、部门名称、年份、月份、基本工资、奖金。

3. 建一个选择查询,命名为"姓杨的女员工",要求查询出所有姓杨的女员工的信息。显示字段包括:员工编号、姓名、出生日期、入职日期。

4. 建一个选择查询,命名为"低工资员工",要求查询出行政部基本工资低于 2200 元及人事部奖金低于 2600 元的记录。显示字段包括:员工编号、姓名、部门名称、年份、月份、基本工资、奖金。

5. 建一个选择查询,命名为"2018 年 3 月的奖金情况",要求统计出每个部门 2018 年 3 月的平均奖金、最高奖金、最低奖金。效果如图 10-1 所示。

2018年3月的奖金情况

部门名称	年份	月份	平均奖金	最高奖金	最低奖金
财务部	2018年	3月	¥3,328.57	¥3,480.00	¥3,140.00
人事部	2018年	3月	¥2,655.00	¥3,050.00	¥2,360.00
生产部	2018年	3月	¥3,148.88	¥3,500.00	¥2,800.00
销售部	2018年	3月	¥4,300.00	¥5,000.00	¥3,200.00
行政部	2018年	3月	¥2,851.67	¥3,440.00	¥2,540.00
研发部	2018年	3月	¥3,878.00	¥3,990.00	¥3,780.00

图 10–1　2018 年 3 月的奖金情况

6. 建一个查询，命名为“行政部各员工 2018 年的基本工资”，要求统计出行政部每个员工 2018 年的总基本工资。效果如图 10–2 所示。

行政部各员工2018年的基本工资

部门名称	姓名	年份	总基本工资
行政部	岑雨彤	2018年	¥32,160.00
行政部	窦沛秀	2018年	¥29,400.00
行政部	孔艳燕	2018年	¥25,920.00
行政部	马志文	2018年	¥31,080.00
行政部	潘锦杰	2018年	¥33,360.00
行政部	袁依仪	2018年	¥30,240.00

记录：第 1 项(共 6 项)　无筛选器　搜索

图 10–2　行政部各员工 2018 年的基本工资统计

7. 建一个查询，命名为“按部门和籍贯的人数统计”，要求统计出各部门各籍贯的人数。效果如图 10–3 所示。

按部门和籍贯的人数统计

部门名称	籍贯	人数
财务部	安徽	1
财务部	甘肃	1
财务部	广西	1
财务部	海南	1
财务部	江西	1
财务部	山东	1
财务部	陕西	1
人事部	贵州	1
人事部	河北	1

图 10–3　按部门和籍贯的人数统计

8. 建一个查询，命名为“2019 年 2 月广东员工工资”，要求统计出 2019 年 2 月广东省所有员工的工资信息，显示字段包括：员工编号、姓名、籍贯、年份、月份、基本工资、奖金、加班费、社保扣除、实发工资。其中实发工资=基本工资+奖金+加班费−社保扣除。效果如图 10–4 所示。

2019年2月广东员工工资

员工编号	姓名	籍贯	年份	月份	基本工资	奖金	加班费	社保扣除	实发工资
y0004	罗锦浩	广东	2019年	2月	¥2,150.00	¥3,180.00	¥430.00	¥530.00	¥5,230.00
y0036	李鸿江	广东	2019年	2月	¥1,930.00	¥3,180.00	¥390.00	¥510.00	¥4,990.00
y0059	姜旭涛	广东	2019年	2月	¥1,990.00	¥3,460.00	¥300.00	¥540.00	¥5,210.00
y0062	雷焯斌	广东	2019年	2月	¥1,930.00	¥2,950.00	¥380.00	¥480.00	¥4,780.00
y0079	安柳娇	广东	2019年	2月	¥2,300.00	¥3,390.00	¥260.00	¥560.00	¥5,390.00
y0164	倪晓敏	广东	2019年	2月	¥3,850.00	¥3,900.00	¥460.00	¥770.00	¥7,440.00
y0167	王强	广东	2019年	2月	¥3,830.00	¥4,900.00	¥410.00	¥870.00	¥8,270.00

图 10–4　2019 年 2 月广东员工工资

9. 建一个单参数查询，命名为“某个部门女员工情况”，要求根据用户输入的部门名称，查找出该部门的所有女员工的基本信息。显示字段包括：员工编号、姓名、性别、出生日期、部门名称。

10. 建一个多参数查询，命名为"某省某性别的员工情况"，根据用户输入的性别、籍贯，查找出符合条件的员工信息，显示字段包括：员工姓名、性别、籍贯、电话。

11. 建一个多参数查询，命名为"某段日期入职的员工情况"，要求由用户输入一个日期范围，查询出在该日期范围内入职的员工信息，显示字段包括：员工编号、姓名、性别、入职日期、出生日期，并要求按出生日期的降序排列。

12. 建一个生成表查询，命名为"生成行政部2019工资信息"，要求把行政部2019年所有员工的工资信息生成一个新的表"2019员工工资"，该表置于当前数据库中。具体字段包括：员工编号、姓名、部门名称、年份、月份、基本工资、奖金。

13. 建一个更新查询，命名为"修改工资"，要求把"2019员工工资"表中，奖金低于2800元的，上调100元。

14. 建一个追加查询，命名为"追加工资记录"，要求把研发部2019年所有员工的工资信息追加到数据表"2019员工工资"中。

15. 建一个删除查询，命名为"删除工资记录"，要求在数据表"2019员工工资"中删除掉2月奖金高于3900元的记录。

16. 建一个交叉表查询，命名为"各部门各性别员工奖金统计"，要求按性别统计出各部门2018年2月的奖金平均值。提示：先建一个基于多表的基本查询，然后以此为基础建立交叉表查询，效果如图10-5所示。

性别	财务部	人事部	生产部	销售部	行政部	研发部
男	¥3,300.00	¥2,745.00	¥3,172.78	¥4,050.00	¥3,000.00	¥3,873.64
女	¥3,285.00	¥2,775.00	¥3,149.84	¥4,725.00	¥3,110.00	¥3,865.00

图 10-5　各部门各性别员工奖金统计

17. 利用查找重复项查询向导创建查询"同名人员信息"，将"员工信息"表中所有姓名相同的员工查找出来，显示字段包括：员工编号、姓名、性别、出生日期、部门编号、电话，效果如图10-6所示。

姓名	员工编号	性别	出生日期	部门编号	电话
王强	y0167	男	1978/2/9	a06	3761958
王强	y0096	男	1989/3/18	a02	3255535
赵兰	y0173	女	1974/4/20	a05	3163786
赵兰	y0068	女	1971/6/26	a02	3192878

图 10-6　同名人员信息

18. 利用不匹配项查询向导创建查询"无员工的部门"，将"部门信息"表中没有员工的部门信息查找出来，查询效果如图10-7所示。

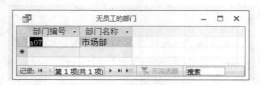

部门编号	部门名称
a07	市场部

图 10-7　无员工的部门

实验3 窗 体

一、实验目的

- 掌握用向导创建窗体的方法。
- 掌握用设计视图创建窗体的方法。
- 掌握编辑窗体的方法。

二、实验内容

1. 采用自动创建的方法，建立窗体"考勤表"，效果如图 10-8 所示。
2. 采用窗体向导创建窗体"员工信息 1"，效果如图 10-9 所示。

图 10-8 自动创建员工考勤表

图 10-9 员工信息 1

3. 在窗体"员工信息 1"上添加文本框（利用设计视图），该文本框显示员工的电话。效果如图 10-10 所示。

4. 在本数据库中复制"员工信息 1"窗体，命名为"员工信息 2"。修改窗体标题及标签，在该窗体上删掉原来的部门编号标签及部门编号文本框，添加组合框控件，组合框下拉列表中有两列：部门编号和部门名称，修改组合框标签，效果如图 10-11 所示。

图 10-10 添加文本框后的员工信息 1

图 10-11 员工信息 2

5. 在窗体"员工信息 2"上添加绑定对象框，与照片字段绑定，效果如图 10-12 所示。

6. 以员工考勤表为数据源建立窗体"员工考勤"。在窗体页眉区添加标签"员工考勤"，在窗体页眉区添加文本框，显示当前的系统日期。在窗体页脚区添加 4 个按钮，单击时分别指向第一条记录、前一条记录、后一条记录和最后一条记录。效果如图 10-13 所示。

图 10-12　添加绑定对象框后

图 10-13　员工考勤

7. 对"员工考勤"窗体进行美化,将标签"员工考勤"的字体设置为黑体;去掉导航按钮、记录选择器和最大最小化按钮。并对没对齐的控件进行对齐。在主体节添加图像控件,效果如图 10-14 所示。

8. 利用向导创建主子窗体,其中子窗体的布局采用"数据表"。去掉子窗体的导航按钮、记录选择器、去掉主窗体的记录选择器,主窗体标题为"员工信息",子窗体标题为"工资信息子窗体",并美化窗体,添加矩形框控件,特殊效果选择"蚀刻",并调整各个控件大小、位置,效果如图 10-15 所示。

图 10-14　美化后的员工考勤窗体

图 10-15　主子窗体

实验 4 报 表

一、实验目的

- 掌握用向导创建报表的方法。
- 掌握用设计视图创建报表的方法。
- 掌握编辑报表的方法。

二、实验内容

1. 以部门信息表为数据源，采用自动创建的方法，创建"部门信息报表"。
2. 利用"空报表按钮"创建"考勤信息报表"，效果如图 10-16 所示。

图 10-16 考勤信息报表

3. 利用向导创建"员工信息浏览报表"，效果如图 10-17 所示。

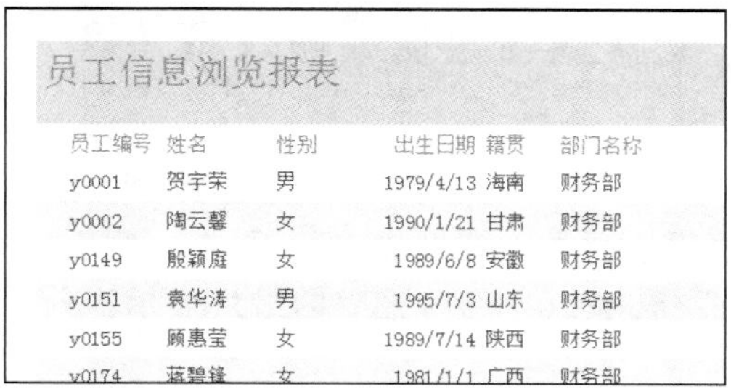

图 10-17 员工信息浏览报表

4. 利用向导创建"员工信息分组浏览报表"，效果如图 10-18 所示。

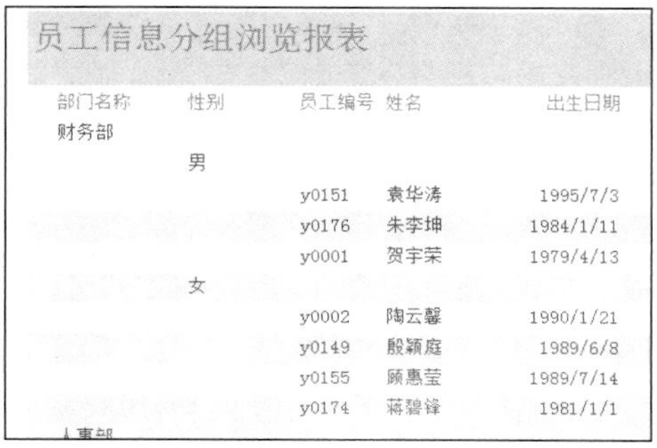

图 10-18 员工信息分组浏览报表

5. 利用标签向导创建"员工标签"，效果如图 10-19 所示。

员工编号：y0001
姓名：贺宇荣
部门编号：a01
电话：3611991

员工编号：y0002
姓名：陶云馨
部门编号：a01
电话：3383686

图 10-19　员工标签

6. 创建图表式报表"员工人数图表"，按性别和部门显示员工人数。效果如图 10-20 所示。
提示：先建立一个包含相关字段的查询，再以此为数据源建报表。

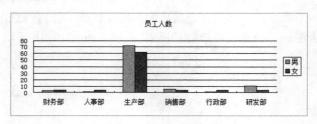

图 10-20　员工人数图表

7. 创建图表式报表"平均基本工资对比图"，对比显示 2018 年和 2019 年各月份的平均基本工资。效果如图 10-21 所示。

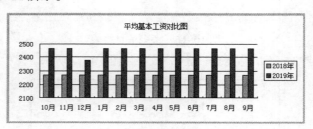

图 10-21　平均基本工资对比图

8. 利用设计视图创建报表"员工考勤报表"，要求：每页的底部插入页码。报表的最上方添加标签"考勤信息"，黑体 20 号字。报表的最后显示当前系统日期。效果如图 10-22 所示。

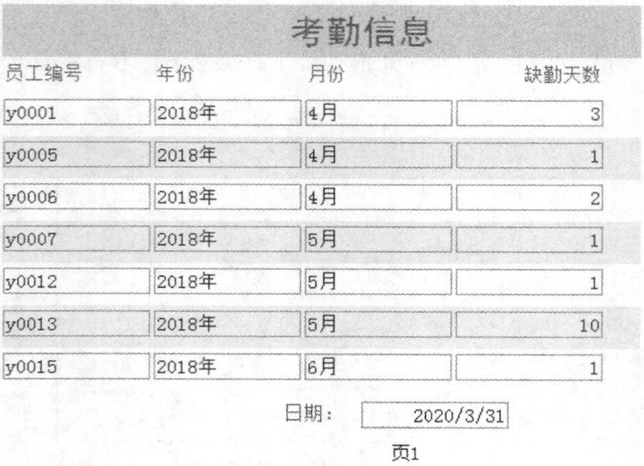

考勤信息

员工编号	年份	月份	缺勤天数
y0001	2018年	4月	3
y0005	2018年	4月	1
y0006	2018年	4月	2
y0007	2018年	5月	1
y0012	2018年	5月	1
y0013	2018年	5月	10
y0015	2018年	6月	1

日期：　2020/3/31

页1

图 10-22　员工考勤报表

9. 在第 8 题建的"员工考勤报表"基础上，做如下设置：缺勤天数超过 3 次的用红色粗体显示。

10. 使用报表向导，并添加计算字段，效果如图 10-23 所示。

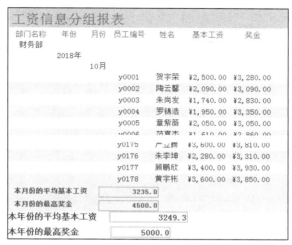

图 10-23 工资信息分组报表

（1）报表数据源为多个数据表，选取员工编号、姓名、部门名称、年份、月份、基本工资、奖金多个字段。查看数据的方式选择"通过工资信息"；添加分组字段：部门名称、年份、月份；按员工编号升序排列。报表布局选择"递阶"。报表的标题是"工资信息分组报表"。

（2）在报表的设计视图下，利用"分组和排序"窗口，设置"年份"和"月份"具有组页脚。

（3）在"月份页脚"中添加两个文本框，将其关联的标签文字分别修改为"本月份的平均基本工资""本月份的最高奖金"，在文本框里写入正确的计算公式，小数位数为 1 位，字体为蓝色，加粗，10 号字体。

（4）在"年份页脚"中添加两个文本框，将其关联的标签文字分别修改为"本年份的平均基本工资""本年份的最高奖金"，在文本框里写入正确的计算公式，小数位数为 1 位，字体为红色，加粗，12 号字体。

11. 以数据表"工资信息"为数据源，建立报表"工资汇总报表"，并添加计算列"实发工资"（实发工资=基本工资+奖金+加班费-社保扣除），格式设为"货币"，效果如图 10-24 所示。

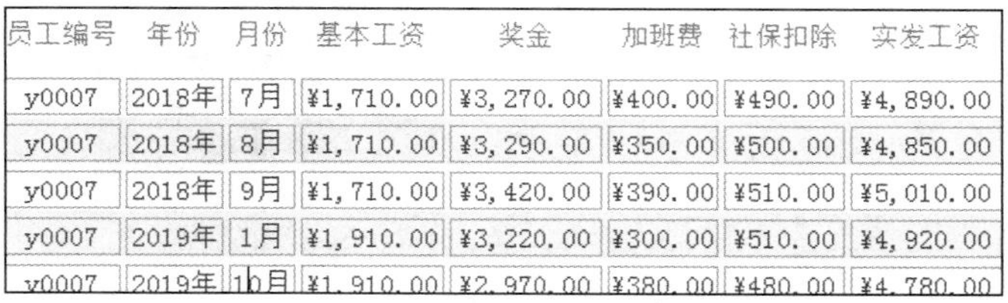

员工编号	年份	月份	基本工资	奖金	加班费	社保扣除	实发工资
y0007	2018年	7月	¥1,710.00	¥3,270.00	¥400.00	¥490.00	¥4,890.00
y0007	2018年	8月	¥1,710.00	¥3,290.00	¥350.00	¥500.00	¥4,850.00
y0007	2018年	9月	¥1,710.00	¥3,420.00	¥390.00	¥510.00	¥5,010.00
y0007	2019年	1月	¥1,910.00	¥3,220.00	¥300.00	¥510.00	¥4,920.00
y0007	2019年	10月	¥1,910.00	¥2,970.00	¥380.00	¥480.00	¥4,780.00

图 10-24 工资汇总报表

12. 创建主子报表，效果如图 10-25 所示：

（1）使用报表向导，数据源为"部门信息"表，选取全部字段，布局选择"纵栏表"，标题为"部门信息主报表"。

（2）利用设计视图打开部门信息主报表，主体部分添加子报表控件，在向导中使用数据表

"员工信息"为数据源,选择相应的字段,自定义选用部门编号作为主报表链接到子报表的字段,子报表标题为"员工信息子报表"。

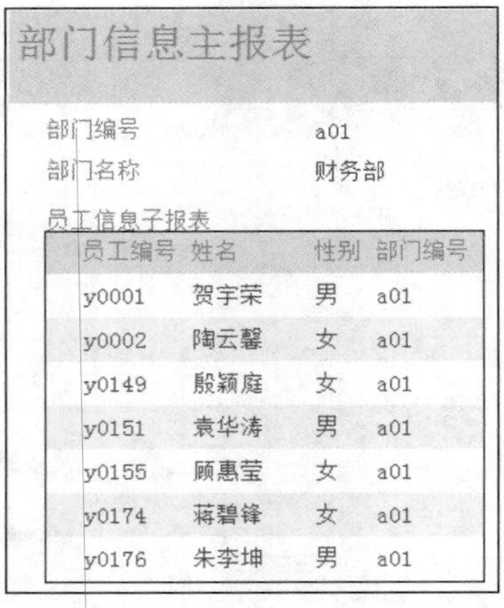

图 10-25　主子报表

实验 5　宏的设计与使用

一、实验目的
- 掌握创建宏、编辑宏的方法。
- 掌握调用宏的方法。

二、实验内容

1. 创建一个宏"打开员工窗体",通过运行该宏可以打开窗体实验中第 2 题建立的"员工信息 1"窗体,以只读方式显示。

2. 在窗体实验第 4 小题建立的窗体"员工信息 2"基础上,做以下设计,如图 10-26 所示。

图 10-26　改进的员工信息窗体

（1）在窗体页眉区添加按钮"浏览考勤",调用宏"切换界面",要求设计"切换界面"宏,该宏包含两个操作,先关闭当前窗体,然后打开员工考勤窗体,该窗体是窗体实验中第 6 小题创建的窗体。

（2）在窗体页眉区添加按钮"退出",调用宏"退出系统",要求设计"退出系统" 宏,执行该宏会自动退出 Access。

3. 创建一个名为"员工信息管理"的宏组，其中包括三个子宏，对应操作如表 10-2 所示。

表 10-2　员工信息管理宏组

子　宏	宏操作命令	打 开 对 象	数 据 模 式
浏览员工信息	OpenForm MaxiMizeWindow Beep	"员工信息 1"窗体	只读
打开数据表	Opentable	"部门信息"数据表	只读
打开报表	OpenReport	员工信息分组浏览报表	

4. 创建一个窗体"主界面"，包含三个命令按钮，功能分别是浏览员工信息（调用子宏"浏览员工信息"）、浏览部门信息（调用子宏"打开数据表"）、浏览报表（调用子宏"打开报表"），用上题建立的宏组实现。并调整窗体属性，去掉导航按钮、记录选择器。效果如图 10-27 所示。

5. 创建一个窗体，命名为"登录界面"，效果如图 10-28 所示，并设置密码文本框的输入掩码为"密码"。创建并调用宏完成以下要求：当用户输入的账号、密码都正确时，单击"登录"按钮，会关闭掉"登录界面"，打开"主界面"。如果输入的信息错误，则弹出提示对话框。假设正确的账号是 admin，密码是 123456。

图 10-27　主界面

图 10-28　登录界面

附录 A　Access 常用函数

函数名及参数	返回值类型	功　能　简　介
Abs(Number)	N	返回 Number 的绝对值
Cbool(Expr)	L	判断 Expr 是否为数字
Ccur(Expr)	货币	返回数字或数字所组成的字符串对应的货币数值
CInt(Expr)	N	根据 Expr 返回对应的数值
CStr(Expr)	S	将 Expr 对应的内容转化为字符串
Date(Expr)	D	返回当前日期
DateAdd(Interval, Number,Date)	D	Interval 代表年、月、日之类的单位，Number 代表数量，函数返回指定日期 Date 加上 Interval*Number 所代表的日期
DateDiff(Interval, Date1,Date2)	N	返回 Date1 和 Date2 之间的时间间隔，单位由 Interval 决定
DateSerial(Year,Month,Day)	D	返回给定的年、月、日所对应的日期
DateValue(String)	D	返回给定的字符串所对应的日期
Day(Date)	N	计算 Date 位于所在月份的第几天
Exp(Number)	N	返回 e 的 Number 次方
Fix(Number)	N	将 Number 取整
Hour(Time)	N	返回小时的数值，取 24 小时制
IIF(Expr,Turepart,Falsepart)	L	判断 Expr 代表的条件，为真返回 Truepart，为假则返回 Falsepart
InputBox		弹出对话框要求用户输入信息
InStr([Start],String1,String2)	N	从字符串 String1 的 Start 位置开始，搜索 String2 的起始位置
Int(Number)	N	返回不超过 Number 的最大的整数，与 Fix 函数区别在于 Number 对象为负数时，Int 返回值比原数值小
IsDate(Expr)	L	判断 Expr 是否为日期型数据
IsNull(Expr)	L	判断 Expr 是否为空
IsNumberic(Expr)	L	判断 Expr 是否为数字型数据
Lcase(String)	S	将 String 全体变成小写字符串
Left(String,Length)	S	从 String 的左边开始截取子字符串，截取的长度由 Length 决定
Len(String)	N	返回字符串 String 的长度
Log(Number)	N	返回 Number 的自然对数值
Ltrim(String)	S	将 String 左边的空白去掉再返回
Mid(String,Start [,Length]	S	由 Start 指定起始位置，从左边到右截取子字符串，长度由 Length 决定
Minute(Time)	N	返回 Time 指定时间所对应的分值
Month(Date)	N	返回 Date 指定日期所对应的月份
MsgBox(String)		弹出信息框显示 String 的内容
Now()	D	返回当前的日期和时间

函数名及参数	返回值类型	功　能　简　介
NZ(Value,Number)	N	如果 Value 为空值，则返回 Number，常用于解决 Null 和 0 的转换
Right(String,Length)	S	从 String 的右边开始截取子字符串，截取的长度由 Length 决定
Rtrim(String)	S	将 String 右边的空白去掉再返回
Sec(Time)	N	返回 Time 的秒数值
Sgn(Number)	N	Number 小于 0 时返回–1；大于 0 时返回 1；等于 0 时返回 0
Space(Number)	N	返回 Number 个空格组成的字符串
SQR(Number)	N	计算 Number 的算术平方根
Str(Number)	S	将 Number 转化成字符串
Time()	N	返回当前时刻，精确到秒单位
Timer()	N	返回从当天 0 时 0 分 0 秒到当前时刻的秒数
Trim(String)	S	去掉 String 两边的空白再返回
Ucase(String)	S	将 String 全体转换成大写字体返回
Val(String)	N	取出 String（或 String 的起始部分）所对应的数字返回，如果不对应数字，则返回 0
Year(Date)	N	返回 Date 的年份